構造力学演習

野村 卓史
長谷部 寛
共著

コロナ社

まえがき

【演習書の役割と必要性】

構造力学（応用力学）の学習は，講義を聴くだけでは不十分で，学生が自ら演習問題を解くことが不可欠である。学生は演習問題を解くことによって初めて，講義で聴いた理論や例題の解き方の要点を理解し，また理解不十分だったところを認識し補うことができる。

実際，日本の多くの大学・高等専門学校の土木工学課程において，構造力学（応用力学）の授業は講義と演習とで構成されている。筆者らが勤務する日本大学理工学部土木工学科の学部専門課程でも講義と演習が併設され，現在の時間割では，午前中に聴いた講義の内容に関する演習問題をその日の午後の演習時間に解くように時間割を組んでいる。また数年前から，演習時間の冒頭に穴埋め問題形式の「小テスト」を短時間（10～15分）実施し，午前の講義で聴いた内容の要点を学生が自ら確認してから演習問題に着手する，という流れにして学習効果を向上させることに成功している。

従来の演習の授業では，演習問題をプリントで配布し，学生が解答を提出した後に詳細な解答例を紙あるいはウェブで配布する，という方式が多い。しかし，この方式では演習の授業に対する予習が十分にできない。

演習問題を豊富に揃えた演習書があれば，演習の授業に対する予習を的確かつ効率よく行うことができ，講義を聴講するときに要点をより明確に把握することができる。

また，教育課程によっては必ずしも演習の時間を十分とれないことがある。大学院入試や公務員試験の受験対策には，教科書よりも，焦点を絞った実践的な演習書のほうが有効である。

アクティブラーニングや反転授業など，学生の自主性を重んじ，それによりより高い学習効果を得る流れもますます盛んになってきている現在，構造力学の演習書の役割と必要性はたいへん高いといえる。

【本演習書の利用の仕方】

本書の内容は，土木工学の専門課程で最初に学ぶ構造力学（応用力学）を対象としている。静定ばり，トラス，ラーメン，アーチから簡単な不静定構造を解けるところまでを扱っており，セメスター2学期分程度の分量を想定している。

《本書の構成》

- 章：1つあるいは複数のテーマで構成
- 各テーマ：理論や定理の説明（例題を含む）と演習問題で構成
  - ・理論や定理の説明：演習問題を解くために直接必要となる式やその使い方に焦点を当てた簡潔な記述
  - ・演習問題：3つの形式の演習問題で構成し，章末に解答例を掲載

《演習問題の構成と特色》

- 穴埋め形式の問題：理論や定理，あるいは解き方のポイントがわかるように，要所を「穴埋め」する方式の問題
- 詳しい解答例付きの問題：解き方の流れ，注意点などがわかるような解説付きの問題
- 解答のみ付いた問題：学生が自ら解いて実力をつける問題

《理論や定理の説明について》

- 本書の内容と構成は，拙著『土木・環境系コアテキストシリーズB-1：構造力学』（2011年，コロナ社刊）に準拠している。理論や定理の詳しい説明はそちらを参照していただきたい。『構造力学』に含まれていない一部のテーマについては，本書の付録に解説を加えた。

『構造力学』で理論を学び，本書『構造力学演習』で具体的な問題の解き方を理解しスキルを磨く。そのうえで再度『構造力学』を読むと理解がより深く広くなる。2つの本を相互に活用して真の実力をつけていただきたい。

2020年3月

野村 卓史，長谷部 寛

目　　　　次

1. 静 定 ば り

2. 応力とひずみ

3. 断面の諸量

4. はりの応力

5. はりのたわみ

6. 影響線とその応用

7. トラス，ラーメン，およびアーチ

8.　エネルギー原理による構造物の変位の求め方

9.　不静定構造の解法

10. ミューラー－ブレスロウの定理による影響線の求め方

11. 柱

付　　　録

A.　連行荷重による最大曲げモーメントの求め方の根拠

B.　ミューラー－ブレスロウの定理の証明

C.　長柱の座屈理論（長柱の座屈荷重）

土木・環境系コアテキストシリーズ：B-1
『構造力学』の章立て

1. 力のつり合い
2. 静定はり
3. 応力とひずみ
4. 断面の諸量
5. はりの応力とたわみ
6. トラスとラーメン
7. エネルギー原理
8. 不静定構造の解法

1 静定ばり

1.1 はりの支点反力と断面力

1.1.1 力のつり合い

つり合い状態：複数の力が物体に作用していながら力の作用が互いに打ち消し合って物体が静止しているとき，作用している力は「つり合い状態」にあるという。

力のつり合い条件：つり合い状態にある力が満足しなければならない条件のこと。力およびモーメントの作用を鉛直平面内に限定する場合，力がつり合うためには，つぎの3つの式で表される条件を同時に満足する必要がある。

$$[\text{水平方向の力のつり合い}] \quad \sum_i \mathrm{F}_i^x = 0 \tag{1.1}$$

$$[\text{鉛直方向の力のつり合い}] \quad \sum_i \mathrm{F}_i^y = 0 \tag{1.2}$$

$$[\text{モーメントのつり合い}] \quad \sum_i \mathrm{M}_i = 0 \tag{1.3}$$

ここで，$\mathrm{F}_i^x, \mathrm{F}_i^y$ は力 i の水平成分および鉛直成分，M_i はモーメントである。

1.1.2 荷重と支点反力

荷　重：橋や建物などの構造物は，上にものを載せ，これを支えることを主たる役割としている。載せたものの重さや構造物自体の重さが構造物に作用する主要な力であり，これを「荷重」という。荷重には地震や風によって水平方向に作用するものもある。荷重は大きさや作用方向がわかっている力である。

反　力：構造物は地盤や他の構造体に支えられて静止している。支えるために生じる力を「反力」という。反力は，荷重の作用を打ち消して構造物に作用する力をつり合い状態にする力であるが，その大きさや作用方向はあらかじめ与えられない。

支点反力：「支点」は，構造物を支える地盤や構造体を力学モデルとして単純化したものである。構造物を支える基本的な 3 種類の支点とその機能を**表 1.1** にまとめる。

表 1.1　基本的な 3 種類の支点とその機能

名　　称	単純支持 ヒンジ支持	ローラー支持	固 定 端 固定支点
記　　号	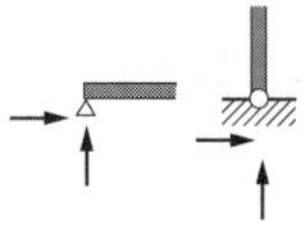	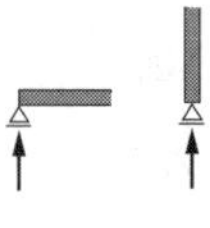	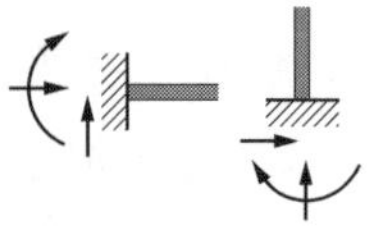
生じる反力	水平反力 鉛直反力	鉛直反力	水平反力 鉛直反力 反力モーメント
拘束する変位	水平変位 鉛直変位	鉛直変位	水平変位 鉛直変位 回転変位
自由な変位	回転変位	水平変位 回転変位	な　し

1.1.3　静定構造と不静定構造

構造物は種々の荷重の作用のもと，滑ったり転倒したりすることなく安定した状態で静止していることが求められる。このとき，構造物に作用している荷重と反力は「力のつり合い条件」を満たしている。力のつり合い条件の観点から，構造物の安定性はつぎのように分類される。

不安定構造（unstable structure）：力の作用のもと，滑ったり転倒したりする可能性がある構造。つり合い条件が成り立っていない。

安定構造（stable structure）：力の作用のもと，静止している状態にある構造。つり合い条件が成り立っている。

静定構造（statically determinate structure）：安定な構造のうち，反力や構造内部の力の状態が，つり合い条件だけで決まる構造。

不静定構造（statically indeterminate structure）：安定な構造のうち，反力や構造内部の力の状態が，つり合い条件だけでは決まらない構造。変形の条件を考慮しないと力の状態が決まらない。

1.1.4 は り

細長い直線状の**部材**（member）を水平に配置し，その上に荷重をかけてこれを支える構造形式。**図 1.1** に基本的な 2 つの静定ばりを示す。静定ばりには，ほかに後述する「ゲルバーばり」がある。

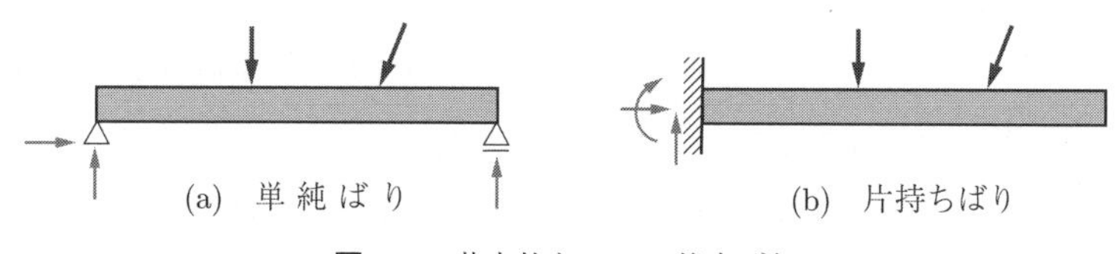

図 1.1 基本的な 2 つの静定ばり

1.1.5 はりの断面力

外　力（external force）：構造物に外部から作用する力。荷重と支点反力は外力である。

内　力（internal force）：構造物が荷重を支点に伝えるとき内部に生じる力。

断面力：はりの内力は，はりの断面上の集中した力として扱う。これを「断面力」という。

はりの断面力は**図 1.2** に示すように 3 つあり，同じ大きさで逆向きの 2 つの力が組み合わさって作用する。

軸　力 N：引っ張って伸ばす作用の力。あるいは圧縮して縮める作用の力。

せん断力 Q：切断しようとする作用の力。

曲げモーメント M：曲げる作用をするモーメント。

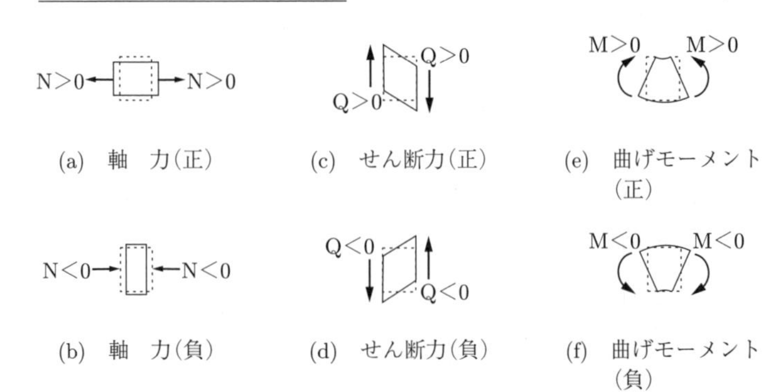

(a) 軸　力(正)　(c) せん断力(正)　(e) 曲げモーメント(正)

(b) 軸　力(負)　(d) せん断力(負)　(f) 曲げモーメント(負)

図 1.2　はりの断面力（破線は力を加える前の形状のイメージ）

1.1.6　支点反力と断面力の求め方

(1)　支点反力の求め方

【例　題】 **図 1.3**(a) のように，水平からの角度 θ の集中荷重 P が作用している単純ばりの支点反力を求める。

支点反力：左右の支点の種類から支点に生じる反力は図 1.3(b) のようになる。

斜めの荷重の分解：荷重 P を水平分力 $\mathrm{P_H}$ $(=\mathrm{P}\cos\theta)$ と鉛直分力 $\mathrm{P_V}$ $(=\mathrm{P}\sin\theta)$ とに分解する。

はり全体に関する力のつり合い条件：図 1.3(b) に描かれた力の間には，つぎの 3 つのつり合い条件が成り立っていなければならない。

[水平方向の力のつり合い]　$$\mathrm{H_A} + \mathrm{P_H} = 0 \tag{1.4}$$

(a) 斜めの集中荷重が作用する単純ばり

(b) 集中荷重 P の鉛直分力 $\mathrm{P_V}$ と水平分力 $\mathrm{P_H}$ への分解および支点反力

図 1.3　斜めの荷重の分解

［鉛直方向の力のつり合い］　$R_A + R_B - P_V = 0$ (1.5)

［モーメントのつり合い（点 A まわり）］　$R_B \times L - P_V \times a = 0$ (1.6)

支点反力の値： 式 (1.4)〜(1.6) を解いて 3 つの反力がつぎのように求まる。

$$H_A = -P_H, \quad R_A = \frac{b}{L}P_V, \quad R_B = \frac{a}{L}P_V \tag{1.7}$$

【解き方のコツ】　斜めの荷重の扱い

式 (1.6) のモーメントのつり合い条件は，**図 1.4** のように，支点 A から力 P の作用線までの距離 $a\sin\theta$ を求めてつぎのように立てることもできる。

$$R_B \times L - P \times a\sin\theta = 0 \tag{1.8}$$

$P \times a\sin\theta = P\sin\theta \times a = P_V \times a$ なので，式 (1.8) と式 (1.6) は同じ式である。

しかし，垂線を下ろす作図，正弦および余弦の計算は手間であり，間違える可能性もある。

これに対し，図 1.3(b) に基づいてモーメントのつり合い条件を立てるとき，支点 A から鉛直分力 P_V までの距離 a はすでに問題図に与えられており，追加の計算は不要である。斜めの荷重の水平分力と鉛直分力は，水平および鉛直のつり合い条件を立てるときにも必要である。したがって，図 1.3(b) をそのまま使ってモーメントのつり合い条件を立てるのがよい，といえる。

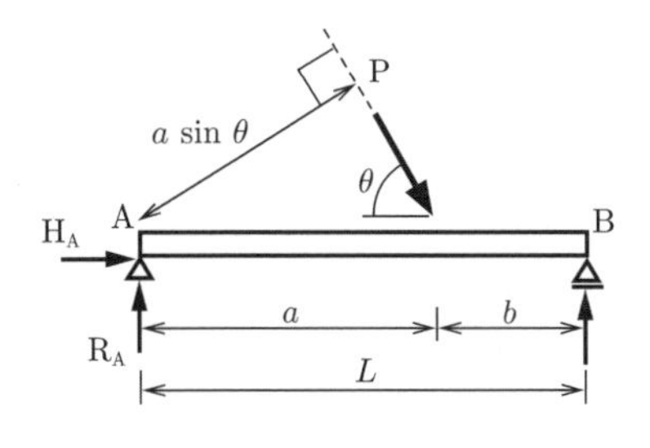

図 1.4　支点 A から斜めの集中荷重の作用線までの距離

(**2**)　**断面力の求め方**

はりの切断： 図 **1.5**(a)，(b) のように，支点 A から距離 x の位置ではりを仮想的に切断し，内部の力（断面力）を断面に作用させた状態を考える。

作用・反作用の法則： 切断された左右の断面に与える 3 つの断面力 N，Q，

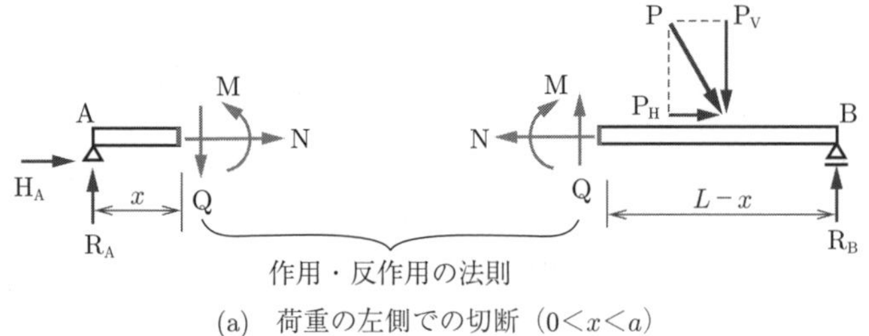

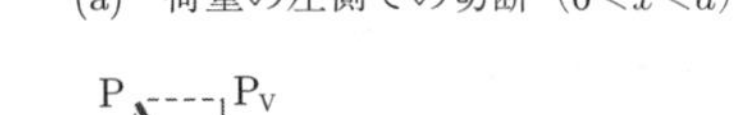

(a)　荷重の左側での切断（$0<x<a$）

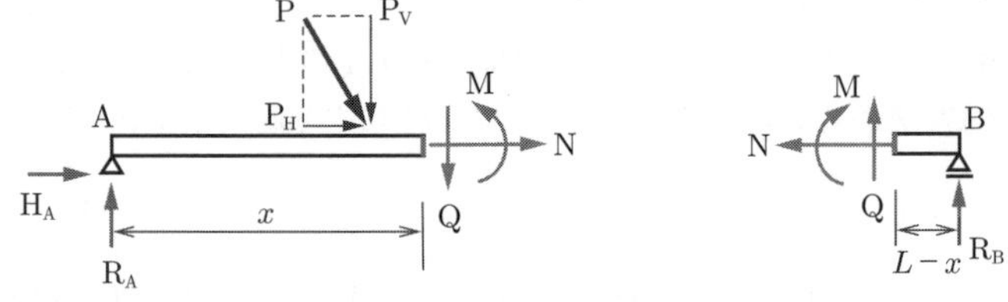

(b)　荷重の右側での切断（$a<x<L$）

図 1.5　断面力を求めるためのはりの切断

M は「**作用・反作用の法則**」を満足するように定義する。すなわち，3 つの断面力のいずれも「**同じ大きさ（同じ変数記号）で互いに逆向きの力（逆向きの矢印）**」として与える。例えば，左の断面上の軸力 N は，右の部分が右向きに引っ張っている力であり，右の断面上の軸力 N は，左の部分が左向きに同じ大きさで引っ張り返している力である。

切断された部分に作用する力のつり合い：つり合い状態にある物体を仮想的に切断して分離した状態にしたとき，切り離されたそれぞれの部分もつり合い条件を満たしていなければならない。

部分のつり合い条件（$0<x<a$）：図 1.5(a) の左側部分に作用している力についてつり合い条件式を立てて断面力を求める。

［水　平］　$\mathrm{H_A} + \mathrm{N} = 0$

［鉛　直］　$\mathrm{R_A} - \mathrm{Q} = 0$

［モーメント（切断面まわり）］　$\mathrm{M} - \mathrm{R_A} \times x = 0$

⇒［断面力］　$\mathrm{N} = \mathrm{P_H}, \quad \mathrm{Q} = \dfrac{b}{L}\mathrm{P_V}, \quad \mathrm{M} = \dfrac{b}{L}\mathrm{P_V}x$

得られた断面力は，「作用・反作用の法則」を満たすように断面力を定義していれば，図 1.5(a) の右側部分でつり合い条件を立てて求めても同じである。

部分のつり合い条件 $(a < x < L)$**：** 図 1.5(b) の右側部分に作用している力についてつり合い条件式を立てて断面力を求める。

［水　平］　$\mathrm{N} = 0$

［鉛　直］　$\mathrm{Q} + \mathrm{R_B} = 0$

［モーメント（切断面まわり）］　$\mathrm{M} - \mathrm{R_B} \times (L - x) = 0$

$\Rightarrow$［断面力］　$\mathrm{N} = 0, \quad \mathrm{Q} = -\dfrac{a}{L}\mathrm{P_V},$

$$\mathrm{M} = \frac{a(L - x)}{L}\mathrm{P_V}$$

得られた断面力は，「作用・反作用の法則」を満たすように断面力を定義していれば，図 1.5(b) の左側部分でつり合い条件を立てて求めても同じである。右側部分を選んだのは計算が簡単だからにすぎない。どちらの部分のつり合い条件を立ててもよい。

【解き方のコツ】 何ヶ所で切断するのだろうか？

この例題では図 1.5(a)，(b) のように，荷重の左側ではりを切断する場合と荷重の右側で切断する場合の 2 つの場合に分けて扱った。図 1.5(a)，(b) の切断された左側部分どうし，あるいは右側部分どうしを比較すると，作用している力の組合せが異なっている。したがって「力のつり合い条件」が異なり，断面力も異なる。これが場合分けした理由である。

断面力を求めるときに，問題図を見て何ヶ所で切断するか，悩む必要はない。はりの左端から切断位置を右に移動させていき「**荷重が増えたり減ったりしたら新たにつり合い条件を立てる**」という方針をとると，場合分けを気にする必要がない。

1.1.7 演 習 問 題

【問 1-1】 問図 1.1 のように，単純ばり AB の点 C に大きさ P の鉛直下向きの集中荷重が作用している。このはりのせん断力および曲げモーメント分布を以下の手順 (1)～(3) に従って求めよ。

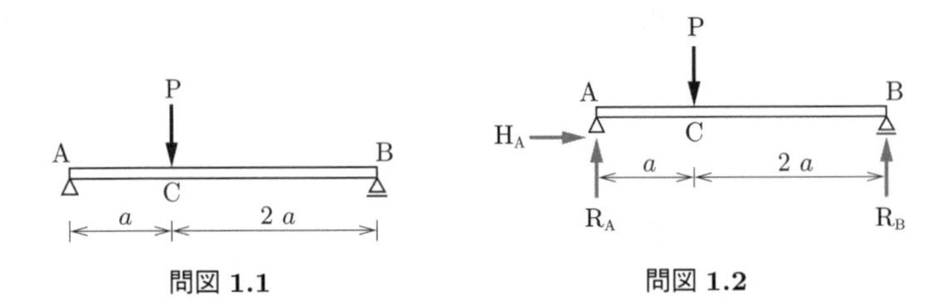

問図 1.1　　　　問図 1.2

(1)　支点反力を求める。

空欄①，②に，はり全体の鉛直方向のつり合い条件式，および点 A を中心としたモーメントのつり合い条件式を記入せよ。なお，支点反力の向きは**問図 1.2** のように仮定する。支点 A の水平反力は $H_A = 0$ なので水平方向のつり合い条件式は省略する。

鉛直方向：	①
モーメント：	②

これらのつり合い条件式を解いた結果を，空欄③に記入せよ。

③

(2)　断面力を求める。

i)　AC 間

AC 間ではりを切断し，切断面の左側に着目して断面力を求める。空欄④，⑤に，切断されたはりの鉛直方向のつり合い条件式，および切断面を中心としたモーメントのつり合い条件式を記入せよ。なお，点 A から切断面までの距離を x とおく（**問図 1.3**）。

鉛直方向：	④
モーメント：	⑤

これらのつり合い条件式を解いた結果を，空欄⑥に記入せよ。

⑥

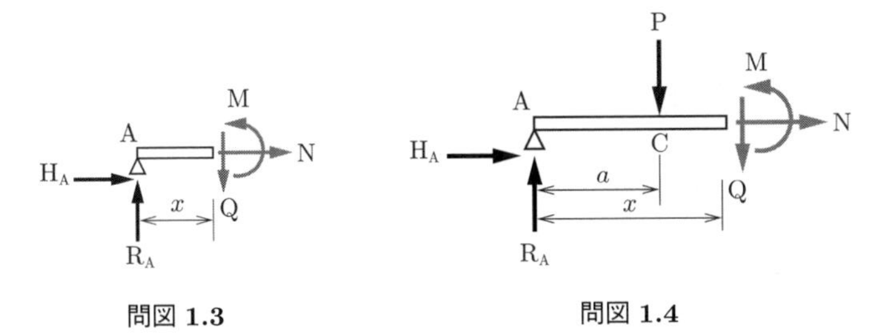

問図 1.3　　**問図 1.4**

ii)　CB 間

つぎに，集中荷重の作用点 C より先の CB 間ではりを切断し，断面力を求める。切断面の左側に着目した鉛直方向のつり合い条件式，および切断面を中心としたモーメントのつり合い条件式を空欄⑦，⑧に記入せよ。なお，点 A から切断面までの距離を x とする（**問図 1.4**）。

鉛直方向：

⑦

モーメント：

⑧

これらのつり合い条件式を解いた結果を，空欄⑨に記入せよ。

⑨

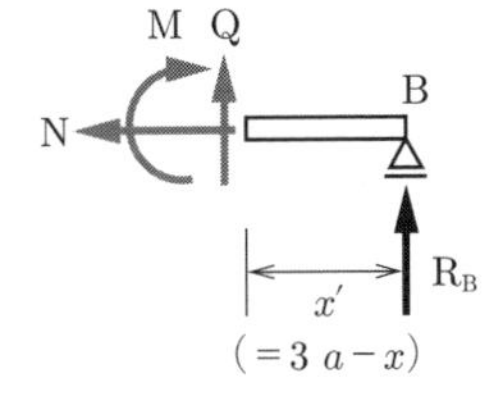

問図 1.5

（注）　断面力を求める場合，切断面の右側に着目して解いてもよい。例えば CB 間の断面力を求める際，切断面の右側に着目すると**問図 1.5** のようになる。切断されたはりの力のつり合い条件式は以下のようになる。

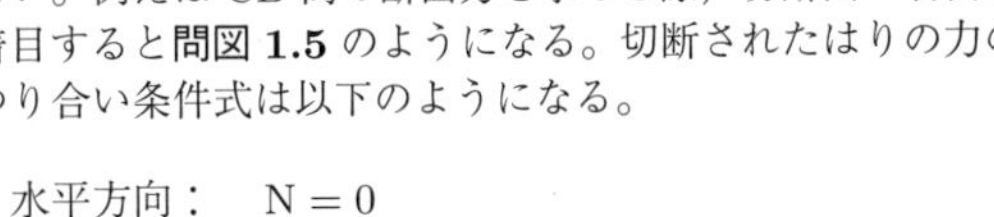

水平方向：　$N = 0$

鉛直方向：　$Q + R_B = 0$

モーメント：$M - R_B \cdot x' = 0$

ここでは，点 B から切断面までの距離を x' とした。これらのつり合い条件式を解いて求めた結果に $x' = 3a - x$ を代入すると，前述の切断面の左側に着目して解いた結果と一致する。

(3)　分布図を描く。

上記 (2) で求めた AC 間および CB 間の断面力の分布を欄 ⑩ の**問図 1.6** に描き入れよ。なお，軸力はすべての位置でゼロなので省略する。

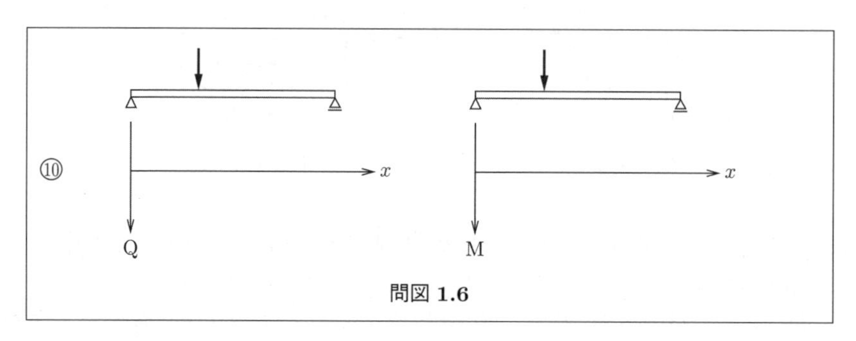

問図 1.6

【問 1-2】　**問図 1.7** に示す単純ばり AB の点 C に 2 kN，点 D に 3 kN の集中荷重が作用している。このはりのせん断力および曲げモーメントの分布を求め，図示せよ。

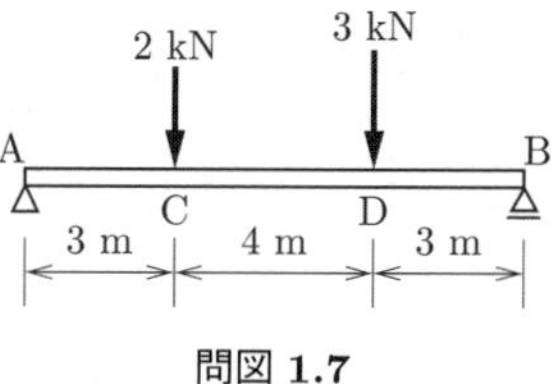

問図 1.7

【問 1-3】　**問図 1.8** に示す単純ばり AB の点 C に 2 kN が作用した系 (A) と，点 D に 3 kN の集中荷重が作用した系 (B) を考える。系 (A) と系 (B) の支点反力および断面力をそれぞれ求め，系 (A) の値と系 (B) の値の和が【問 1-2】の結果と一致することを確認せよ（**重ね合わせの原理**が成立することを確認せよ）。

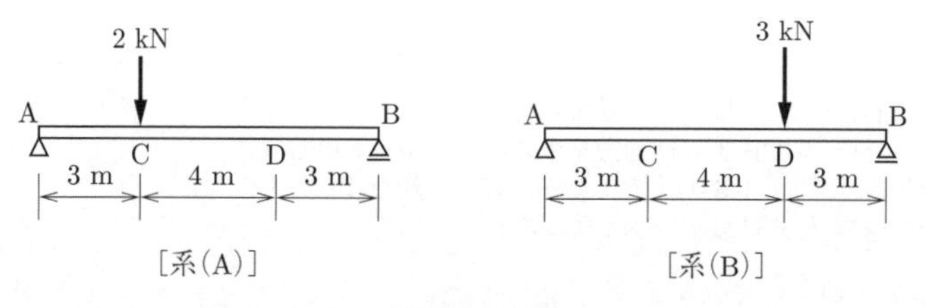

問図 1.8

【問 1-4】 **問図 1.9** に示す張り出しばりに大きさ 5P の斜めの集中荷重が作用している。このはりの支点反力を求めよ。また，軸力，せん断力，および曲げモーメントの分布を求め，図示せよ。

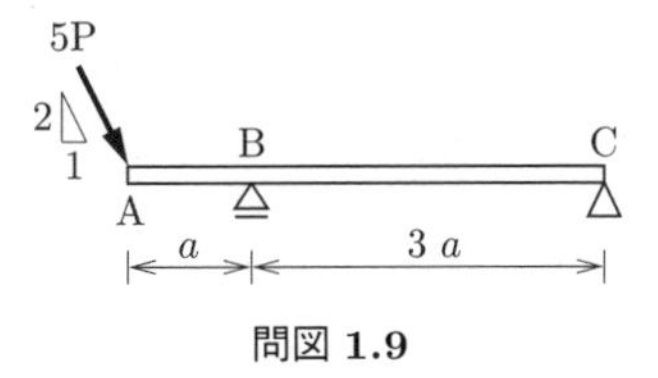

問図 1.9

1.2 片持ちばり，集中モーメント，および分布荷重

1.2.1 片 持 ち ば り

【例　題】 **図 1.6** のような斜めの集中荷重 P が作用している片持ちばりの支点反力と断面力を求める。

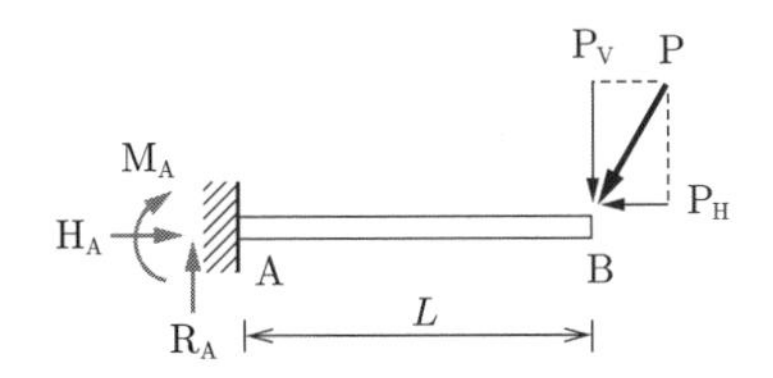

図 1.6 片持ちばりの支点反力

はり全体に関する力のつり合い条件：

［水　平］ $H_A - P_H = 0$

［鉛　直］ $R_A - P_V = 0$

［モーメント（点 A まわり）］ $P_V \times L + M_A = 0$

⇒［反　力］ $H_A = P_H$，　$R_A = P_V$，　$M_A = -P_V L$

断面力を求めるための切断：図 1.7

切断した左側部分に関するつり合い条件

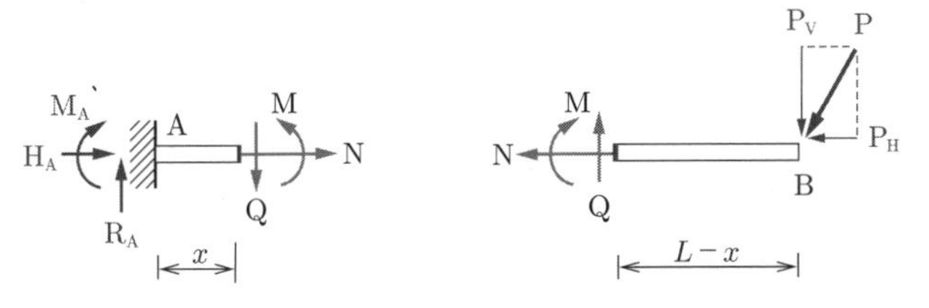

図 1.7 断面力を求めるための切断

［水　平］　$H_A + N = 0$

［鉛　直］　$R_A - Q = 0$

［モーメント（切断面まわり）］　$R_A \times x + M_A - M = 0$

⇒［断面力］　$N - P_H, \quad Q = P_V, \quad M = P_V(x - L)$

1.2.2　集中モーメント

集中モーメントは，既知の値のモーメントを荷重として作用させるものである。モーメントなので水平のつり合い条件，および鉛直のつり合い条件には無関係である。

【例　題】 **図 1.8** のように集中モーメント $\overline{M}$ が作用している単純ばりの支点反力を求める。

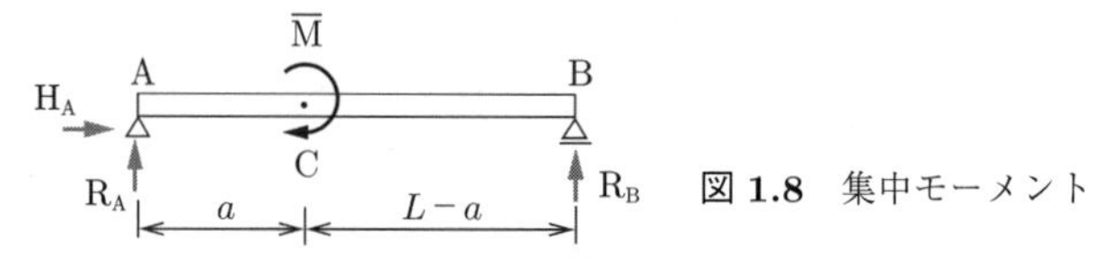

図 1.8　集中モーメント

はり全体に関する力のつり合い条件：

［水　平］　$H_A = 0$

［鉛　直］　$R_A + R_B = 0$

［モーメント（点 A まわり）］　$\overline{M} - R_B \times L = 0$

⇒［反　力］　$H_A = 0, \quad R_A = -\dfrac{\overline{M}}{L}, \quad R_B = \dfrac{\overline{M}}{L}$

（注）　支点 A まわりにモーメントのつり合い条件を立てても，集中モーメントの作用位置 a を集中モーメントに乗じる必要はない（$\overline{M}$ は「力 × 長さ」なので $\overline{M}$ に距離を乗じるのは間違いである）。したがって，支点反力の値は集中モーメント作用位置 $(0 \leqq a \leqq L)$ に無関係である（曲げモーメント分布は集中モーメント作用位置に依存する）。

1.2.3　分　布　荷　重

分布荷重は連続的に分布して作用する荷重である。単位長さ当りの荷重の強さを部材に沿った座標の関数として与える。

【例　題】 図 **1.9**(a) のような**線形分布荷重**（荷重の強さが直線的に変化している分布荷重）が作用している単純ばりの支点反力を求める。

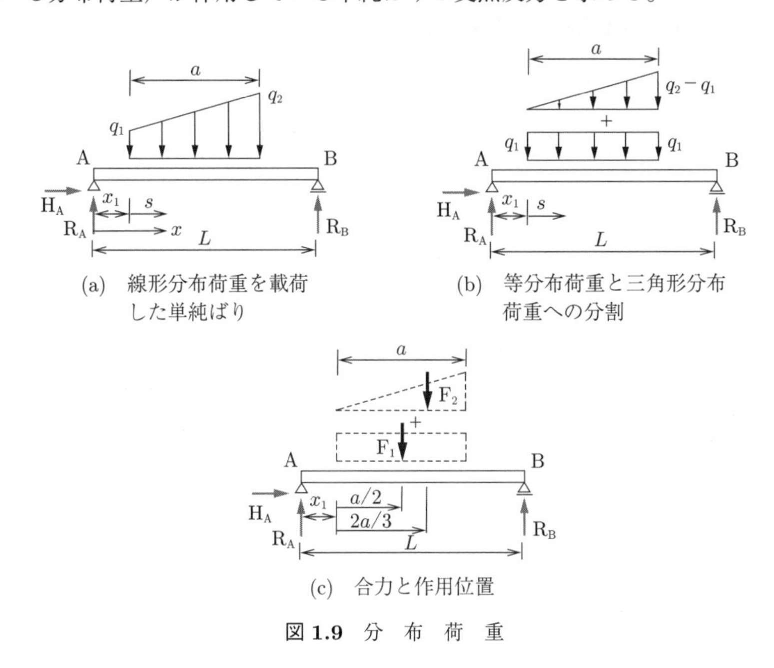

(a)　線形分布荷重を載荷した単純ばり　(b)　等分布荷重と三角形分布荷重への分割

(c)　合力と作用位置

図 1.9　分　布　荷　重

座標 $\boldsymbol{x}$ で表す場合：$q(x) = q_1 + (q_2 - q_1)(x - x_1)/a \quad (x_1 \leqq x \leqq x_1 + a)$ のつり合い条件式

［水　平］　$\mathrm{H_A} = 0$

［鉛　直］　$\mathrm{R_A} + \mathrm{R_B} - \displaystyle\int_{x_1}^{x_1+a} q(x)\ \mathrm{d}x = 0$

［モーメント（点 A まわり）］　$\displaystyle\int_{x_1}^{x_1+a} q(x)x\ \mathrm{d}x - \mathrm{R_B} \times L = 0$

荷重の左端を原点とする座標 $\boldsymbol{s(= x - x_1)}$ で表す場合：$q(s) = q_1 + (q_2 - q_1)s/a \quad (0 \leqq s \leqq a)$ のつり合い条件式

［水　平］　$\mathrm{H_A} = 0$

［鉛　直］　$\mathrm{R_A} + \mathrm{R_B} - \displaystyle\int_0^a q(s)\ \mathrm{d}s = 0$

$$[\text{モーメント（点 A まわり）}]\quad \int_0^a q(s)(x_1+s)\,\mathrm{d}s - \mathrm{R_B}\times L = 0$$

等分布荷重と三角形分布荷重に分離する扱い：図 1.9(b) のつり合い条件式（水平のつり合い条件は省略）

$$[\text{鉛　直}]\quad \mathrm{R_A}+\mathrm{R_B}-\left[\int_0^a q_1\mathrm{d}s+\int_0^a\frac{(q_2-q_1)s}{a}\mathrm{d}s\right]$$
$$=\mathrm{R_A}+\mathrm{R_B}-\left\{[q_1a]+\left[\frac{1}{2}(q_2-q_1)a\right]\right\}$$
$$=\mathrm{R_A}+\mathrm{R_B}-(\mathrm{F_1}+\mathrm{F_2})=0$$

［モーメント（点 A まわり）］

$$\left[\int_0^a q_1(x_1+s)\,\mathrm{d}s+\int_0^a\frac{(q_2-q_1)s}{a}\times(x_1+s)\,\mathrm{d}s\right]$$
$$-\mathrm{R_B}\times L$$
$$=\left[[q_1a]\times\left(x_1+\frac{1}{2}a\right)+\left[\frac{1}{2}(q_2-q_1)a\right]\times\left(x_1+\frac{2}{3}a\right)\right]$$
$$-\mathrm{R_B}\times L$$
$$=\left[\mathrm{F_1}\times\left(x_1+\frac{1}{2}a\right)+\mathrm{F_2}\times\left(x_1+\frac{2}{3}a\right)\right]-\mathrm{R_B}\times L$$
$$=0$$

ここで，$\mathrm{F_1}$，$\mathrm{F_2}$ はそれぞれ等分布荷重と三角形分布荷重の合力である（図 1.9(c)，**表 1.2**）。積分をするかわりに図 1.9(a) の問題を図 1.9(c) に置き換えてつり合い条件を立ててもよい。

表 1.2　分布荷重の合力の大きさと作用位置

	合力の大きさ	合力の作用位置
等分布荷重	長方形分布の面積	作用幅の中央
三角形分布荷重	三角形分布の面積	作用幅を 2 対 1 に分ける点

1.2.4　演　習　問　題

【問 1-5】　問図 **1.10**（欄①）に示す片持ちばり AB の点 C に鉛直方向の集中荷重 5 kN が作用し，点 B に水平方向の集中荷重 3 kN が作用している。このはりの断面力の分布を以下の手順 (1)〜(5) に従って求めよ。

(1) 支点反力を仮定する。

固定端 A に生じる反力を欄 ① の問図 1.10 の中に描き入れよ。

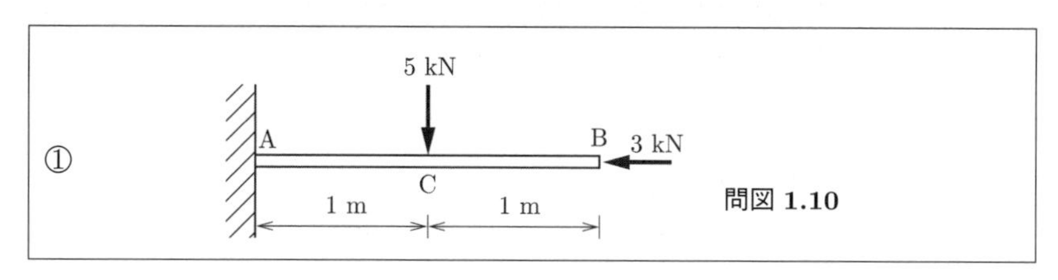

問図 1.10

(2) 支点反力を算出する。

上記 (1) で記した支点反力を求めるため，はり全体の力のつり合い条件式を立てる。空欄 ② ～ ④ に，水平方向と鉛直方向のつり合い条件式，および点 A を中心としたモーメントのつり合い条件式を記入せよ。また，つり合い条件式 ② ～ ④ を解き，求めた反力を空欄 ⑤ に記入せよ。

水平方向：②

鉛直方向：③

モーメント：④

支点反力：⑤

(3) 断面力を求める（AC 間）。

AC 間ではりを切断し，断面力を求める。ここでは切断された左側のはりに着目する。固定端 A からの距離を x として，水平方向と鉛直方向のつり合い条件式，および切断面を中心としたモーメントのつり合い条件式を空欄 ⑥ ～ ⑧ に記入せよ。また，つり合い条件式 ⑥ ～ ⑧ を解き，求めた断面力を空欄 ⑨ に記入せよ。

水平方向：⑥

鉛直方向：⑦

モーメント：　⑧

断面力：　⑨

(4)　断面力を求める（CB 間）。

CB 間ではりを切断し，断面力を求める。ここでは切断された右側のはりに着目する。自由端 B からの距離を x' として，水平方向と鉛直方向のつり合い条件式，および切断面を中心としたモーメントのつり合い条件式を空欄 ⑩ ～ ⑫ に記入せよ。また，つり合い条件式 ⑩ ～ ⑫ を解き，求めた断面力を空欄 ⑬ に記入せよ。

水平方向：　⑩

鉛直方向：　⑪

モーメント：　⑫

断面力：　⑬

(5)　分布図を描く。

上記 (3)，(4) の結果に基づいて，**問図 1.11**（欄 ⑭）に断面力の分布を図示せよ。

【問 1-6】　**問図 1.12** に示す片持ちばりの CB 間に荷重強度 q の等分布荷重が作用している。このはりのせん断力と曲げモーメント分布を求め，図示せよ。

【問 1-7】　**問図 1.13** に示す片持ちばりに集中荷重および集中モーメントが作用している。このはりの軸力，せん断力と曲げモーメント分布を求め，図示せよ。

【問 1-8】　**問図 1.14** に示す単純ばりの AC 間に荷重強度 q の等分布荷重が作用している。このはりのせん断力と曲げモーメント分布を求め，図示せよ。

【問 1-9】　**問図 1.15** に示す単純ばりの AC 間に，荷重強度が点 A で q，点 C で 0 となる三角形分布荷重が作用している。このはりのせん断力と曲げモーメント分布を求め，図示せよ。

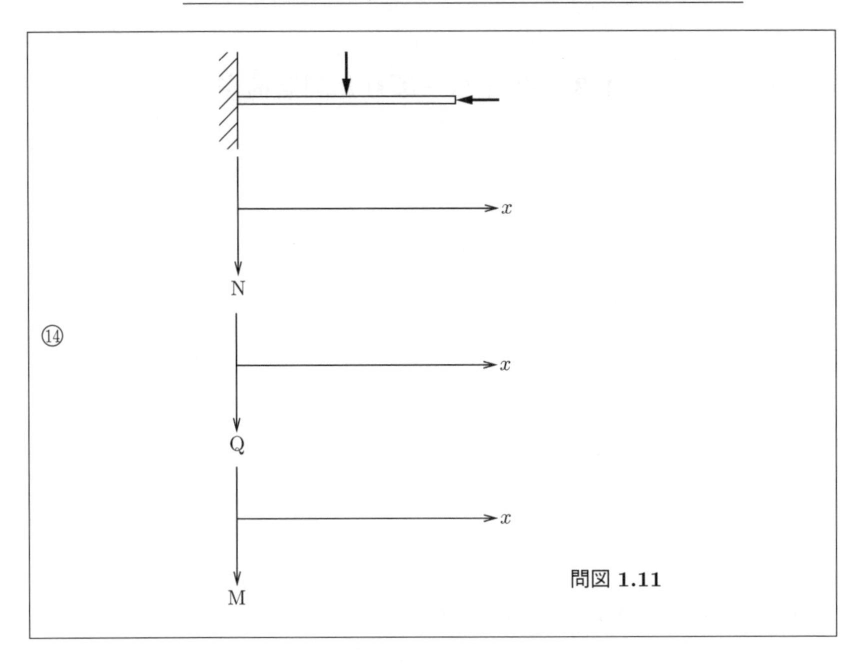

問図 1.11

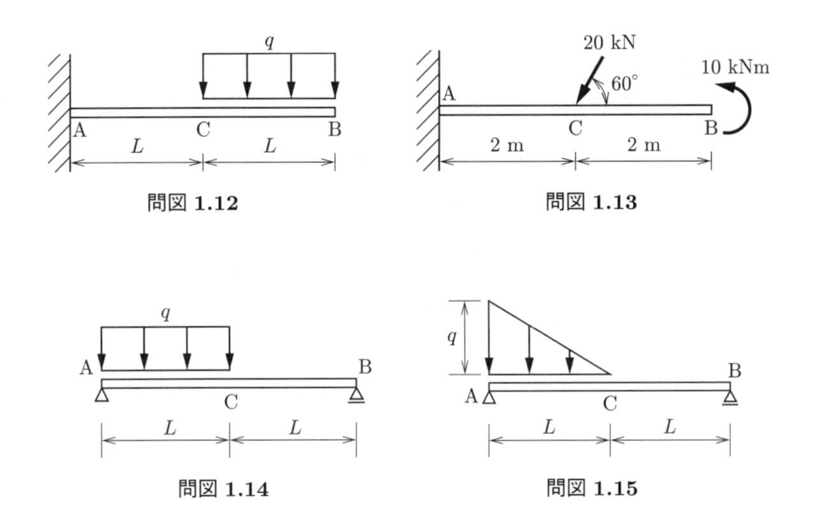

問図 1.12

問図 1.13

問図 1.14

問図 1.15

1.3　ゲルバーばりと間接荷重

1.3.1　ゲルバーばり

はりとはりを，ヒンジあるいは支点で結合して延長する方式の静定ばり。

【例　題】 図 **1.10** のように集中荷重 P が作用しているゲルバーばりの支点反力を求める。2 通りの方法がある。

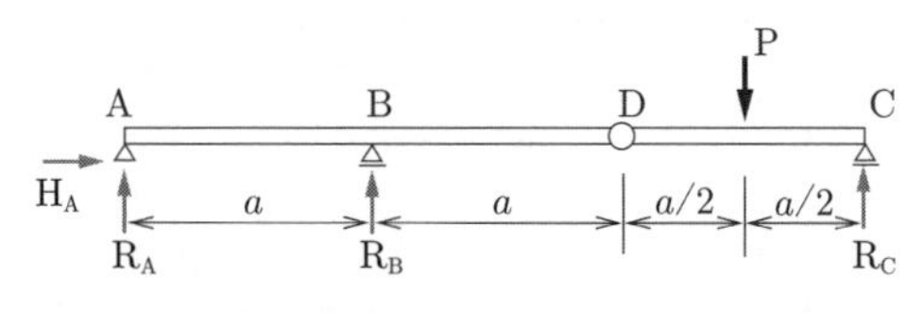

図 **1.10**　ゲルバーばり

連結点ではりを分割する方法 ： 図 1.11(a)

張り出しばり AD の先端 D が単純ばり DC の左の支点 D を支えている。支えている力 R_D，H_D の反作用の力が張り出しばり先端 D に荷重 R_D，H_D として作用する。2 つの独立したはりのそれぞれについて 3 つずつ，合計 6 つのつり合い条件が立てられる。支点反力と連結する力，合計 6 つの力が求まる（**表 1.3**）。

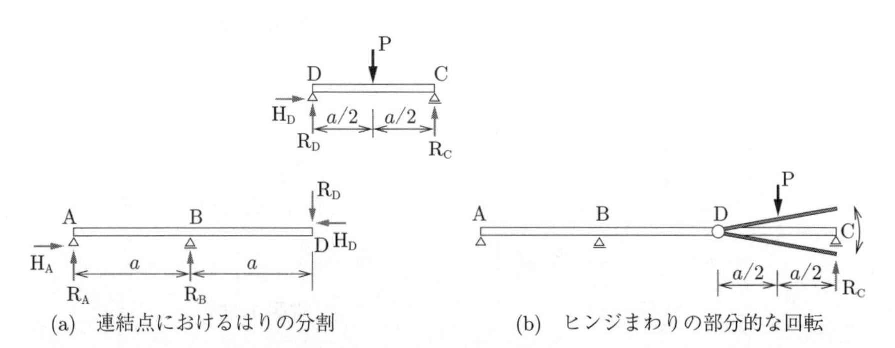

(a)　連結点におけるはりの分割　　(b)　ヒンジまわりの部分的な回転

図 **1.11**　2 通りの連結点の扱い

表 1.3　連結点でゲルバーばりを分割する方法のつり合い条件式

	単純ばり DC	張り出しばり AD
［水　平］	$H_D = 0$	$H_A - H_D = 0$
［鉛　直］	$R_D + R_C - P = 0$	$R_A + R_B - R_D = 0$
［モーメント］	$R_C \times a - P \times \dfrac{a}{2} = 0$	$R_B \times a - R_D \times 2a = 0$

$\Rightarrow R_A = -P/2,\quad R_B = P,\quad R_C = P/2,\quad H_D = 0,\quad R_D = P/2,$
$H_A = 0$

ヒンジまわりの部分的なモーメントのつり合い条件を立てる方法：図1.11(b)

4つの支点反力に対し，**表 1.4** に示す4つのつり合い条件を立てる。

表 1.4　ヒンジまわりの部分的なモーメントのつり合い条件を立てる方法のつり合い条件式

対象部分	つり合い条件
はり全体	［水　平］ $H_A = 0$ ［鉛　直］ $R_A + R_B + R_C - P = 0$ ［モーメント］ $R_B \times a + R_C \times 3a - P \times \dfrac{5}{2}a = 0$
連結点 D の右側部分	［点 D まわりのモーメント］ $R_C \times a - P \times \dfrac{a}{2} = 0$

$\Rightarrow R_A = -P/2,\quad R_B = P,\quad R_C = P/2,\quad H_A = 0$

1.3.2 間　接　荷　重

図 1.12(a) のように，荷重が直接はり AB に作用せず，はり AB に載っている別のはりに荷重が作用している。このような荷重を「**間接荷重**」という。

上部のはりを支える力：図 1.12(b)

$$R_C = R_D = \frac{\bar{q}h}{2},\quad R_E = R_F = \bar{q}h,\quad R_G = R_H = \frac{\bar{q}h}{2}$$

はり AB に対して作用する力：

$$R_C = \frac{\bar{q}h}{2},\quad R_D + R_E = \frac{3\,\bar{q}h}{2},\quad R_F + R_G = \frac{3\,\bar{q}h}{2},\quad R_H = \frac{\bar{q}h}{2}$$

R_D と R_E, および R_F と R_G は同じ位置の力として扱う。

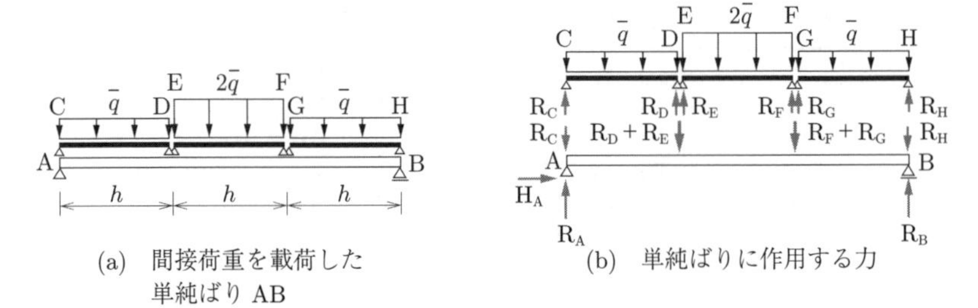

(a) 間接荷重を載荷した単純ばり AB　　(b) 単純ばりに作用する力

図 1.12 間 接 荷 重

1.3.3 演 習 問 題

【問 1-10】 **問図 1.16** に示すゲルバーばりの支点反力を，(A) はりを分割する方法，(B) ヒンジ（点 C）を中心とした部分的なモーメントのつり合いに着目する方法，それぞれの方法で求めたい。以下の手順 (1)～(4) に従って求めよ。

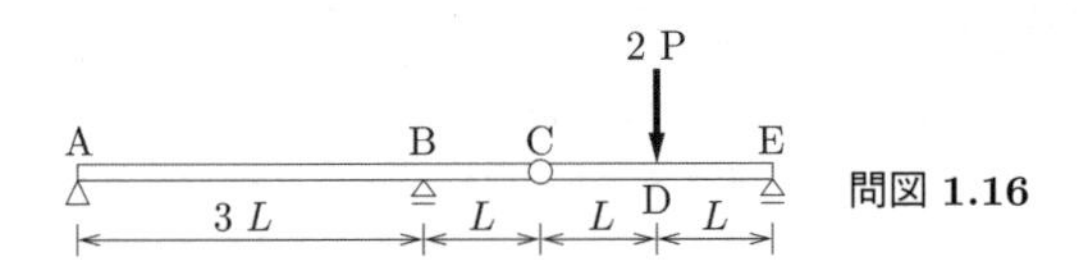

問図 1.16

【方法 (A)：はりを分割する方法】

(1) **問図 1.17** のように 2 つのはり ABC，CDE に分ける。はじめにはり CDE に着目し反力 R_C，R_E を求める。空欄 ① ～ ③ に，はり CDE の鉛直方向のつり合い条件式，および点 C を中心としたモーメントのつり合い条件式，およびつり合い条件式を解いて求めた支点反力を記入せよ（$H_C = 0$ のため，水平方向のつり合い条件式は省略する）。

鉛直方向：	①
モーメント：	②
支点反力：	③

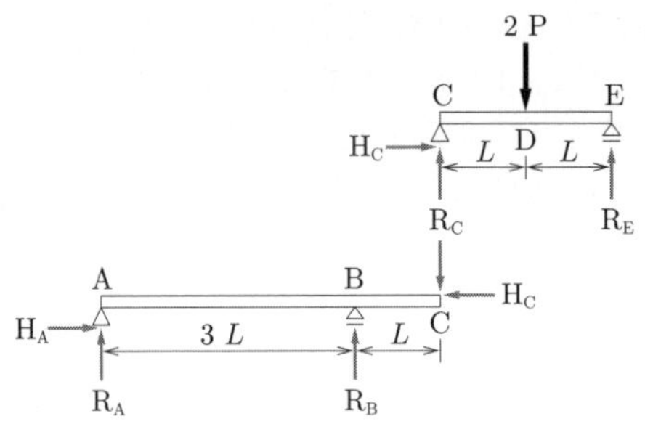

問図 1.17

(2)　つぎに，はり ABC に着目し反力 R_A，R_B を求める。このとき，(1) で求めた反力 H_C，R_C の反作用の力を点 C に作用させる点に注意すること。空欄 ④ ～ ⑥ に，はり ABC に関する鉛直方向のつり合い条件式，および点 A を中心としたモーメントのつり合い条件式，およびつり合い条件式を解いて求めた支点反力を記入せよ（$H_A = 0$ のため，水平方向のつり合い式は省略する）。

鉛直方向：④

モーメント：⑤

支点反力：⑥

【方法 (B)：ヒンジを中心とした部分的なモーメントのつり合いに着目する方法】

(3)　ゲルバーばり全体のつり合い条件式を立てる。空欄 ⑦，⑧ に，ゲルバーばり ABCDE の鉛直方向のつり合い条件式，および点 A を中心としたモーメントのつり合い条件式を記入せよ。なお，方法 (A) のようにはりを分割する必要はない。

鉛直方向：⑦

モーメント：⑧

(4)　ヒンジCは曲げモーメントに抵抗しないことから，ヒンジCを中心としたCDE部分の部分的なモーメントのつり合い条件が成立する（**問図 1.18**）。空欄⑨に，ヒンジCを中心とした部分的なモーメントのつり合い条件式を記入せよ。

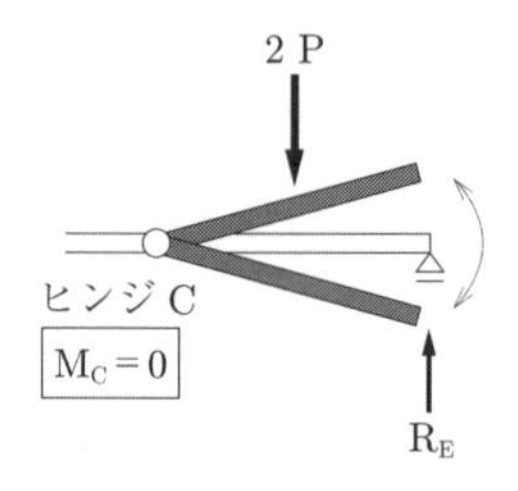

問図 1.18

モーメント：	⑨

以上のつり合い条件式から支点反力 R_A，R_B，R_E が求められる。つり合い条件式を解いて求めた支点反力の値を空欄⑩に記入せよ。

支点反力：	⑩

【問 1-11】　**問図 1.19** に示すゲルバーばりの点Bおよび点Dに集中荷重が作用している。このはりの軸力，せん断力，および曲げモーメントの分布を求め，図示せよ。

【問 1-12】　**問図 1.20** に示す間接荷重が作用する片持ちばりに生じる支点反力を求めよ，また，片持ちばりABおよびはりCBのせん断力，曲げモーメントの分布を求め，図示せよ。

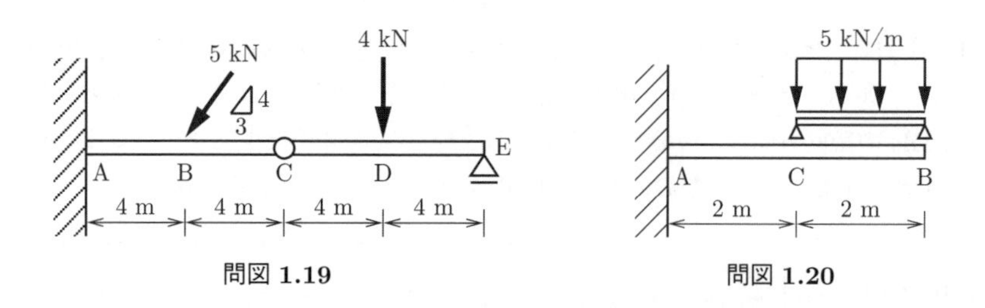

問図 1.19　　**問図 1.20**

【問 1-13】　**問図 1.21** に示すゲルバーばりのCD間に，荷重強度 q の等分布荷重が作用している。このはりのせん断力と曲げモーメントの分布を求め，図示せよ。

【問 1-14】　**問図 1.22** に示すゲルバーばりのBC間に，荷重強度 q の等分布荷重が作用している。このはりのせん断力と曲げモーメントの分布を求め，図示せよ。

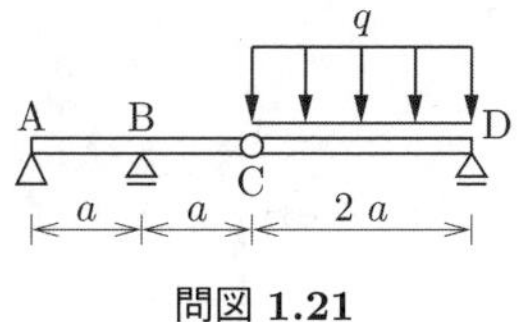

問図 1.21

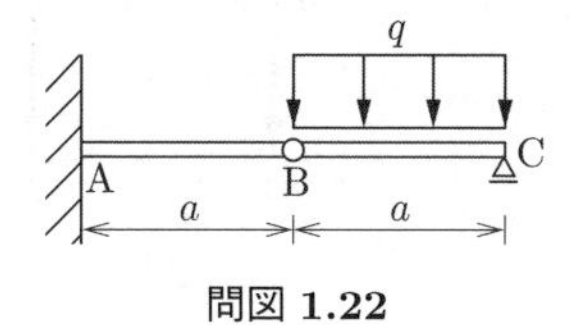

問図 1.22

【1章の演習問題解答例】

［解 **1-1**］

① $\mathrm{R_A} + \mathrm{R_B} - \mathrm{P} = 0$,　② $-3\,\mathrm{R_B}a + \mathrm{P}a = 0$,　③ $\mathrm{R_A} = \dfrac{2}{3}\mathrm{P}$,　$\mathrm{R_B} = \dfrac{1}{3}\mathrm{P}$,

④ $\mathrm{Q} - \mathrm{R_A} = 0$,　⑤ $\mathrm{M} - \mathrm{R_A}x = 0$,　⑥ $\mathrm{Q} = \dfrac{2}{3}\mathrm{P}$,　$\mathrm{M} = \dfrac{2}{3}\mathrm{P}x$,

⑦ $\mathrm{Q} - \mathrm{R_A} + \mathrm{P} = 0$,　⑧ $\mathrm{M} - \mathrm{R_A}x + \mathrm{P}\,(x - a) = 0$,

⑨ $\mathrm{Q} = -\dfrac{1}{3}\mathrm{P}$,　$\mathrm{M} = -\dfrac{1}{3}\mathrm{P}x + \mathrm{Pa}$,　⑩ **解図 1.1** となる。

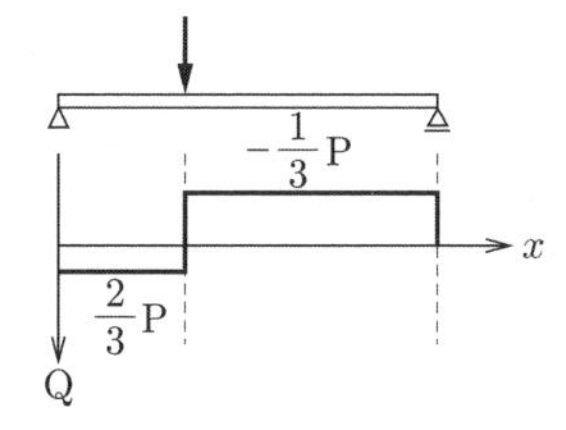

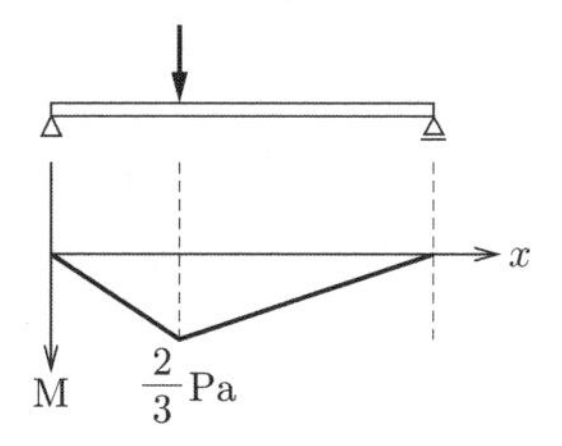

解図 1.1

［解 **1-2**］

(1)　支点反力を求める。

支点反力の方向を**解図 1.2** のように仮定する。力のつり合い条件式を解き，支点反力の値を求める。

水平方向：$\mathrm{H_A} = 0$

鉛直方向：$\mathrm{R_A} + \mathrm{R_D} - 2 - 3 = 0$

モーメント：$\mathrm{R_D} \times 10 - 2 \times 3 - 3 \times 7 = 0$（支点 A まわり）

$\therefore$　$\mathrm{H_A} = 0$,　$\mathrm{R_A} = 2.3\,\mathrm{kN}$,　$\mathrm{R_D} = 2.7\,\mathrm{kN}$

(2)　断面力を求める。

i)　AC 間

AC 間ではりを切断したうえで，切断面の左側（もしくは右側）に着目し，力のつり合い条件式から断面力を求める。ここでは**解図 1.3** のように，切断面の左側に着目

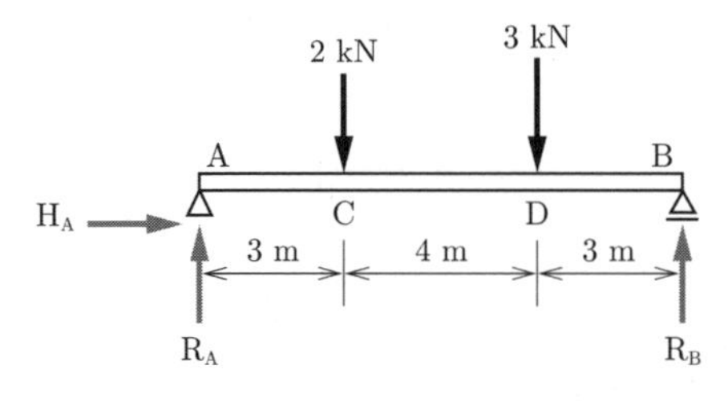

解図 **1.2**

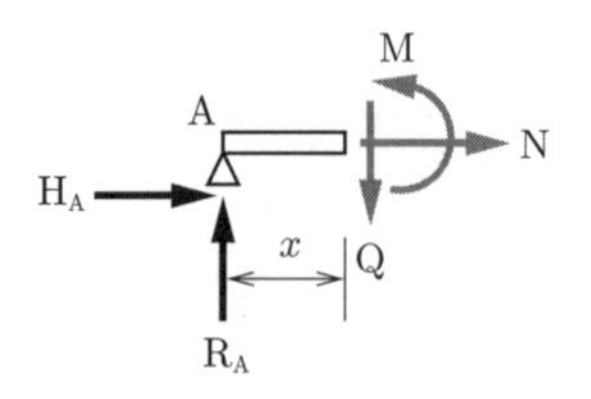

解図 **1.3**

した場合の結果を示す。

水平方向：$\mathrm{N} + \mathrm{H_A} = 0$

鉛直方向：$\mathrm{Q} - \mathrm{R_A} = 0$

モーメント：$\mathrm{M} - \mathrm{R_A}x = 0$（切断面まわり）

$\mathrm{N} = 0, \quad \mathrm{Q} = 2.3\,\mathrm{kN}, \quad \mathrm{M} = 2.3x$〔kNm〕

ii)　CD 間

CD 間ではりを切断し，力のつり合い条件式から断面力を求める。ここでは**解図 1.4** のように，切断面の左側に着目した場合の結果を示す。

水平方向：$\mathrm{N} + \mathrm{H_A} = 0$

鉛直方向：$\mathrm{Q} - \mathrm{R_A} + 2 = 0$

モーメント：$\mathrm{M} - \mathrm{R_A}x + 2\,(x - 3) = 0$（切断面まわり）

$\mathrm{N} = 0, \quad \mathrm{Q} = 0.3\,\mathrm{kN}, \quad \mathrm{M} = 0.3x + 6$〔kNm〕

iii)　DB 間

DB 間ではりを切断し，力のつり合い条件式から断面力を求める。ここでは**解図 1.5** のように，切断面の右側に着目した場合の結果を示す。

水平方向：$\mathrm{N} = 0$

鉛直方向：$\mathrm{Q} + \mathrm{R_D} = 0$

モーメント：$\mathrm{M} - \mathrm{R_D}x' = \mathrm{M} - \mathrm{R_D} \times (10 - x) = 0$（切断面まわり）

$\mathrm{N} = 0, \quad \mathrm{Q} = -2.7\,\mathrm{kN}, \quad \mathrm{M} = 2.7x' = -2.7x + 27$〔kNm〕

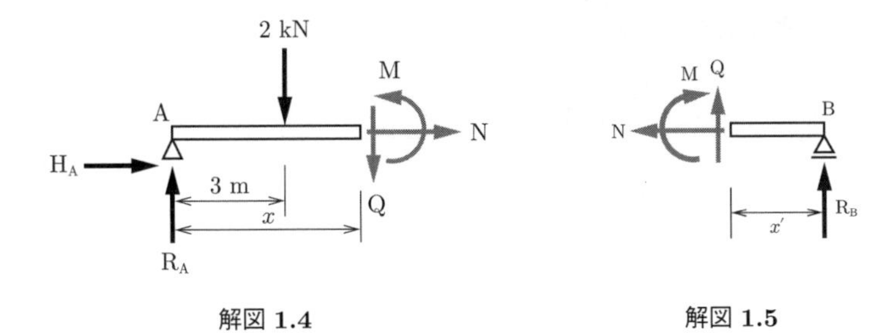

解図 1.4　　　　解図 1.5

(3)　断面力分布

上記 (2) の結果に基づいて断面力の分布を図示すると，**解図 1.6** となる。

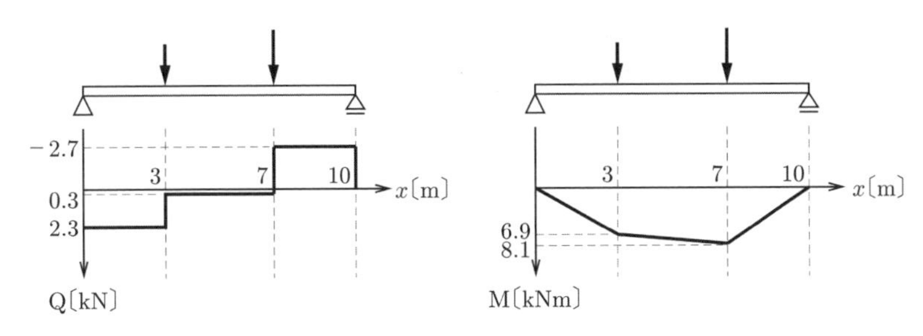

解図 1.6

[**解 1-3**]

系 (A)：

$$\mathrm{R_A} = 1.4\,\mathrm{kN}, \quad \mathrm{R_B} = 0.6\,\mathrm{kN},$$

$$\mathrm{Q} = 1.4\,\mathrm{kN}, \quad \mathrm{M} = 1.4x\ 〔\mathrm{kNm}〕 \quad (0 \leqq x \leqq 3)$$

$$\mathrm{Q} = -0.6\,\mathrm{kN}, \quad \mathrm{M} = -0.6x + 6\ 〔\mathrm{kNm}〕 \quad (3 \leqq x \leqq 10)$$

系 (B)：

$$\mathrm{R_A} = 0.9\,\mathrm{kN}, \quad \mathrm{R_B} = 2.1\,\mathrm{kN},$$

$$\mathrm{Q} = 0.9\,\mathrm{kN}, \quad \mathrm{M} = 0.9x\ 〔\mathrm{kNm}〕 \quad (0 \leqq x \leqq 7)$$

$$\mathrm{Q} = -2.1\,\mathrm{kN}, \quad \mathrm{M} = -2.1x + 21\ 〔\mathrm{kNm}〕 \quad (7 \leqq x \leqq 10)$$

系 (A) と系 (B) の値の和は【問 1-2】の結果【解 1-2】に等しい。よって，重ね合わせの原理が成立することが確認された。

［解 **1-4**］ 解図 **1.7** となる。

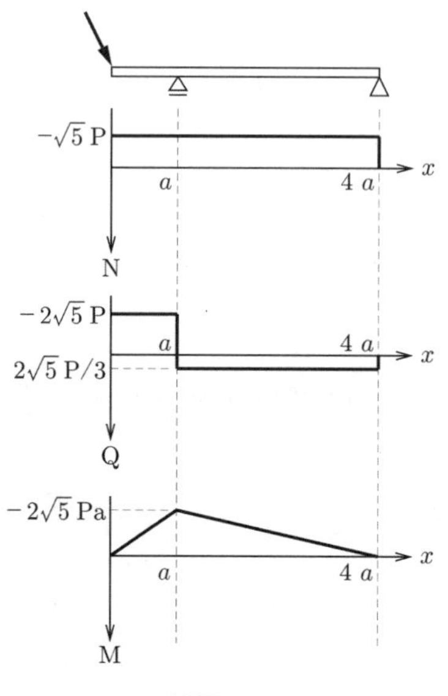

解図 **1.7**

［解 **1-5**］

① 解図 **1.8** となる， ② $\mathrm{H_A} - 3 = 0$, ③ $\mathrm{R_A} - 5 = 0$, ④ $\mathrm{M_A} + 5 \times 1 = 0$,

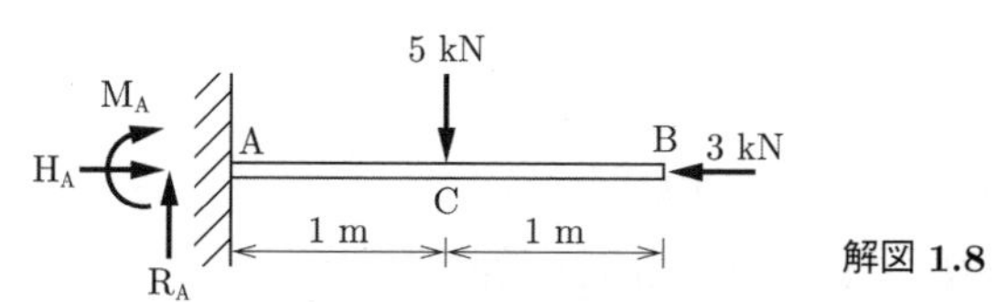

解図 **1.8**

⑤ $\mathrm{H_A} = 3\,\mathrm{kN}$, $\mathrm{R_A} = 5\,\mathrm{kN}$, $\mathrm{M_A} = -5\,\mathrm{kNm}$,

⑥ $\mathrm{N} + \mathrm{H_A} = 0$, ⑦ $\mathrm{Q} - \mathrm{R_A} = 0$, ⑧ $\mathrm{M} - \mathrm{R_A}x - \mathrm{M_A} = 0$,

⑨ $\mathrm{N} = -3\,\mathrm{kN}$, $\mathrm{Q} = 5\,\mathrm{kN}$, $\mathrm{M} = 5\,x - 5$〔kNm〕,

⑩ $\mathrm{N} + 3 = 0$, ⑪ $\mathrm{Q} = 0$, ⑫ $\mathrm{M} = 0$, ⑬ $\mathrm{N} = -3\,\mathrm{kN}$, $\mathrm{Q} = 0$, $\mathrm{M} = 0$,

⑭ 解図 **1.9** となる。

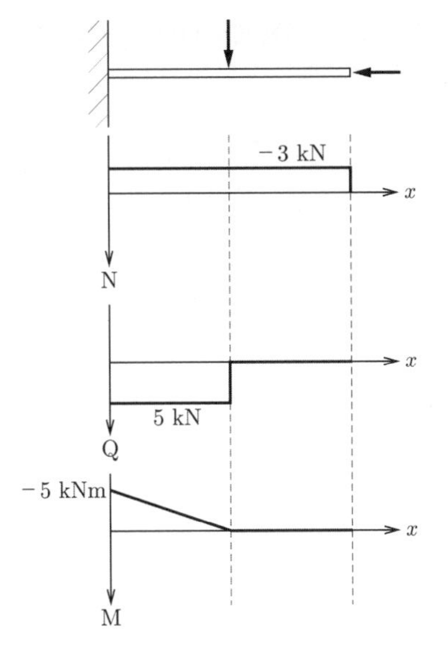

解図 **1.9**

［解 **1-6**］

(1)　支点反力を求める。

支点 A は固定端なので，**解図 1.10** のように反力が生じる。ここで，外力の水平方向成分が存在しないため，$\mathrm{H_A} = 0$ である。$\mathrm{R_A}$ および $\mathrm{M_A}$ を求めるためのつり合い条件式は以下のとおりである。

$$\text{鉛直方向：}\mathrm{R_A} - qL = 0$$

$$\text{モーメント：}\mathrm{M_A} + qL \times \frac{3}{2} = 0$$

$$\therefore\quad \mathrm{R_A} = qL, \quad \mathrm{M_A} = -\frac{3}{2}qL^2$$

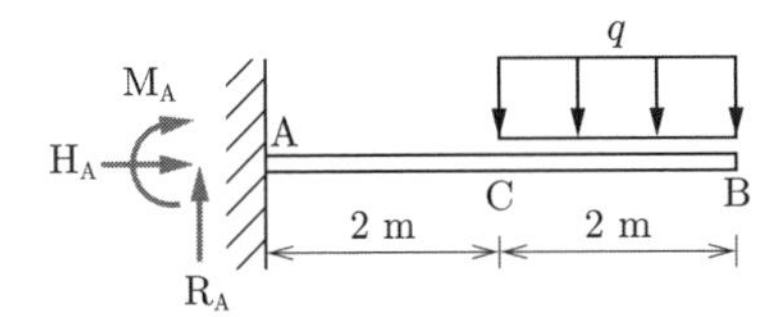

解図 **1.10**

解図 **1.11**

(2)　断面力を求める（AC 間）。

AC 間ではりを切断する。切断面に生じる 3 種類の断面力を**解図 1.11** のように定義し，はりの左端から切断面までの距離を変数 x $(0 \leqq x \leqq L)$ とおき，切断されたはりの力のつり合い条件を立てる。ここでは解図 1.11 のように，切断面の左側に着目した場合の結果を示す。

鉛直方向：$\mathrm{Q} - \mathrm{R_A} = 0$

モーメント：$\mathrm{M} - \mathrm{R_A}x - \mathrm{M_A} = 0$　（切断面まわり）

$\therefore\quad \mathrm{Q} = qL,\quad \mathrm{M} = qLx - \dfrac{3}{2}qL^2$

(3)　断面力を求める（CB 間）。

CB 間ではりを切断し，力のつり合い条件を立ててせん断力および曲げモーメントを求める。ここでは**解図 1.12** のように，切断面の右側に着目した場合の結果を示す。

鉛直方向：$\mathrm{Q} - qx' = 0$

モーメント：$\mathrm{M} + \dfrac{1}{2}qx'^2 = 0$　（切断面まわり）

$\therefore\quad \mathrm{Q} = qx',\quad \mathrm{M} = -\dfrac{1}{2}qx'^2$

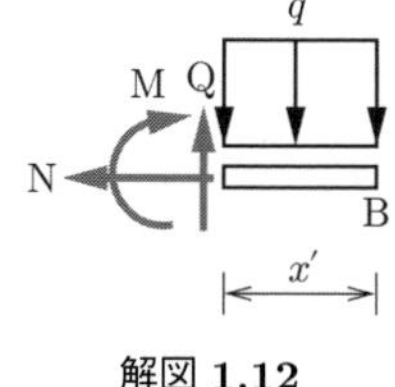

解図 1.12

(4)　断面力分布図を描く。

上記 (2)，(3) の結果に基づいて断面力の分布を図示すると，**解図 1.13** となる。

［**解 1-7**］　**解図 1.14** となる。

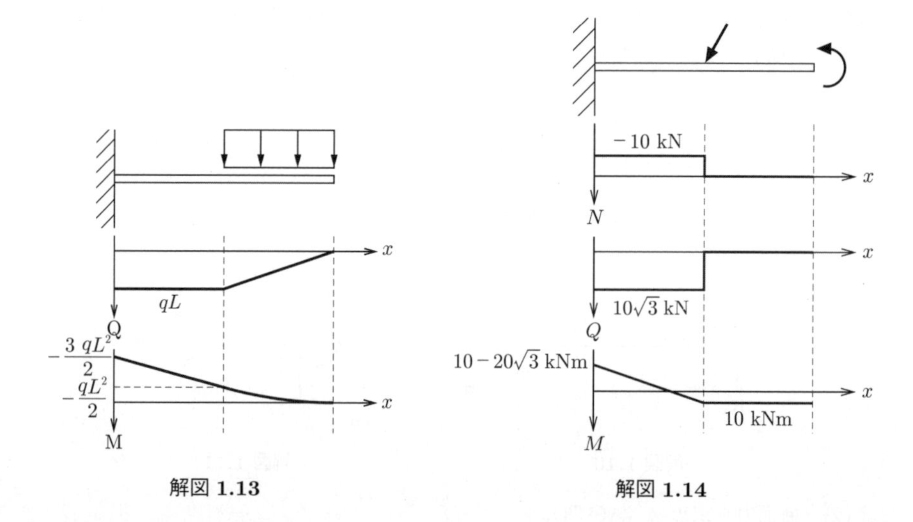

解図 1.13　　**解図 1.14**

［解 **1-8**］　解図 **1.15** となる。

［解 **1-9**］　解図 **1.16** となる。

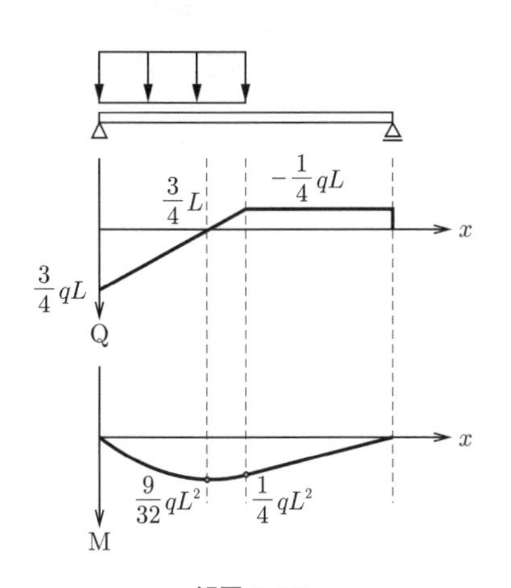

解図 **1.15**

解図 **1.16**

［解 **1-10**］

① $\mathrm{R_C} + \mathrm{R_E} - 2\,\mathrm{P} = 0$,　② $2\,L\mathrm{R_E} - 2\,\mathrm{P}L = 0$,　③ $\mathrm{R_C} = \mathrm{R_E} = \mathrm{P}$,

④ $\mathrm{R_A} + \mathrm{R_B} - \mathrm{R_C} = 0$,　⑤ $3\,L\mathrm{R_B} - 4\,L\mathrm{R_C} = 0$,

⑥ $\mathrm{R_A} = -\dfrac{1}{3}\mathrm{P}$,　$\mathrm{R_B} = \dfrac{4}{3}\mathrm{P}$,　⑦ $\mathrm{R_A} + \mathrm{R_B} + \mathrm{R_E} - 2\,\mathrm{P} = 0$,

⑧ $3\,L\mathrm{R_B} + 6\,L\mathrm{R_E} - 10\mathrm{P}L = 0$,　⑨ $2\,L\mathrm{R_E} - 2\,\mathrm{P}L = 0$,

⑩ $\mathrm{R_A} = -\dfrac{1}{3}\mathrm{P}$,　$\mathrm{R_B} = \dfrac{4}{3}\mathrm{P}$,　$\mathrm{R_E} = \mathrm{P}$

［解 **1-11**］

(1)　支点反力を求める。

（ここではヒンジ C を中心とした CDE 部分の部分的なモーメントのつり合い条件を用いる方法で解く場合を示す。）支点反力を解図 **1.17** のように仮定する。はり全体のつり合い条件は次式となる（点 B に作用する斜めの集中荷重 5 kN の水平分力は 3 kN，鉛直分力は 4 kN である）。

$$\text{水平方向：}\mathrm{H_A} - 3 = 0$$

$$\text{鉛直方向：}\mathrm{R_A} + \mathrm{R_E} - 4 - 4 = 0$$

$$\text{モーメント：}\mathrm{M_A} - \mathrm{R_E} \times 16 + 4 \times 4 + 4 \times 12 = 0$$

ヒンジ C を中心とした CDE 部分の部分的なモーメントのつり合い条件式は，以下のとおりである（解図 **1.18**）。

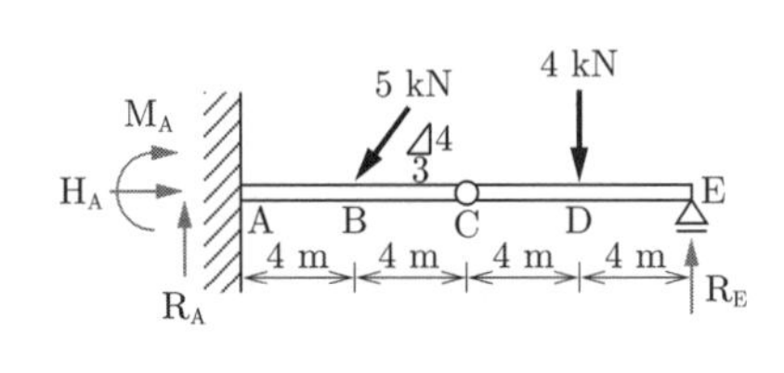

解図 **1.17**

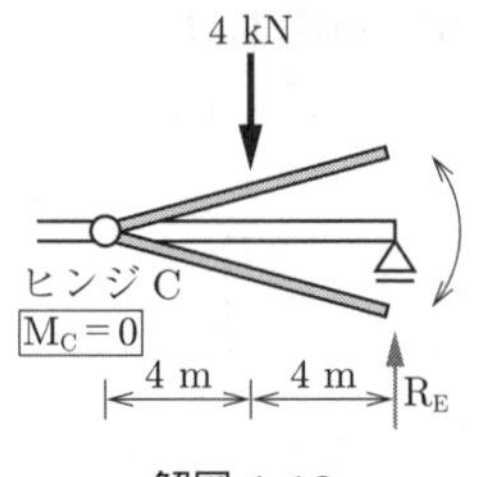

解図 **1.18**

部分的なモーメント：$R_E \times 8 - 4 \times 4 = 0$

以上のつり合い条件式を解くと支点反力が求まる。

$$H_A = 3\,\mathrm{kN}, \quad R_A = 6\,\mathrm{kN}, \quad M_A = -32\,\mathrm{kNm}, \quad R_E = 2\,\mathrm{kN}$$

(2)　断面力を求める（AB 間）。

AB 間ではりを切断し，ここでは**解図 1.19** のように切断面左側のはりに着目する。切断面に生じる 3 種類の断面力を解図 1.19 のように定義し，はりの左端から切断面までの距離を変数 x $(0 \leqq x \leqq 4\,\mathrm{m})$ とおく。切断されたはりのつり合い条件および断面力は以下のようになる。

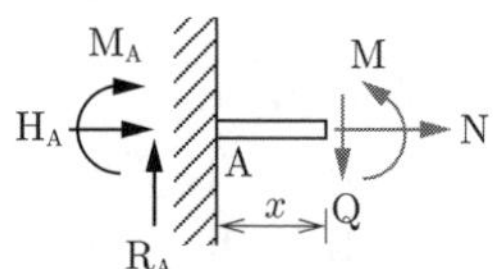

解図 **1.19**

水平方向：$N + H_A = 0$

鉛直方向：$Q - R_A = 0$

モーメント：$M - R_A x - M_A = 0$（切断面まわり）

$\therefore \quad N = -3\,\mathrm{kN}, \quad Q = 6\,\mathrm{kN}, \quad M = 6x - 32$〔kNm〕

(3)　断面力を求める（BD 間）。

BD 間ではりを切断し，ここでは**解図 1.20** のように切断面左側のはりに着目する。切断面に生じる 3 種類の断面力を解図 1.20 のように定義し，はりの左端から切断面までの距離を変数 x $(4\,\mathrm{m} < x \leqq 12\,\mathrm{m})$ とおく。切断されたはりのつり合い条件式，およびそれらを解いて求まる断面力は以下のようになる。

水平方向：$N + H_A - 3 = 0$

鉛直方向：$Q - R_A + 4 = 0$

モーメント：$M - R_A \times x - M_A + 4 \times (x - 4) = 0$　（切断面まわり）

$\therefore \quad N = 0, \quad Q = 2\,\mathrm{kN}, \quad M = 2x - 16$〔kNm〕

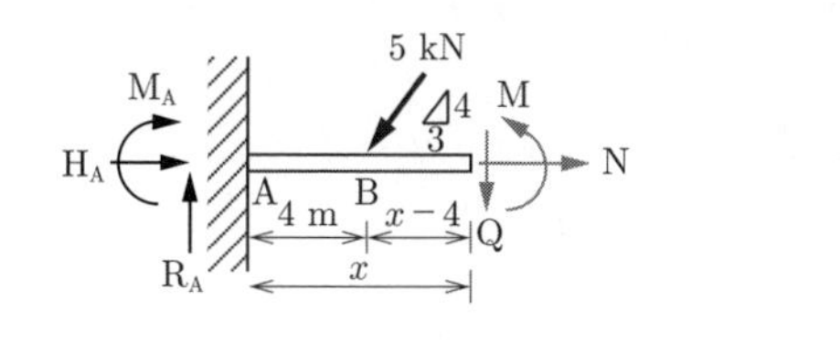

解図 1.20

M Q
N
E
x′
R_E
（x′ = 16 − x）

解図 1.21

(4)　断面力を求める（DE 間）。

DE 間ではりを切断し，ここでは**解図 1.21** のように切断面右側のはりに着目する。切断面に生じる 3 種類の断面力を解図 1.21 のように定義し，点 E から切断面までの距離を変数 x' $\left(= 16 - x,\quad 0 \leqq x' \leqq 4\,\mathrm{m}\right)$ とおく。切断されたはりのつり合い条件およびそれらを解いて求まる断面力は以下のようになる。

水平方向：$\mathrm{N} = 0$

鉛直方向：$\mathrm{Q} + \mathrm{R_E} = 0$

モーメント：$\mathrm{M} - \mathrm{R_E} \times x' = 0$　（切断面まわり）

$\therefore\quad \mathrm{N} = 0,\quad \mathrm{Q} = -2\,\mathrm{kN},\quad \mathrm{M} = 2x'$〔kNm〕

(5)　断面力分布図を描く。

(2)～(4) の結果に基づいて断面力の分布を図示すると，**解図 1.22** となる。

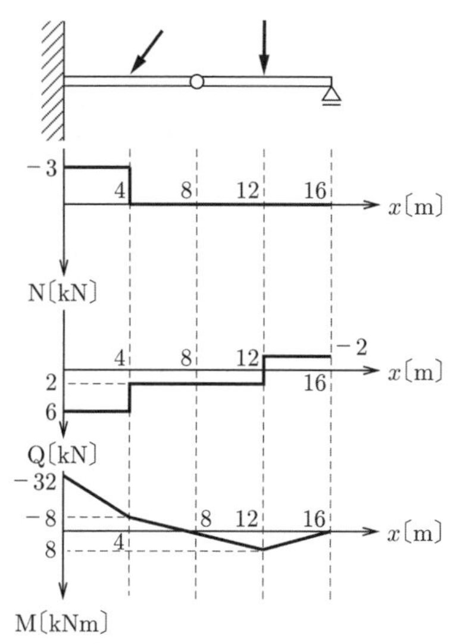

解図 1.22

［解 **1-12**］　それぞれ解図 **1.23**，解図 **1.24** となる。

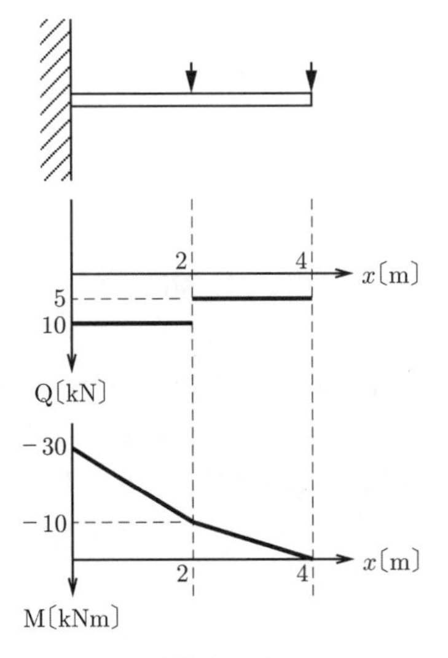

解図 **1.23**

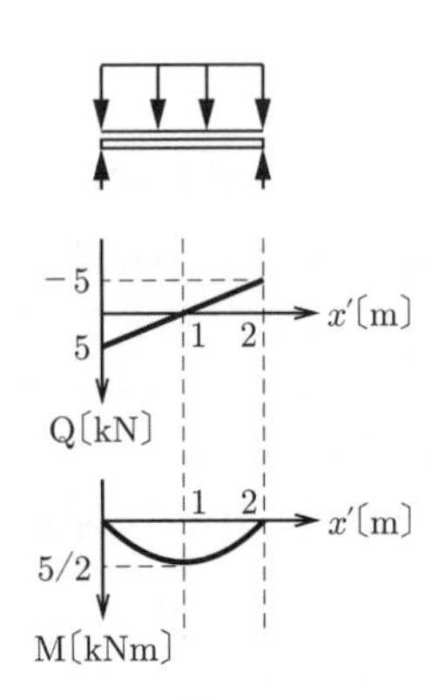

解図 **1.24**

［解 **1-13**］　解図 **1.25** となる。

［解 **1-14**］　解図 **1.26** となる。

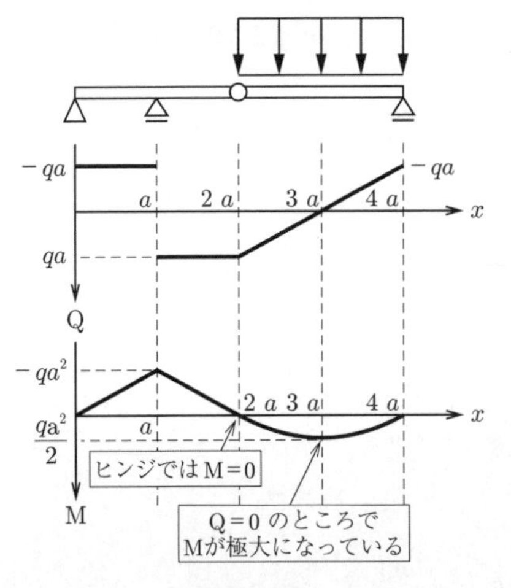

解図 **1.25**

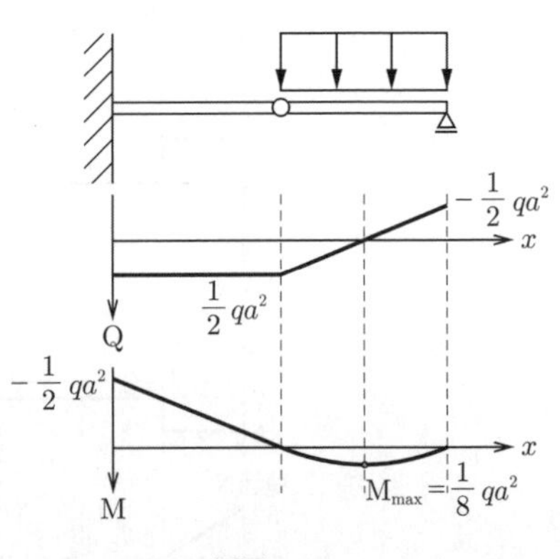

解図 **1.26**

2 応力とひずみ

2.1 直応力と直ひずみ

2.1.1 直　　応　　力

断面力：物体内部の力を「断面に集中した力」として表す。

応　力：物体内部の力を「断面上に分布した力」として表す。断面力は応力の合力である。

直応力：断面に直交方向に作用する応力

軸力と直応力の関係：断面積 A の断面において式 (2.1) のような関係がある。

$$\sigma = \frac{\mathrm{N}}{A}, \quad \mathrm{N} = \int_A \sigma \mathrm{d}A = \sigma A \tag{2.1}$$

（注） 軸力 N のみが生じている断面上では，直応力 σ は一定分布である。

【例　題】 図 **2.1** のような変断面棒の直応力を求める。

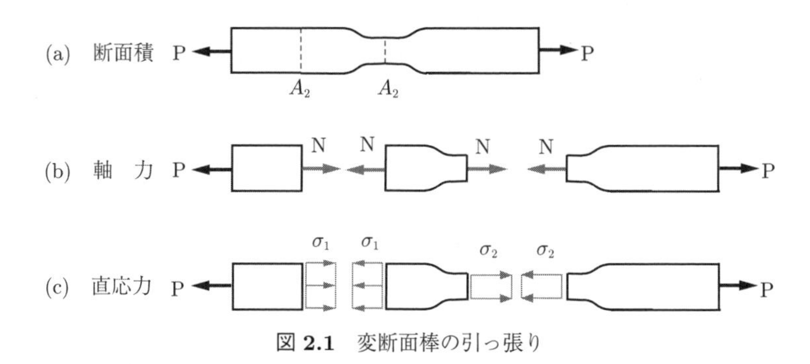

図 **2.1** 変断面棒の引っ張り

軸　力：軸方向の力のつり合い条件より，どの位置の断面でも $\mathrm{N}=\mathrm{P}$

直応力：$\sigma_1 = \dfrac{\mathrm{N}}{A_1} = \dfrac{\mathrm{P}}{A_1},\quad \sigma_2 = \dfrac{\mathrm{N}}{A_2} = \dfrac{\mathrm{P}}{A_2}$

$\Rightarrow$ 断面積 A_2 が最小なら，その断面の直応力 σ_2 が最大である。

2.1.2 直 ひ ず み

直ひずみ：もとの長さ ℓ に対する伸び $\Delta\ell$ の比（図 **2.2**）

$$\varepsilon = \frac{\ell' - \ell}{\ell} = \frac{\Delta\ell}{\ell} \tag{2.2}$$

（注）ひずみは無次元量である。伸び縮みの程度を表しているので「**伸縮ひずみ**」とも呼ばれる。

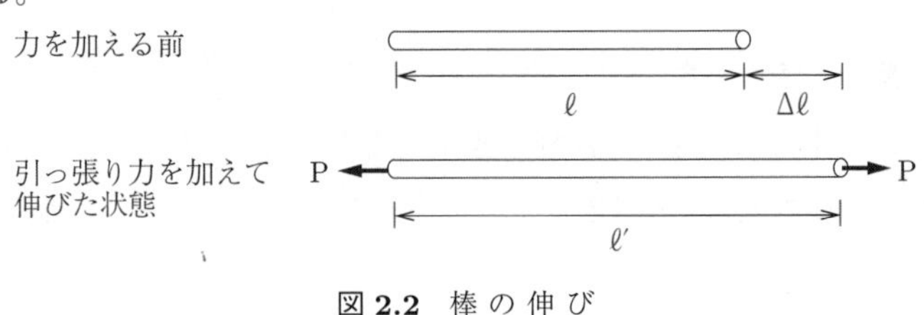

図 **2.2**　棒 の 伸 び

2.1.3 ポアソン効果

ポアソン効果：力を加えていない方向にも変形する現象（図 **2.3**）

縦ひずみ：力を加えている方向に生じるひずみ ε

横ひずみ：ポアソン効果によって力に直交する方向に生じるひずみ ε'

$$\varepsilon' = \frac{d' - d}{d} = \frac{\Delta d}{d} \tag{2.3}$$

ポアソン比：縦ひずみに対する横ひずみの比（材料定数）

$$\nu = -\frac{\varepsilon'}{\varepsilon} = \left|\frac{\varepsilon'}{\varepsilon}\right| \tag{2.4}$$

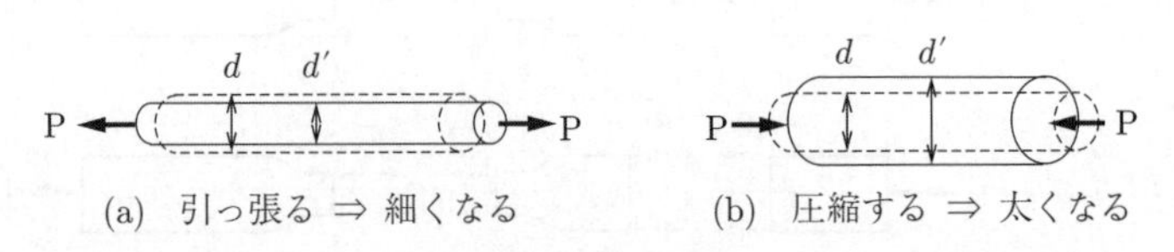

図 **2.3**　ポアソン効果

2.1.4 応力とひずみの関係

直応力は直ひずみに比例する。

$$\sigma = E\varepsilon \tag{2.5}$$

ヤング率（弾性係数）：式 (2.5) の比例定数。材料の硬さを表す材料定数

【例　題】 図 **2.4** のような組み合わせ部材の問題を考える。

天井に固定された 2 本の棒①と②が，1 枚の剛体板によって引っ張られている。2 本の棒は長さ，断面積，およびヤング率が異なっている。板を引っ張る力が P のとき，板の変位 δ および 2 本の棒に生じる軸力を求める。なお，板は水平を保ち，傾かないように変位するものとする。

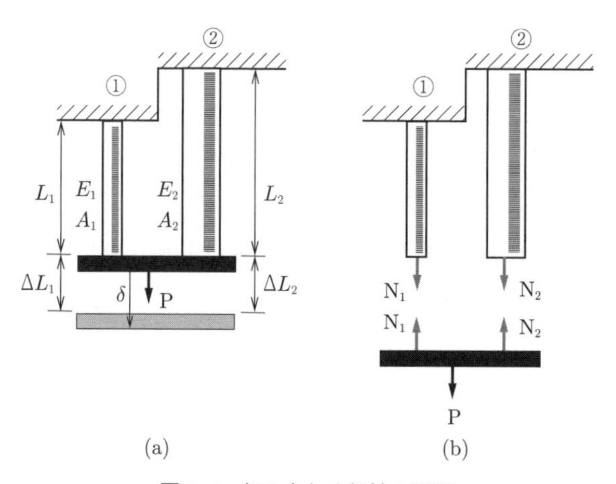

図 **2.4**　組み合わせ部材の問題

$$\begin{aligned}
P &= N_1 + N_2 && \text{[力のつり合い条件]}\\
&= \sigma_1 A_1 + \sigma_2 A_2 && \text{[直応力と軸力の関係]：式 (2.1)}\\
&= E_1 A_1 \varepsilon_1 + E_2 A_2 \varepsilon_2 && \text{[応力とひずみの関係]：式 (2.5)}\\
&= E_1 A_1 \frac{\Delta L_1}{L_1} + E_2 A_2 \frac{\Delta L_2}{L_2} && \text{[伸びとひずみの関係]：式 (2.2)}\\
&= E_1 A_1 \frac{\delta}{L_1} + E_2 A_2 \frac{\delta}{L_2} && \text{[伸びと板の変位との関係]}\\
&= \left(\frac{E_1 A_1}{L_1} + \frac{E_2 A_2}{L_2}\right)\delta = (k_1 + k_2)\delta
\end{aligned}$$

$$\Rightarrow \delta = \frac{\mathrm{P}}{k_1 + k_2}$$

2.1.5 演 習 問 題

【問 2-1】 **問図 2.1** のように，両端が力 P で引っ張られた棒 1，2 がある。それぞれの棒の伸びを，以下の手順 (1)～(4) に従って求めよ。なお，棒 1 は長さ L，断面積 A，ヤング率 E，棒 2 は長さ L，断面積 $2A$，ヤング率 $2E$ である。

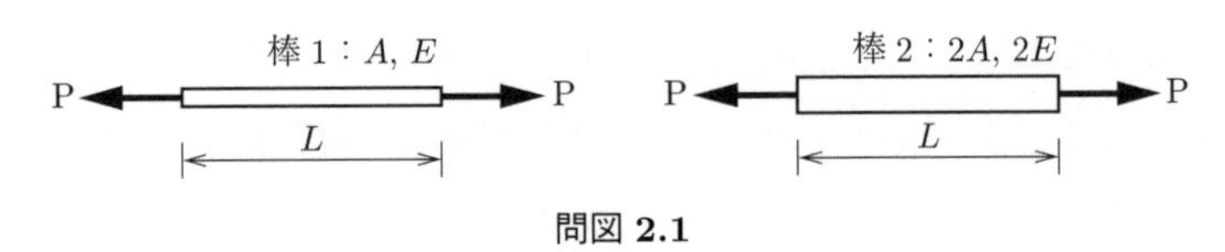

問図 2.1

(1)　それぞれの棒の軸力を求め，空欄 ① に記入せよ。

①

(2)　それぞれの棒に生じる直応力を求め，空欄 ② に記入せよ。

②

(3)　棒 1 の伸びを Δ_1，棒 2 の伸びを Δ_2 として，それぞれの棒の直ひずみを求め，空欄 ③ に記入せよ。

③

(4)　それぞれの棒の伸び Δ_1, Δ_2, を，外力 P，長さ L，断面積 A，およびヤング率 E を用いて表し，空欄 ④ に記入せよ。

④

【問 2-2】 **問図 2.2** のように，断面積が A，$2A$，$3A$ と変化する棒の両端を力 P で引っ張ったときに生じる，棒全体の伸びを求めよ。ただし，棒のヤング率 E は一定とする。また，力を加える前の棒の全長は $3a$ である。

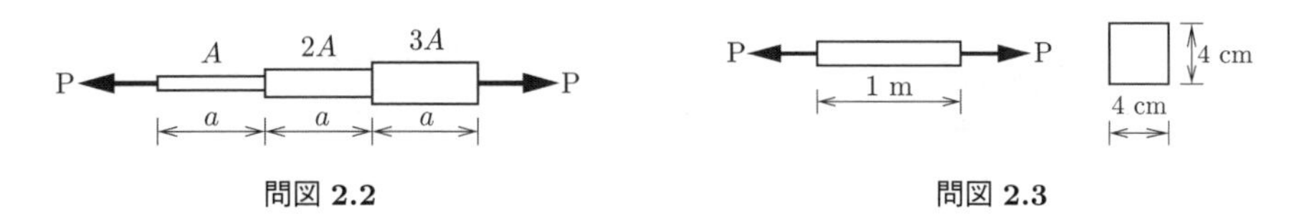

問図 2.2　　**問図 2.3**

【問 2-3】 **問図 2.3** のように，断面が一辺の長さ 4 cm の正方形で，長さが 1 m のまっすぐな棒に力 P = 16 MN が作用するとき，以下 1)～4) の諸量を求めよ。棒のヤング率を 2×10^{11} N/m^2，ポアソン比を 0.3 とする。

1)　直ひずみ（縦ひずみ），　2)　棒の伸び，　3)　横ひずみ，　4)　棒の断面の辺の長さの縮み

【問 2-4】 **問図 2.4** のように天井と床に接続された長さ L，断面積 A，ヤング率 E の柱がある。この柱の途中（図の位置）に付けた板 AB を力 2P で鉛直下向きに押し下げるとき，板 AB は下方にどれだけ変位するか求めよ。また，柱に生じる軸力は板の上部と下部でどのように変化しているか求めよ。なお，板 AB は水平を保ったまま押し下げられるものとする。

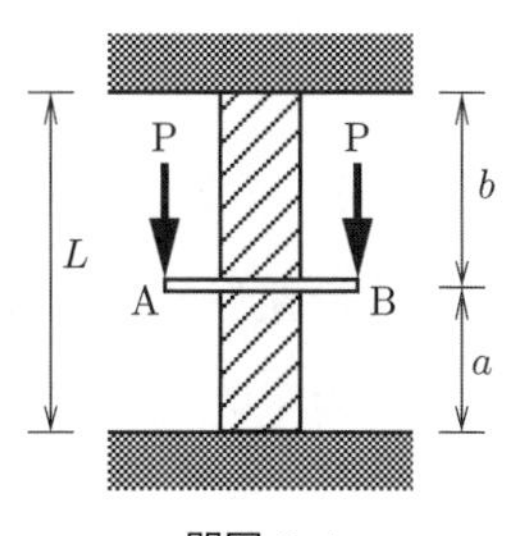

問図 2.4

2.2　せん断応力とせん断ひずみ

2.2.1　せ ん 断 応 力

せん断応力：**図 2.5**(a) のように断面に接する方向に作用する応力。

せん断力とせん断応力の関係：断面積 A の断面において式 (2.6) のような関係がある。

$$\tau = \frac{\mathrm{Q}}{A}, \quad \mathrm{Q} = \int_A \tau \mathrm{d}A = \tau A \tag{2.6}$$

（注）　せん断力 Q のみが生じている断面上では，せん断応力 τ は一定分布である。

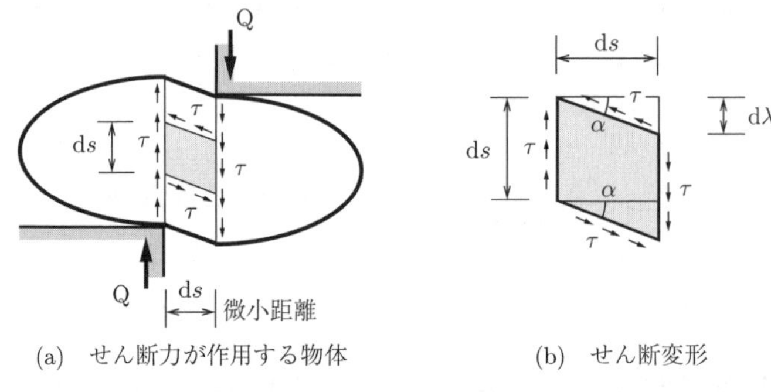

(a)　せん断力が作用する物体　　(b)　せん断変形

図 2.5　せん断応力とせん断ひずみ

せん断応力のつり合い条件：物体内部の微小部分の 4 つの面に，同じ大きさのせん断応力 τ が図 2.5(a) に示す向きに作用する。3 つのつり合い条件（[水平]，[鉛直]，[モーメント]）を満足している。

2.2.2　せ ん 断 ひ ず み

せん断変形：せん断応力 τ の作用により図 2.5(b) に示す変形が生じる。せん断応力が増すと，左の鉛直面に対する右の鉛直面の鉛直方向のずれ $\mathrm{d}\lambda$ が大きくなり，角 α が増加する。

せん断ひずみ：せん断ひずみ γ は，辺長 $\mathrm{d}s$ に対する変位 $\mathrm{d}\lambda$ の比である。

$$\gamma = \frac{\mathrm{d}\lambda}{\mathrm{d}s} = \tan\alpha \approx \alpha \quad (\alpha \text{ は微小とする}) \tag{2.7}$$

（注）　せん断ひずみ γ は「**角ひずみ**」とも呼ばれる。図 2.5(b) および式 (2.7) に示されるように，せん断変形による形のゆがみの程度を表している。

2.2.3　せん断応力とせん断ひずみの関係

せん断応力はせん断ひずみに比例する。

$$\tau = G\gamma \tag{2.8}$$

せん断弾性係数：$G = \dfrac{E}{2(1+\nu)}$：せん断に対する材料の硬さを表す材料定数。

2.2.4　組 合 せ 応 力

応力と作用面：応力は作用する面に依存する力である。作用面の位置，傾きによって値や作用方向が変わる。

【例　題】 図 **2.6** のような引っ張りを受ける棒の応力を考える。

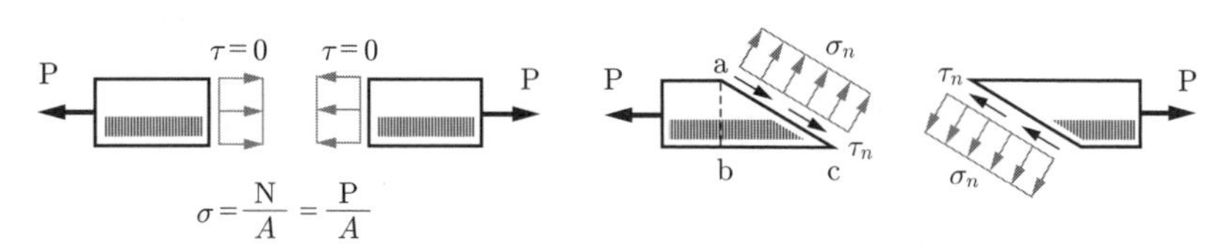

(a)　軸に直交する断面上の応力

(b)　斜めの断面上の応力

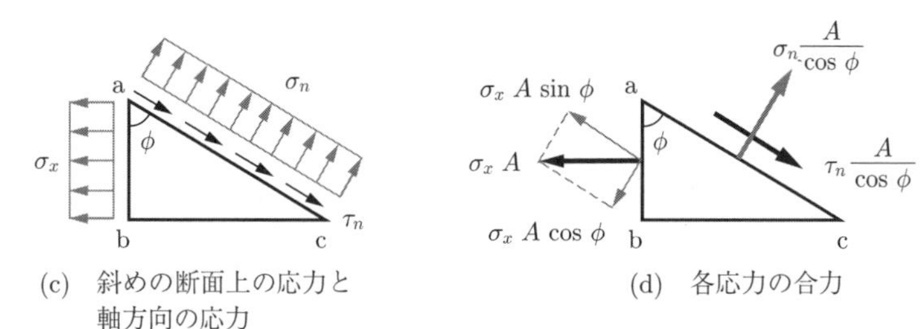

(c)　斜めの断面上の応力と軸方向の応力

(d)　各応力の合力

図 **2.6**　引っ張りを受ける棒の応力

軸に直交する断面上の応力：図 2.6(a) のように直応力のみが生じ，せん断応力は生じない。

斜めの断面上の応力：図 2.6(b) のように直応力とせん断応力の両方が生じる。

応力の値：軸に直交する断面上の直応力を $\sigma_x(=\mathrm{P}/A)$，斜めの断面上の直応力を σ_n，せん断応力を τ_n とする（図 2.6(c)）。これらの応力の合力（図 2.6(d)）のつり合い条件を立てる。

$$\sigma_n = \sigma_x \cos^2\phi, \quad \tau_n = \frac{1}{2}\sigma_x \sin 2\phi \tag{2.9}$$

2.2.5　平 面 応 力

2 次元的に広がりを持った物体内の直応力と直ひずみの間には，式 (2.10) の関係がある。

$$\varepsilon_x = \frac{\sigma_x}{E} - \nu\frac{\sigma_y}{E}, \quad \varepsilon_y = \frac{\sigma_y}{E} - \nu\frac{\sigma_x}{E} \tag{2.10}$$

逆に応力をひずみで表すと式 (2.11) となる。

$$\sigma_x = \frac{E}{1-\nu^2}(\varepsilon_x + \nu\varepsilon_y), \quad \sigma_y = \frac{E}{1-\nu^2}(\varepsilon_y + \nu\varepsilon_x) \tag{2.11}$$

せん断応力とせん断ひずみは，直応力と伸縮ひずみの関係とは独立である。

$\tau = G\gamma$：式 (2.8)，あるいは $\gamma = \dfrac{\tau}{G}$

2.2.6 演習問題

【問 2-5】 問図 **2.5** のように 3 本のボルトで接合された 2 枚の板を力 P = 600 kN で引っ張った。ボルトの断面積は $A = 4\,\mathrm{cm}^2$ である。このときボルトに生じるせん断応力を，以下の手順 (1)，(2) に従って求めよ。

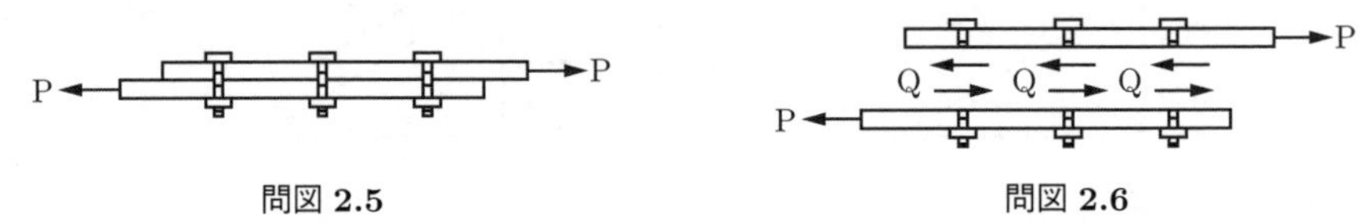

問図 **2.5**　　問図 **2.6**

(1)　ボルトに生じるせん断応力を求めるためには，ボルトに作用するせん断力を求める必要がある。2 枚の板の接合面で切断すると問図 **2.6** のようになる。これより 1 本のボルトに作用するせん断力を求め，空欄 ① に記入せよ。

①

(2)　上記 (1) の結果に基づいてボルト 1 本当りのせん断応力を求め，空欄 ② に記入せよ。

②

【問 2-6】 問図 **2.7** のように，断面積 A の棒を大きさ P の力で引っ張ったところ，

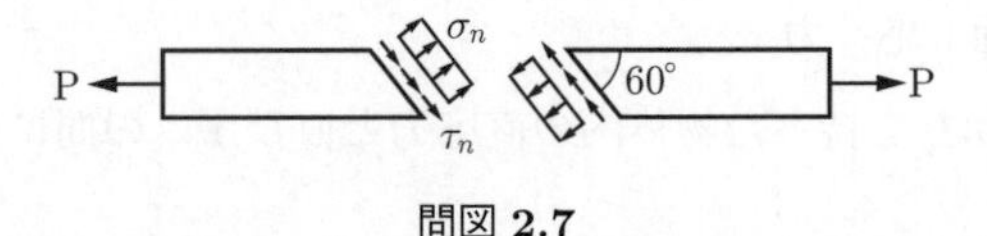

問図 **2.7**

図のように軸から角度 60° 傾いた面で破断した。破断する直前にこの面に生じていた直応力およびせん断応力を求めよ。

【問 2-7】 **問図 2.8** のように，幅 L の板に水平，鉛直方向から大きさ q の引っ張り応力が作用している。このとき，図に示す 60° 傾いた断面に生じる直応力とせん断応力を求めよ。なお，板の厚さは単位厚さ（厚さ 1）とする。

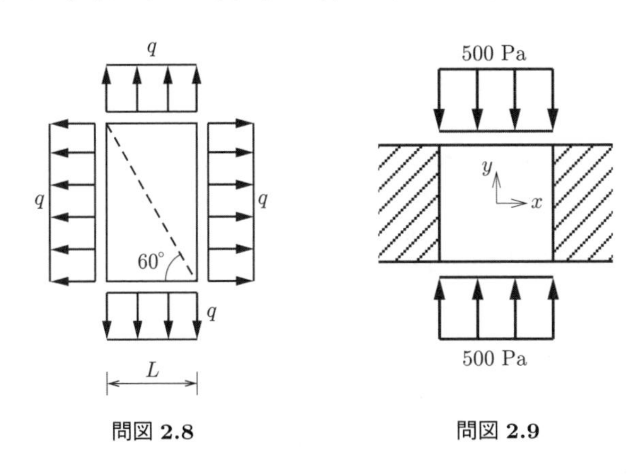

問図 2.8　　**問図 2.9**

【問 2-8】 ヤング率 $E = 2.0 \times 10^{11}\,\mathrm{N/m^2}$，ポアソン比 $\nu = 0.3$ の板が，**問図 2.9** のように左右を剛な壁で押さえられている。この板を，上下方向に単位面積当り 500 Pa（$= 500\,\mathrm{N/m^2}$）の力で圧縮すると，ポアソン効果によって板は水平方向に広がろうとするが，剛な壁に阻まれて広がれない。このとき発生する水平方向の応力 σ_x はいくらになるか求めよ。

【2章の演習問題解答例】

［**解 2-1**］ ① $\mathrm{N}_1 = \mathrm{P}$，$\mathrm{N}_2 = \mathrm{P}$， ② $\sigma_1 = \dfrac{\mathrm{P}}{A}$，$\sigma_2 = \dfrac{\mathrm{P}}{2A}$， ③ $\varepsilon_1 = \dfrac{\Delta_1}{L}$，$\varepsilon_2 = \dfrac{\Delta_2}{L}$， ④ $\Delta_1 = \dfrac{\mathrm{P}L}{EA}$，$\Delta_2 = \dfrac{\mathrm{P}L}{4EA}$

［**解 2-2**］ 棒の断面積が一定の 3 つの区間を添え字 i $(= 1, 2, 3)$ で表す。各部分の断面積 A_i は，$A_1 = A$，$A_2 = 2A$，$A_3 = 3A$ である。また各部分の軸力 N_i は，$\mathrm{N}_1 = \mathrm{N}_2 = \mathrm{N}_3 = \mathrm{P}$ である。したがって，各部分の応力，ひずみ，伸びは以下のように求められる。

直応力：$\sigma_1 = \dfrac{N_1}{A_1} = \dfrac{P}{A}$,　$\sigma_2 = \dfrac{N_2}{A_2} = \dfrac{P}{2A}$,　$\sigma_3 = \dfrac{N_3}{A_3} = \dfrac{P}{3A}$

直ひずみ：$\varepsilon_1 = \dfrac{\sigma_1}{E} = \dfrac{P}{EA}$,　$\varepsilon_2 = \dfrac{\sigma_2}{E} = \dfrac{P}{2EA}$,　$\varepsilon_3 = \dfrac{\sigma_3}{E} = \dfrac{P}{3EA}$

伸　び：$\Delta_1 = \varepsilon_1 a = \dfrac{Pa}{EA}$,　$\Delta_2 = \varepsilon_2 a = \dfrac{Pa}{2EA}$,　$\Delta_3 = \varepsilon_3 a = \dfrac{Pa}{3EA}$

以上のように求めた3つの区間の伸びの和が棒全体の伸びとなる。

$$\Delta = \Delta_1 + \Delta_2 + \Delta_3 = \frac{11Pa}{6EA}$$

［**解 2-3**］ 1) 縦ひずみ：5.0×10^{-2}, 2) 棒の伸び：5.0×10^{-2} m, 3) 横ひずみ：-1.5×10^{-2}, 4) 断面の縮み：-6.0×10^{-4} m

［**解 2-4**］ 板の変位：$\delta = \dfrac{2Pab}{EAL}$, 軸力：$N_a = -\dfrac{2b}{L}P$, $N_b = \dfrac{2a}{L}P$

［**解 2-5**］ ① $Q = \dfrac{P}{3} = 200\,\mathrm{kN}$, ② $\tau = 5.0 \times 10^8\,\mathrm{N/m^2} = 500\,\mathrm{MPa}$

［**解 2-6**］ **解図 2.1** のように破断面を含む三角形（図の斜線部）の力のつり合いを考える。このとき軸力 N は N = P である。破断面に生じる直応力 σ_n およびせん断応力 τ_n を求めるため，図の応力の合力 F_σ, F_τ を求める。破断面の面積 A_n は，棒の断面積 A と破断面の角度 60° から

$$A_n = \frac{A}{\sin 60^\circ} = \frac{2}{\sqrt{3}}A$$

解図 2.1

であるので，応力の合力 F_σ, F_τ は

$$F_\sigma = \frac{2}{\sqrt{3}}\sigma_n A, \quad F_\tau = \frac{2}{\sqrt{3}}\tau_n A$$

となる。

以上を踏まえ，F_σ, F_τ 方向の力のつり合い条件式を解くと，以下のように破断面に生じる直応力 σ_n，せん断応力 τ_n が求められる。

F_σ 方向：$F_\sigma - N\sin 60^\circ = 0$,　F_τ 方向：$F_\tau - N\cos 60^\circ = 0$

$$\therefore \quad \sigma_n = \frac{3P}{4A}, \quad \tau_n = \frac{\sqrt{3}P}{4A}$$

［**解 2-7**］ $\sigma_n = q$, $\tau_n = 0$

［**解 2-8**］ 150 Pa （圧縮応力）

3 断面の諸量

3.1 はりの断面の諸量

3.1.1 はりの断面形の特性を表す諸量

必要性： はりに生じる応力やはりの変形は，はりの断面形に依存する。

はりの幅を表す関数： はりに作用する荷重の作用方向は基本的に鉛直面内であり，はりは鉛直面内で変形する。そのため，**図 3.1** のように断面幅を鉛直方向（y 方向）の座標 y の関数 $b(y)$ で表す。

$$\textbf{断面積：}\ A = \int_{y_1}^{y_2} b(y)\mathrm{d}y \tag{3.1}$$

$$\textbf{断面 1 次モーメント：}\ G = \int_{y_1}^{y_2} b(y)y\mathrm{d}y \tag{3.2}$$

$$\textbf{断面 2 次モーメント：}\ I = \int_{y_1}^{y_2} b(y)y^2\mathrm{d}y \tag{3.3}$$

【例　題】 図 3.1 の逆台形断面の断面の諸量を求める。

断面の幅を表す関数：

$$b(y) = B_1 + \frac{B_2 - B_1}{H}(y - y_1) \quad (H = y_2 - y_1) \tag{3.4}$$

（注 1）　H：断面の高さ
（注 2）　$B_1 = 0$ あるいは $B_2 = 0$ とすると三角形断面
（注 3）　$B_1 = B_2 (= B)$ のとき，長方形断面

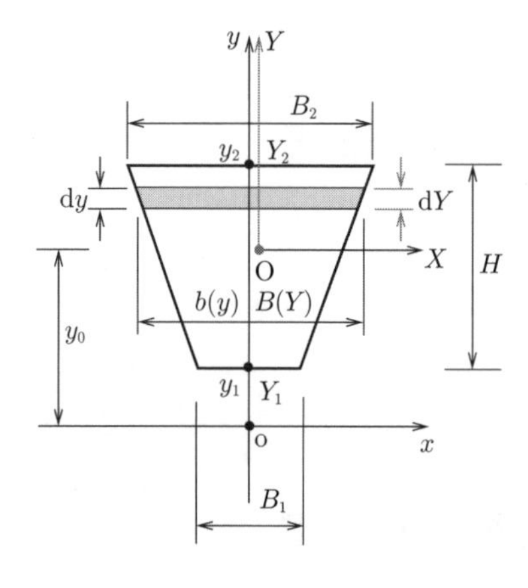

図 3.1　逆台形断面と座標軸の平行移動

断面積：

$$A = \int_{y_1}^{y_2} b(y)\mathrm{d}y$$
$$= \int_{y_1}^{y_2} \left[B_1 + \frac{B_2 - B_1}{H}(y - y_1) \right] \mathrm{d}y = \frac{1}{2}(B_1 + B_2)H$$

（注 1）「台形の面積の公式」に一致する。
（注 2）初等幾何学の面積の公式で計算できる場合は面積の公式を使う。

3.1.2　断面 1 次モーメントと図心

座標軸の平行移動： y 方向に y_0 だけ平行移動した座標系 XY（図 3.1）

$$x = X, \quad y = Y + y_0 \quad (y_1 = Y_1 + y_0, \quad y_2 = Y_2 + y_0)$$

座標系 XY における断面の幅を表す関数 $B(Y)$：

$$b(y) = b(Y + y_0) = B_1 + \frac{B_2 - B_1}{H}(Y + y_0 - y_1)$$
$$= B_1 + \frac{B_2 - B_1}{H}(Y - Y_1) \equiv B(Y) \quad (H = Y_2 - Y_1)$$

座標系 XY における断面積：

$$A = \int_{Y_1}^{Y_2} B(Y)\mathrm{d}Y \tag{3.5}$$

$$= \int_{Y_1}^{Y_2} \left[B_1 + \frac{B_2 - B_1}{H}(Y - Y_1) \right] \mathrm{d}Y = \frac{1}{2}(B_1 + B_2)H$$

（注） 当然であるが，座標系を移動しても面積の値は変わらない。

2 つの座標系における断面 1 次モーメントの関係 ：

$$G_x = G_X + Ay_0 \tag{3.6}$$

（注） G_x：座標系 xy での断面 1 次モーメント， G_X：座標系 XY での断面 1 次モーメント。

式 (3.6) の証明 ：

$$G_x = \int_{y_1}^{y_2} b(y)y\mathrm{d}y = \int_{Y_1}^{Y_2} B(Y)(Y + y_0)\mathrm{d}Y$$
$$= \int_{Y_1}^{Y_2} B(Y)Y\mathrm{d}Y + y_0 \int_{Y_1}^{Y_2} B(Y)\mathrm{d}Y = G_X + y_0 A$$

図　心 ： 断面 1 次モーメントがゼロとなる点

図 3.1 の点 O が断面の図心の場合，$G_X = 0$。このとき式 (3.6) から式 (3.7) を得る。

$$G_x = Ay_0 \text{ すなわち } y_0 = \frac{G_x}{A} \tag{3.7}$$

図心の位置の決め方 ：

1. 適当な（計算に便利な）座標系 xy を設定し，x 軸まわりの断面 1 次モーメント G_x を求める。
2. $G_x/A = y_0$：式 (3.7) により，x 軸から図心までの距離 y_0 が求まる。

（注） 対称図形の図心は対称線上にある。

3.1.3 断面 2 次モーメント

座標軸の平行移動 ：

$$I_x = \int_{y_2}^{y_1} b(y)y^2\mathrm{d}y = \int_{Y_2}^{Y_1} B(Y)(Y + y_0)^2\mathrm{d}Y$$
$$= \int_{Y_2}^{Y_1} B(Y)Y^2\mathrm{d}Y + 2\,y_0 \int_{Y_2}^{Y_1} B(Y)Y\mathrm{d}Y + {y_0}^2 \int_{Y_2}^{Y_1} B(Y)\mathrm{d}Y$$

$$= I_X + 2\,y_0 G_X + {y_0}^2 A$$

X 軸が図心を通る場合：

$G_X = 0$ なので，式 (3.8) を得る。

$$I_x = I_X + {y_0}^2 A \quad \text{あるいは} \quad I_X = I_x - {y_0}^2 A \tag{3.8}$$

（注） ${y_0}^2 \geqq 0$ なので，図心を通る軸まわりの断面 2 次モーメントは断面 2 次モーメントの最小値である ($I_x \geqq I_X$)。

3.1.4 基本的な図形を組み合わせた断面形

基本的な図形の図心位置と図心を通る軸まわりの断面 2 次モーメント：表 3.1

表 **3.1**　基本的な図形の図心と断面 2 次モーメント

	長 方 形	三 角 形	円
図心の位置	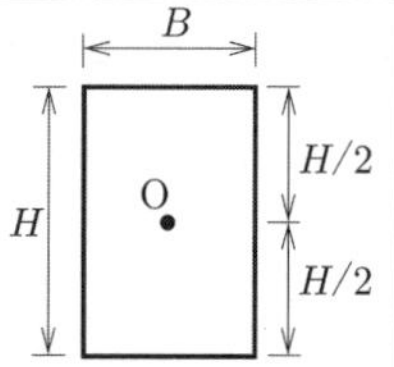 B, H, O, $H/2$, $H/2$	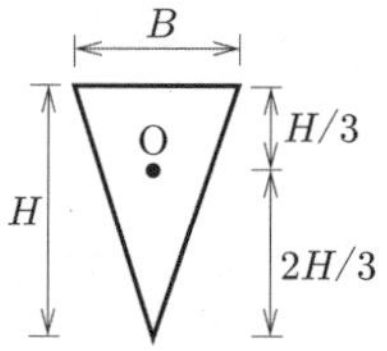 B, H, O, $H/3$, $2H/3$	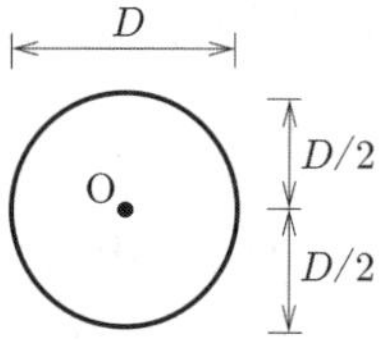 D, O, $D/2$, $D/2$
図心まわりの断面 2 次モーメント	$\dfrac{BH^3}{12}$	$\dfrac{BH^3}{36}$	$\dfrac{\pi}{64}D^4$

【例　題】 図 **3.2** のような 2 つの長方形断面を組み合わせた T 型断面の図心と図心まわりの断面 2 次モーメントを求める。

図心の位置： 図 3.2(a)

1. 計算に便利な軸 x を設定（図 3.2(a) では断面の下端）
2. 軸 x からのそれぞれの長方形の図心までの距離

   y_1，　y_2　（断面形の寸法から容易にわかる）
3. 軸 x を基準とした T 型断面の断面 1 次モーメント（式 (3.7) より）

   $$G_x = y_1 A_1 + y_2 A_2$$

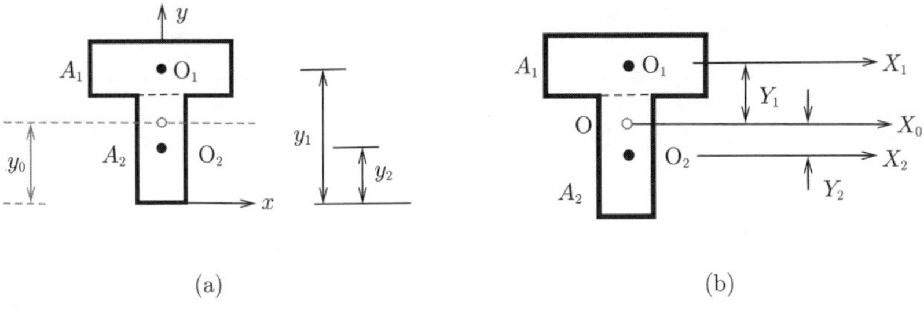

図 3.2 T 型断面の図心と図心まわりの断面 2 次モーメントの求め方

4. 軸 x から T 型断面の図心 O までの距離（式 (3.7) より）

$$y_0 = \frac{G_x}{A} \quad (A = A_1 + A_2)$$

図心を通る軸まわりの断面 2 次モーメント：図 3.2(b)

1. 図心を通る軸を X_0 とする。
2. 軸 X_0 からのそれぞれの長方形の図心までの距離

　Y_1, Y_2（断面形の寸法から容易にわかる）

3. それぞれの長方形の，長方形自体の図心 O_i $(i = 1, 2)$ まわりの断面 2 次モーメント（表 3.1 より）

$$I_i = \frac{B_i {H_i}^3}{12} \quad (i = 1, 2)$$

4. 軸 X_0 からのそれぞれの長方形の断面 2 次モーメント（式 (3.8) より）

$$I_{X_0}{}^{(i)} = I_i + {Y_i}^2 A_i \quad (i = 1, 2)$$

5. 軸 X_0 を基準とする T 型断面の断面 2 次モーメント

$$I_{X_0} = I_{X_0}{}^{(1)} + I_{X_0}{}^{(2)}$$

3.1.5 演 習 問 題

【問 3-1】 **問図 3.1** に示す底辺 h，高さ $2h$ の三角形断面の図心の位置および図心を通る水平軸まわりの断面 2 次モーメントを，以下の手順 (1)〜(5) に従って求めよ。

(1) 図心の位置を求めるため，断面 1 次モーメントを計算する。そのため，**問図 3.2** のように x 軸および y 軸を設定する。ここで，$b(y)$ は高さ y の位置での断面の幅であり，三角形断面であるので，高さ y の 1 次関数として空欄 ① のように表すことができる。$b(y)$ を空欄 ① に記入せよ。

①

(2)　つぎに，x 軸に関する断面 1 次モーメント G_x を求める。G_x を求める計算過程とその結果を空欄 ② に記入せよ。

②

(3)　図心軸 X（**問図 3.3** の X 軸）に関する断面 1 次モーメント G_X はゼロとなることを利用し，図心の位置 y_0 を求める。y_0 を求める計算過程とその結果を空欄 ③ に記入せよ。

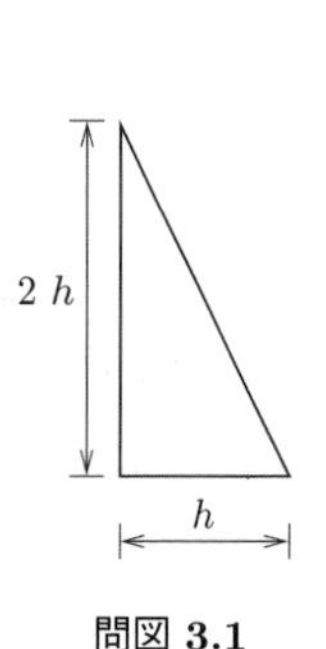

問図 3.1

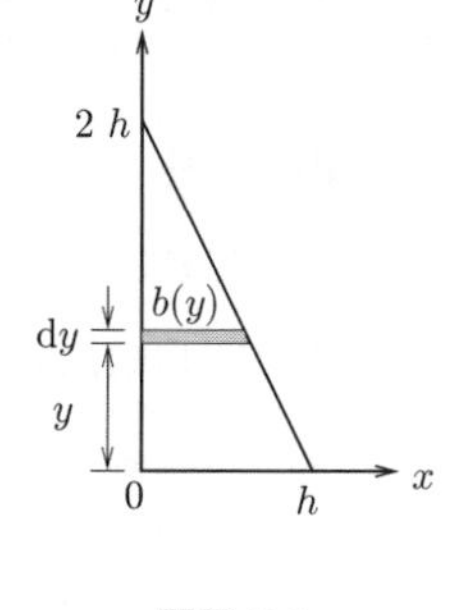

問図 3.2

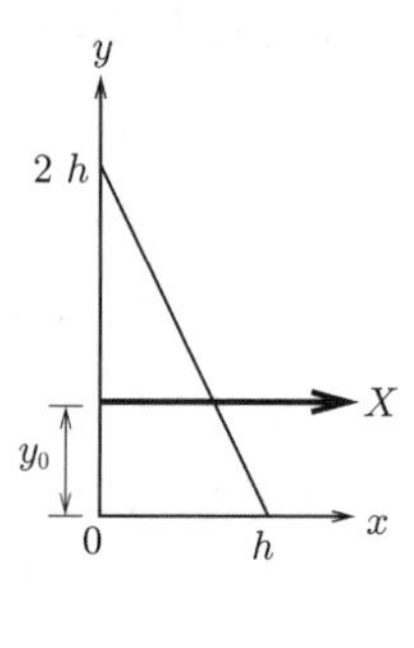

問図 3.3

③

(4)　つぎに，x 軸に関する断面 2 次モーメント I_x を求める。I_x を求める計算過程とその結果を空欄 ④ に記入せよ。

④

(5)　ただし，この結果は x 軸に関する断面 2 次モーメントであり，図心軸（X 軸）に関する断面 2 次モーメントではない。そこで，断面 2 次モーメントの基準となる座標軸を x 軸から図心軸 X へと平行移動し，図心軸を基準とした値に変換する必要がある。

座標軸を図心軸 X へと平行移動した際の断面 2 次モーメント I_X は $I_X = I_x - {y_0}^2 A$ として求められる。したがって，図心軸（X 軸）まわりの断面 2 次モーメント I_X は空欄 ⑤ に示す値になる。

⑤

【問 3-2】 問図 **3.4** に示す T 型断面の図心の位置および図心を通る水平軸まわりの断面 2 次モーメントを求めよ。

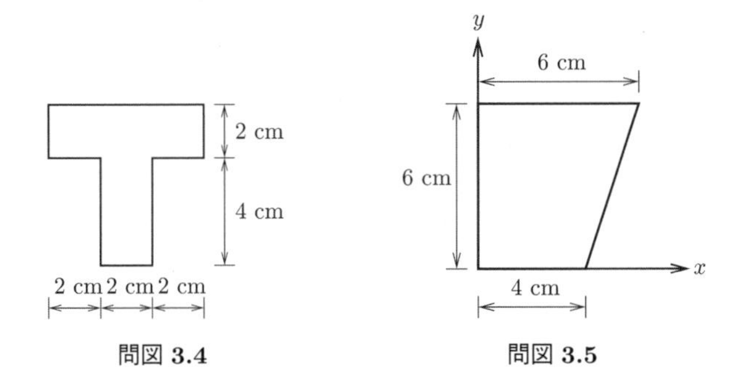

問図 **3.4**　　問図 **3.5**

【問 3-3】 問図 **3.5** に示す台形断面の，図心の位置および図心を通る水平軸まわりの断面 2 次モーメントを求めよ。

【問 3-4】 問図 **3.6** に示す I 型断面の，図心の位置および図心を通る水平軸まわりの断面 2 次モーメントを求めよ。

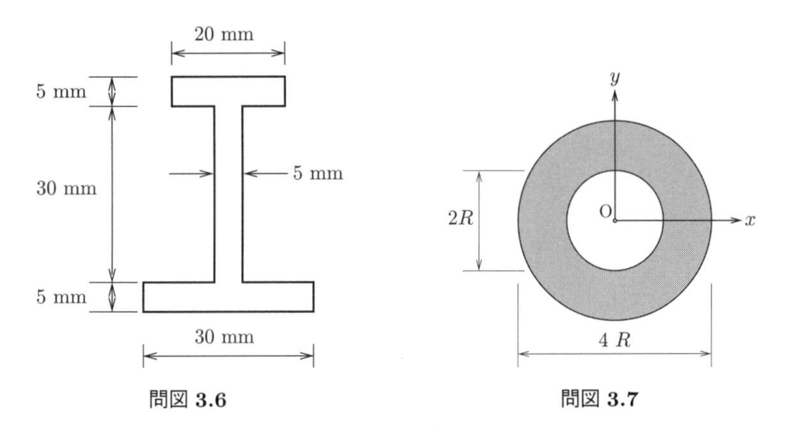

問図 **3.6**　　問図 **3.7**

【問 3-5】 **問図 3.7** に示す中空の円形断面の図心を通る水平軸まわりの断面 2 次モーメントを求めよ。ただし，半径 r の円形断面の図心を通る水平軸まわりの断面 2 次モーメントが $I_X = \pi r^4/4$ となること示したうえで求めること。

【3 章の演習問題解答例】

［**解 3-1**］ ① $b(y) = -\dfrac{1}{2}y + h$, ② $G_x = \displaystyle\int_0^{2h} y\left(-\dfrac{1}{2}y + h\right)\mathrm{d}y = \dfrac{2}{3}h^3$,

③ $y_0 = \dfrac{G_x}{A} = \dfrac{2}{3}h$, ④ $I_x = \displaystyle\int_0^{2h} y^2\left(-\dfrac{1}{2}y + h\right)\mathrm{d}y = \dfrac{2}{3}h^4$,

⑤ $I_X = \dfrac{2}{3}h^4 - \left(\dfrac{2}{3}h\right)^2 \cdot h^2 = \dfrac{2}{9}h^4$

［**解 3-2**］ T 型断面は，**解図 3.1** のように断面 2 次モーメントがわかっている長方形（$I = bh^3/12$）を 2 つ組み合わせた形と見なせる。このような図形の図心の位置は，長方形 a の断面積を A_a，図心位置を y_a，長方形 b の断面積を A_b，図心位置を y_b，x 軸に関する断面全体の断面 1 次モーメントを G_x，断面積を A とすると，次式で求められる。

$$y_0 = \frac{G_x}{A} = \frac{y_a A_a + y_b A_b}{A_a + A_b} = \frac{19}{5}\,\mathrm{cm}$$

つぎに断面 2 次モーメントを求める。断面 2 次モーメントは，それぞれの長方形の図心軸（解図 3.1 の y_a，y_b の位置）まわりの断面 2 次モーメントに対して座標軸の平行移動を行い，T 型断面の図心軸を基準とした値に変換することで容易に求められる。それぞれの長方形の図心軸まわりの断面 2 次モーメントは以下の値となる。

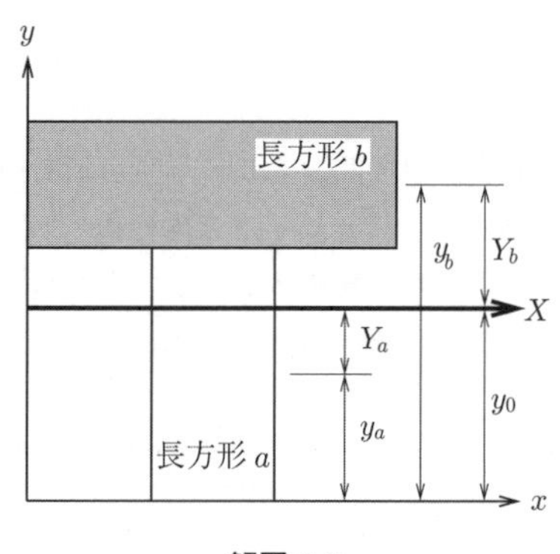

解図 3.1

$$長方形\ a：I_{X_a} = \frac{32}{3}\,\mathrm{cm}^4,\quad 長方形\ b：I_{X_b} = 4\,\mathrm{cm}^4$$

それぞれの長方形の図心軸と T 型断面の図心軸 X との距離（解図 3.1 の Y_a, Y_b）は以下のとおりである。

$$長方形\ a：Y_a = \frac{9}{5}\,\mathrm{cm},\quad 長方形\ b：Y_b = \frac{6}{5}\,\mathrm{cm}$$

これらの結果を用いて，それぞれの長方形の図心軸まわりの断面 2 次モーメントを，基準となる座標軸から T 型断面の図心軸 X へ平行移動させると以下の結果となる。

$$長方形\ a：I_{xa} = I_{Xa} + Y_a^2 A_a = \frac{32}{3} + \left(\frac{9}{5}\right)^2 \times 8 = \frac{2\,744}{75}\,\mathrm{cm}^4$$

$$長方形\ b：I_{xb} = I_{Xb} + Y_b^2 A_b = 4 + \left(\frac{6}{5}\right)^2 \times 12 = \frac{532}{25}\,\mathrm{cm}^4$$

以上より，T 型断面の図心軸（X 軸）まわりの断面 2 次モーメントは以下の値になる。

$$I_X = I_{xa} + I_{xb} = \frac{4\,340}{75} = 57.9\,\mathrm{cm}^4$$

［解 **3-3**］　図心位置：3.2 cm（下縁から上方），断面 2 次モーメント：88.8 cm^4

［解 **3-4**］　図心位置：17.81 mm（下縁から上方），断面 2 次モーメント：86 419 mm^4

［解 **3-5**］　$\dfrac{15}{4}\pi R^4$

4 はりの応力

4.1 曲げによる直応力

4.1.1 曲げによるひずみの分布

中立面：図 **4.1**(b) のように曲げ変形において伸びても縮んでもいないところ（変形前後の繊維長 $e'f' = ef$）。

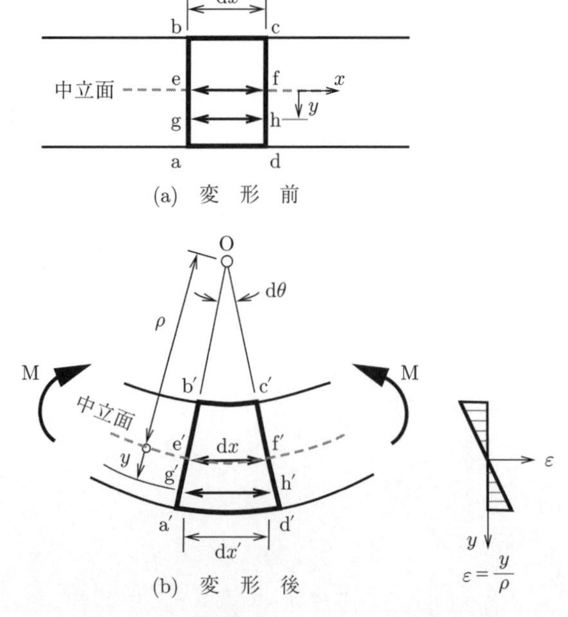

図 4.1 曲げを受けるはりの変形とひずみ分布

平面保持の仮定 ： 曲げ変形後もはりの断面が平面を保持する。a′b′, c′d′ が直線（図 4.1(b)）

断面保持の仮定 ： 曲げ変形後もはりの断面形が変わらない。a′b′ = ab, c′d′ = c d（図 4.1）。

繊維のひずみ ： 曲げによる変形時，中立面から距離 y の位置の繊維 gh（変形前の長さ dx）の長さが dx' になる（図 4.1(b)）。繊維のひずみ ε は微小中心角 dθ の扇形 Og′h′ により，y の 1 次式 (4.1) で表される。

$$\varepsilon = \frac{\mathrm{d}x' - \mathrm{d}x}{\mathrm{d}x} = \frac{(\rho + y)\mathrm{d}\theta - \rho\mathrm{d}\theta}{\rho\mathrm{d}\theta} \Rightarrow \varepsilon = \frac{y}{\rho} \tag{4.1}$$

（注） ρ は曲率半径，$1/\rho$ は曲率

4.1.2 曲げによる直応力の分布

ひずみ分布に対応する直応力分布 ： 図 **4.2**(b) のように，弾性体の応力とひずみの関係から式 (4.2) のように表される。

$$\sigma = E\varepsilon = \frac{E}{\rho}y \tag{4.2}$$

中立軸の位置 ： 中立軸は断面の図心を通る。

中立軸が断面の図心を通る根拠 ： 軸力 N がゼロなので，直応力 σ の合力がゼロ。

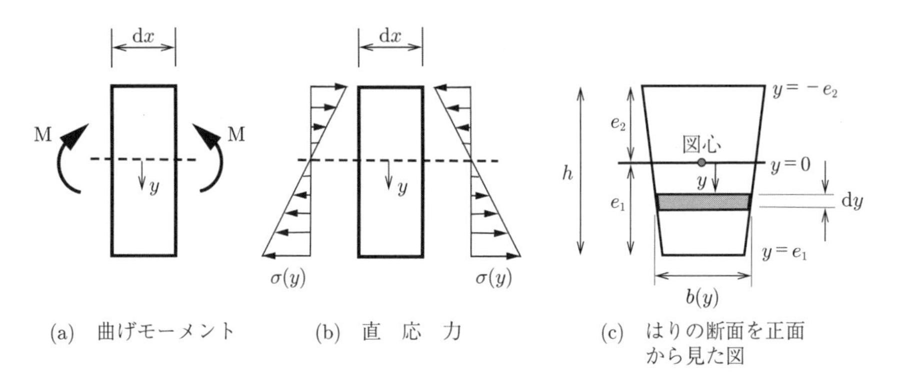

図 **4.2** 曲げを受けるはりの直応力分布

$$
\begin{aligned}
\mathrm{N} &= \int_{-e_2}^{e_1} \sigma(y) b(y) \mathrm{d}y \\
&= \int_{-e_2}^{e_1} \frac{E}{\rho} y b(y) \mathrm{d}y = \frac{E}{\rho} \int_{-e_2}^{e_1} y b(y) \mathrm{d}y = \frac{E}{\rho} \times G = 0
\end{aligned}
$$

（注）　断面 1 次モーメント $G = 0 \Rightarrow y$ の原点は図心を通る軸上にある。

曲げモーメントと直応力の関係 ： 曲げによって生じる直応力 σ と曲げモーメント M の間に式 (4.3) が成り立つ。

$$
\sigma = \frac{\mathrm{M}}{I} y \tag{4.3}
$$

（注）　I：断面の図心まわりの断面 2 次モーメント。

式 (4.3) の根拠 ： 直応力分布 $\sigma(y)$ の「合モーメント」が曲げモーメント M に等しい。⇒「合モーメント」： 直応力による中立軸まわりのモーメント $\sigma(y) \times y$ を断面上で積分すると，式 (4.4) のようになる。

$$
\begin{aligned}
\mathrm{M} &= \int_{-e_1}^{e_2} [\sigma(y) b(y) \mathrm{d}y] \times y = \int_{-e_1}^{e_2} \left[\frac{E}{\rho} y\right] b(y) \times y \ \mathrm{d}y \\
&= \frac{E}{\rho} \int_{-e_1}^{e_2} y^2 b(y) \mathrm{d}y = \frac{EI}{\rho} \ \Rightarrow \ \mathrm{M} = \frac{EI}{\rho}
\end{aligned} \tag{4.4}
$$

式 (4.2) と式 (4.4) より式 (4.3) を得る。

4.1.3　縁応力と断面係数

縁応力 ： 断面の上下の端の応力。はりの応力分布が直線なので，縁応力が断面内の応力の最大値となり，材料強度との照査に使われる。

$$
\sigma_1 = \frac{\mathrm{M}}{I} e_1 = \frac{\mathrm{M}}{W_1}, \quad \sigma_2 = -\frac{\mathrm{M}}{I} e_2 = -\frac{\mathrm{M}}{W_2} \tag{4.5}
$$

（注）　$y = y_1$：下縁，　$y = y_2$：上縁。

断面係数 ： 式 (4.5) の W_1, W_2。縁応力の計算に用いられる。

$$
W_1 = \frac{I}{e_1}, \quad W_2 = \frac{I}{e_2} \tag{4.6}
$$

曲げと軸力が同時に作用しているときの直応力：

$$\sigma = \sigma_{\mathrm{N}} + \sigma_{\mathrm{M}} = \frac{\mathrm{N}}{A} + \frac{\mathrm{M}}{I}y \tag{4.7}$$

（注）σ_{N}：軸力 N による直応力（断面内で一定，2 章の式 (2.1) 参照），σ_{M}：曲げモーメント M による直応力（断面内で直線分布，式 (4.3)）。

4.1.4　演　習　問　題

【問 4-1】 問図 **4.1** のような幅 5 cm，高さ 10 cm の長方形断面を有するはりの断面に 10 kNm の曲げモーメントが作用している。この断面に生じる曲げによる直応力の分布を以下の手順 (1)〜(3) に従って求めよ。

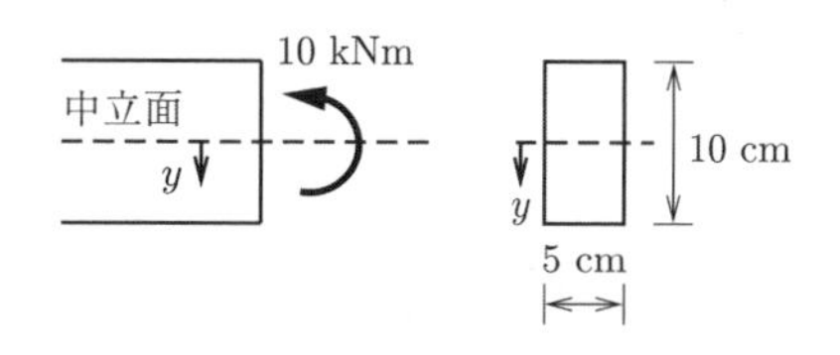

(a)　はりの側面図　　(b)　はりの断面図

問図 **4.1**

(1)　はりの断面に生じる曲げモーメントを M，断面の図心まわりの断面 2 次モーメントを I，中立面から下向きの座標を y とすると，断面に生じる曲げによる直応力 σ は空欄 ① に示す式で表される。空欄 ① に式を記入せよ。

(2)　長方形断面の図心軸に関する断面 2 次モーメントは $I = bh^3/12$ で求められる。したがって，問のはりの断面 2 次モーメントは空欄 ② に示す値となる。② を求めよ。

②

(3)　上記 (1)，(2) の結果を用いて，断面に生じる曲げによる直応力の分布を欄 ③ の問図 **4.2** に図示せよ。なお，上縁および下縁応力の値を図に書き込むこと。

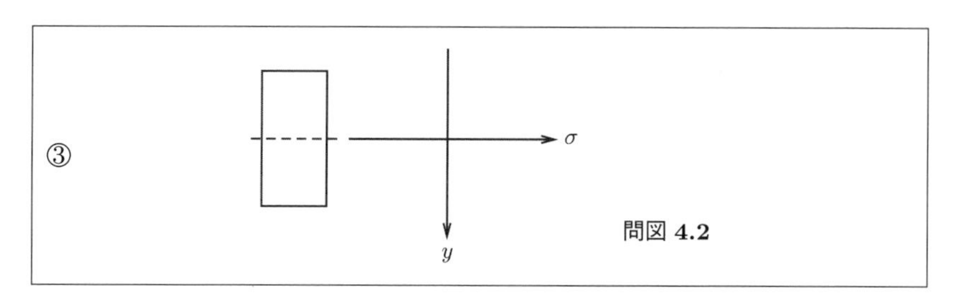

問図 **4.2**

【問 4-2】 **問図 4.3** に示す T 型断面に，曲げモーメント $\mathrm{M} = 5\,\mathrm{Nm}$ が作用するとき，下縁と上縁の縁応力 σ_1, σ_2 を求めよ。

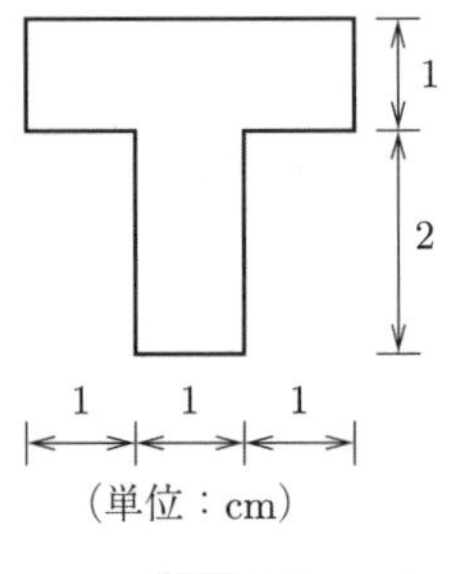

問図 4.3

【問 4-3】 **問図 4.4** に示すように，単純ばりに 2 つの集中荷重が作用している。このはりに生じる引っ張り応力および圧縮応力の最大値と，それぞれが生じる位置を求めよ。はりの断面は図 (b) に示す三角形断面であり，三角形断面の断面 2 次モーメントは $I = bh^3/36$（b：幅，h：高さ）で求められる。

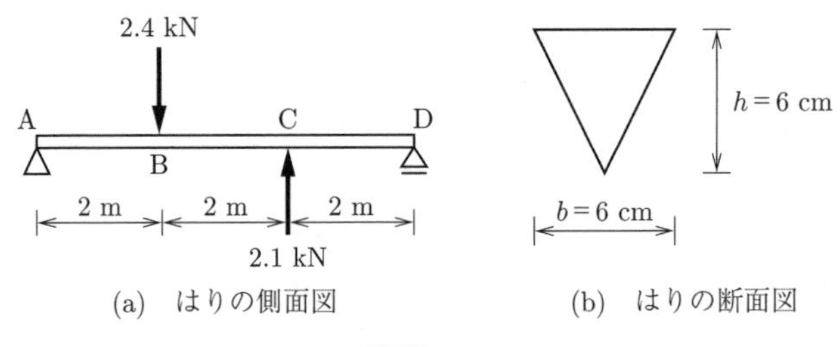

(a)　はりの側面図　　(b)　はりの断面図

問図 4.4

【問 4-4】 **問図 4.5** に示すように，単純ばりの両端に集中モーメント $\overline{\mathrm{M}}$ が作用している。さらに支点 B に水平方向の集中荷重 P を作用させて，このはりに引っ張り応力が生じないようにしたい。荷重 P の値をいくら以上にすべきか求めよ。なお，このはりの断面形状は一辺 a の正方形断面とする。

$\overline{\mathrm{M}}$　A　B　$\overline{\mathrm{M}}$　P　L

問図 4.5

4.2 曲げによるせん断応力

4.2.1 曲げによるせん断応力分布

曲げモーメントとせん断力の関係 ： 図 **4.3**(a) に示す微小長さ $\mathrm{d}x$ の部分のモーメントのつり合い条件は式 (4.8) のとおりである。

$$
\mathrm{M} - (\mathrm{M} + \mathrm{dM}) + \mathrm{Q}\mathrm{d}x = 0 \Rightarrow \mathrm{dM} = \mathrm{Q}\mathrm{d}x \\
\Rightarrow \frac{\mathrm{dM}}{\mathrm{d}x} = \mathrm{Q} \tag{4.8}
$$

(注 1) はりに曲げモーメントとせん断力が生じているとき，曲げモーメントの値は一定にならず，変化する。
(注 2) せん断力ゼロ ($\mathrm{Q} = 0$) の区間では曲げ，モーメントは一定 ($\mathrm{dM}/\mathrm{d}x = 0$)。

直応力分布の差 ： 図 4.3(b)

左右の断面の曲げモーメントの差 dM に対応する直応力分布の差はつぎのようになる。

$$
\mathrm{d}\sigma = \frac{\mathrm{dM}}{I} y
$$

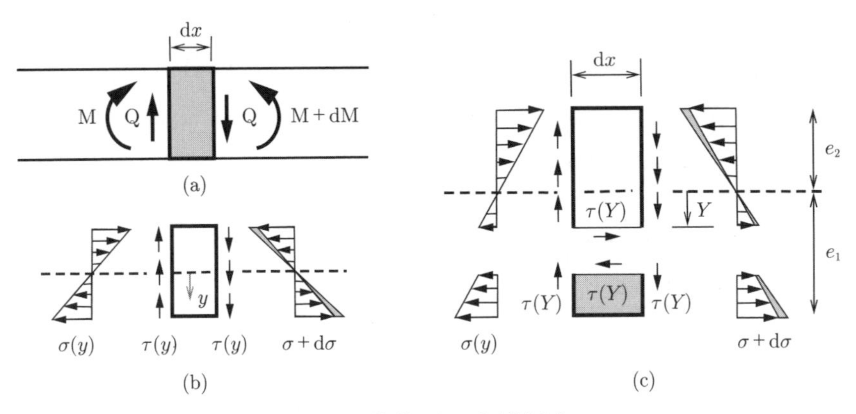

図 **4.3** 曲げによるせん断応力

$y = Y$ より下の部分の軸方向の力のつり合い条件 ： 図 4.3(c)

$y = Y$ の位置で水平に分割すると，上下の水平面上にせん断応力 $\tau(Y)$ が作用している（2 章の図 2.5 参照）。

$y = Y$ より下の部分に関する軸方向力のつり合い条件はつぎのようになる。

$$\tau(Y)b(Y)\mathrm{d}x = \int_Y^{e_1} \mathrm{d}\sigma b(y)\mathrm{d}y = \frac{\mathrm{dM}}{I}\int_Y^{e_1} yb(y)\mathrm{d}y$$

$$\Rightarrow \tau(Y) = \frac{1}{b(Y)I}\frac{\mathrm{dM}}{\mathrm{d}x}\int_Y^{e_1} yb(y)\mathrm{d}y = \frac{\mathrm{Q}}{b(Y)I}\int_Y^{e_1} yb(y)\mathrm{d}y$$

曲げによるせん断応力分布 ：

$$\tau(Y) = \frac{\mathrm{Q}}{b(Y)I}\int_Y^{e_1} yb(y)\mathrm{d}y \tag{4.9}$$

4.2.2 長方形断面のせん断応力分布

【例　題】 せん断力 Q が作用している図 **4.4** の長方形断面を求める。

$$\tau(Y) = \frac{\mathrm{Q}}{b(Y)I}\int_Y^{h/2} yb(y)\mathrm{d}y = \frac{\mathrm{Q}}{b(bh^3/12)}\int_Y^{h/2} yb\mathrm{d}y$$

$$= \frac{\mathrm{Q}}{bh^3/12}\int_Y^{h/2} y\mathrm{d}y = \frac{12\mathrm{Q}}{bh^3}\left[\frac{y^2}{2}\right]_Y^{h/2}$$

$$\Rightarrow \tau(Y) = \frac{12\mathrm{Q}}{bh^3}\left[\frac{h^2}{8} - \frac{Y^2}{2}\right] \tag{4.10}$$

せん断応力の最大値（中立軸 $(Y = 0)$ で最大値）は次式のようになる。

$$\tau_{\max} = \frac{3}{2}\frac{\mathrm{Q}}{bh} = \frac{3}{2}\frac{\mathrm{Q}}{\mathrm{A}}$$

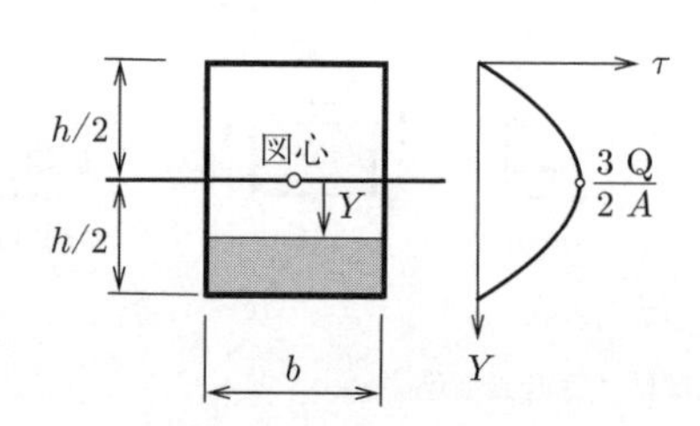

図 **4.4** 長方形断面のはりに生じるせん断応力分布

4.2.3 演　習　問　題

【問 4-5】 **問図 4.6** のような幅 5 cm，高さ 10 cm の長方形断面を有するはりの断面に 10 kN のせん断力が作用している。この断面に生じるせん断応力の分布を以下の手順 (1)～(4) に従って求めよ。

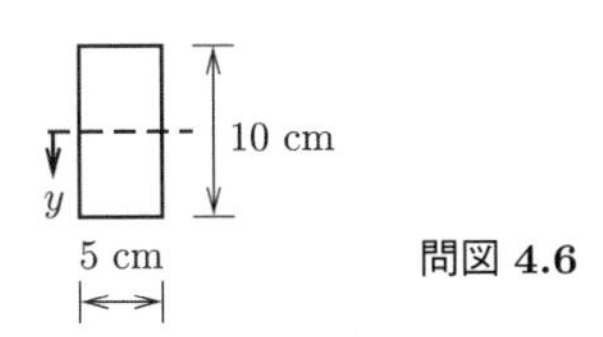

問図 4.6

(1)　長方形断面の図心軸に関する断面 2 次モーメントは $I = bh^3/12$ で求められる。したがって，このはりの断面 2 次モーメントは空欄 ① に示す値となる。空欄 ① を埋めよ。

①

(2)　はりの断面に生じるせん断力を Q，断面の図心軸に関する断面 2 次モーメントを I，中立面から下向きの座標を Y，下縁の座標値を $Y = e_1$，積分変数を y，Y および y の位置の断面の幅を $b(Y)$，$b(y)$ とすると，断面に生じるせん断応力 $\tau(y)$ は空欄 ② の式で表される。空欄 ② を埋めよ。

②

(3)　上記 (2) の式（空欄 ② の式）に適切な数値を代入し，計算せよ。空欄 ③ に計算過程および計算結果を示せ。

③

(4)　(3) の結果を用いて，断面に生じるせん断応力の分布を欄④の**問図 4.7** に図示せよ。

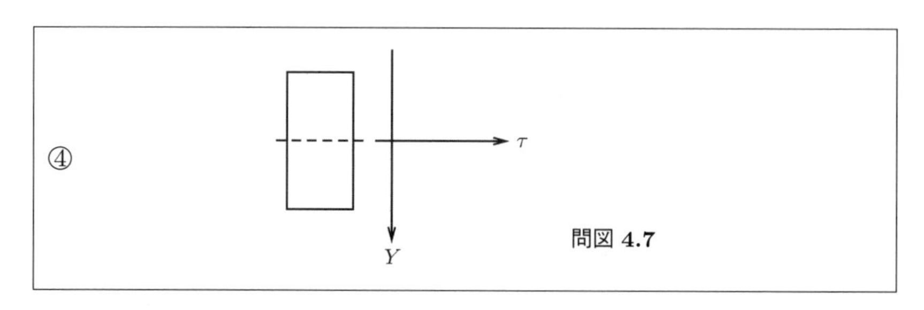

問図 4.7

【問 4-6】　**問図 4.8** に示す T 型断面のはりがある。このはりに荷重を載荷したところ，ある位置でのせん断力が Q となった。このとき，図の断面に生じるせん断応力の分布を求め，図示せよ。なお，図の T 型断面の図心は，下縁から上方 2.5 cm の位置にあり，図心を通る水平軸に関する断面 2 次モーメントは $I = 8.5\,\mathrm{cm}^4$ である。

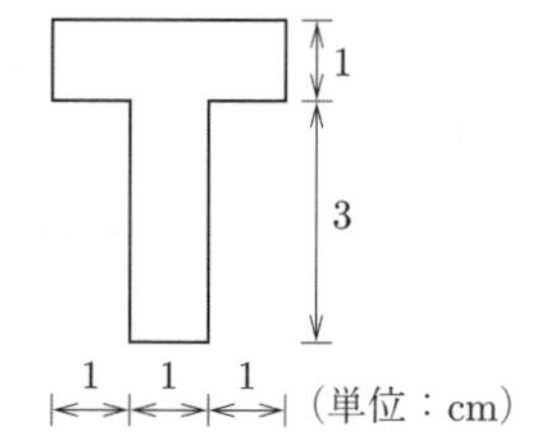

問図 4.8

【問 4-7】　**問図 4.9** に示す単純ばりの点 C に集中荷重が作用している。このとき点 B の断面に生じるせん断応力の分布を求めよ。はりの断面形状は幅 6 cm，高さ 6 cm の三角形断面とする。

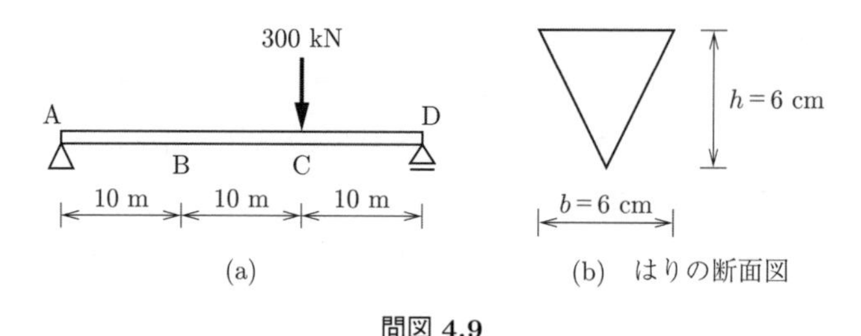

(a)　　(b)　はりの断面図

問図 4.9

【問 4-8】 問図 **4.10** に示すI型断面のはりがある。このはりに荷重を載荷したところ，ある位置でのせん断力がQとなった。このとき，図のI型断面のウェブに生じるせん断応力の分布を求め，図示せよ。なお，ウェブもフランジも板厚は4mmである。

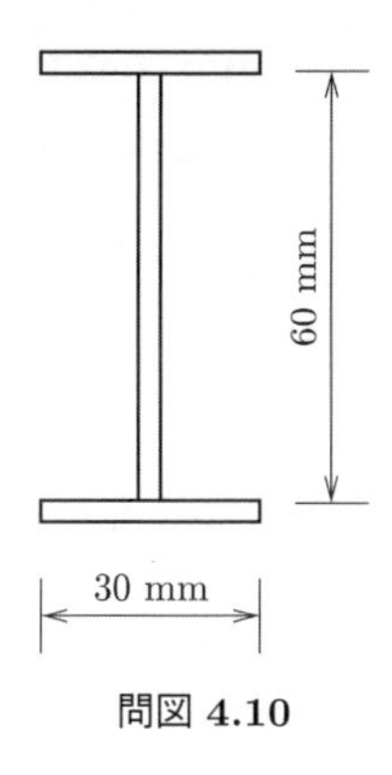

問図 **4.10**

【4章の演習問題解答例】

［解 **4-1**］ ① $\sigma(y) = \dfrac{\mathrm{M}}{I} y$,

② $I = \dfrac{5 \times 10^3}{12} = 417 \mathrm{cm}^4 = 4.17 \times 10^{-6} \mathrm{m}^4$,

③ 解図 **4.1** となる。$\sigma_1 = 1.20 \times 10^8 \mathrm{N/m}^2$,　$\sigma_2 = -1.20 \times 10^8 \mathrm{N/m}^2$

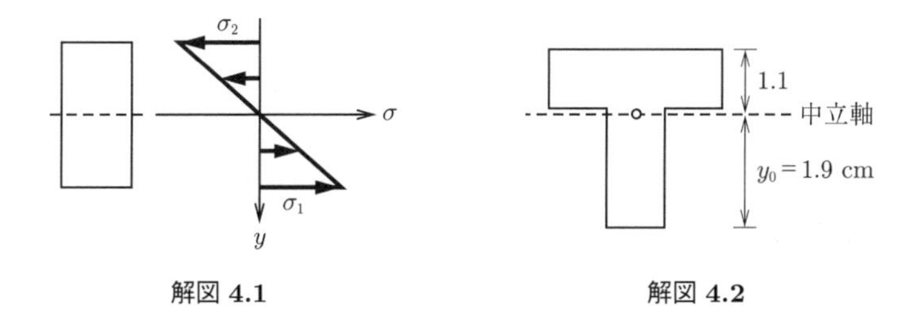

解図 **4.1**　　解図 **4.2**

［解 **4-2**］ 解図 **4.2** のように，T型断面の図心位置は，下縁から上方1.9cmの位置にあり，図心を通る水平軸に関する断面2次モーメント I は $I = 3.62\,\mathrm{cm}^4$ である（算出過程省略）。曲げによる直応力 σ と曲げモーメントMの関係

$$\sigma(y) = \frac{\mathrm{M}}{I} y$$

より，下縁（$y = 1.9\,\mathrm{cm}$）および上縁（$y = -1.1\,\mathrm{cm}$）の応力は，以下の値として求められる。

$$\sigma_1 = 2.62 \times 10^6\,\mathrm{N/m^2} = 2.62\,\mathrm{MPa},$$

$$\sigma_2 = -1.52 \times 10^6\,\mathrm{N/m^2} = -1.52\,\mathrm{MPa}$$

〔**解 4-3**〕 引っ張り応力の最大値は断面 B の下縁で生じ 200 MPa である。圧縮応力の最大値は断面 C の下縁で生じ −133 MPa である。

〔**解 4-4**〕 $\mathrm{P} \geqq \dfrac{6\overline{\mathrm{M}}}{a}$

〔**解 4-5**〕 ① $I = 4.17 \times 10^{-6}\,\mathrm{m^4}$,

② $\tau(Y) = \dfrac{\mathrm{Q}}{b(Y)I}\displaystyle\int_Y^{e_1} yb(y)\mathrm{d}y$,

③ $\tau(Y) = \dfrac{10 \times 1\,000}{0.05 \times 4.17 \times 10^{-6}}\displaystyle\int_Y^{0.05} 0.05\,y\mathrm{d}y = 3 - 1\,200Y^2$ 〔MPa〕,

④ **解図 4.3** となる。

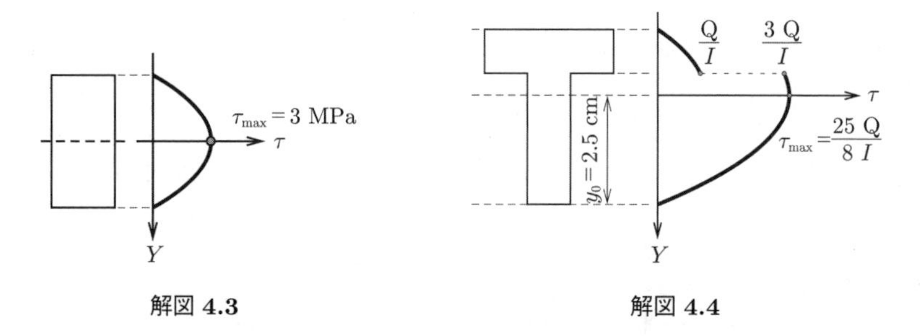

解図 4.3　　**解図 4.4**

〔**解 4-6**〕 断面の幅が異なるウェブ（$-0.5 < Y \leqq 2.5$）とフランジ（$-1.5 < Y \leqq -0.5$）に分けて求める。

i) ウェブ（断面の幅：$b(Y) = 1$）

$$\tau(Y) = \frac{\mathrm{Q}}{1 \times 8.5}\int_Y^{2.5} y\mathrm{d}y = 0.367 - 0.058\,8Y^2$$

ii) フランジ（断面の幅：$b(Y) = 3$）

$$\tau(Y) = \frac{\mathrm{Q}}{3 \times 8.5}\left(\int_Y^{-0.5} 3y\mathrm{d}y + \int_{-0.5}^{2.5} y\mathrm{d}y\right) = 0.132 - 0.058\,8Y^2$$

これらの結果を図示すると，T 型断面に生じるせん断応力分布は**解図 4.4** のようになる。

［解 4-7］　解図 **4.5** となる。

［解 4-8］　解図 **4.6** となる。

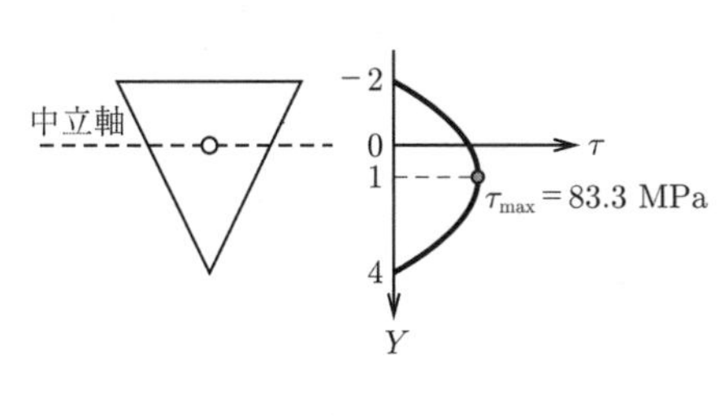

解図 **4.5**

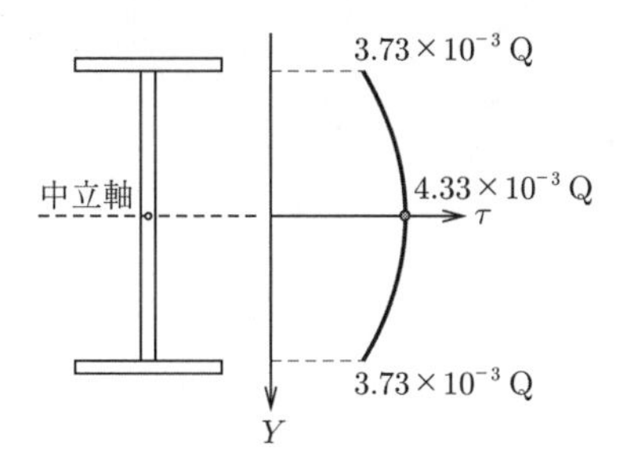

解図 **4.6**

5 はりのたわみ

5.1 曲げモーメントとたわみの関係

5.1.1 はりのたわみに関する仮定と変形

たわみ： 図 **5.1**(a) のように荷重の作用を受けたときのはりの変形をたわみという。図 5.1(b) に示す曲線 $y(x)$ をたわみ曲線または弾性曲線という（鉛直下向きの変位を正とする）。

微小変位の仮定： たわみ $y(x)$ の値ははりの長さに比べてきわめて小さく，微小であると仮定する。

はりの変位と変形： 図 **5.2** に示す。

はりのたわみ変形は，鉛直の変位とともに曲げ変形を生じる。

はりの微小部分 $[x, x + \mathrm{d}x]$（長さ $\mathrm{d}x$）は，4 章の図 4.1 にも示したように，中心角 $\mathrm{d}\theta$，曲率 $1/\rho$ の円弧状に変形する。円弧 a′b′ の長さ $\mathrm{d}s = \rho \mathrm{d}\theta$ より式 (5.1) のように表される。

$$\frac{1}{\rho} = \frac{\mathrm{d}\theta}{\mathrm{d}s} \approx \frac{\mathrm{d}\theta}{\mathrm{d}x} = \frac{\mathrm{d}}{\mathrm{d}x}\left(-\frac{\mathrm{d}y}{\mathrm{d}x}\right) = -\frac{\mathrm{d}^2 y}{\mathrm{d}x^2}$$

（注） たわみ $y(x)$ 微小 $\Rightarrow$ θ，$\mathrm{d}\theta$ 微小 $\Rightarrow$ $\mathrm{d}s \approx \mathrm{d}x$，$\tan\theta = -\dfrac{\mathrm{d}y}{\mathrm{d}x} \approx \theta$

$$\frac{1}{\rho} = -\frac{\mathrm{d}^2 y}{\mathrm{d}x^2} \tag{5.1}$$

たわみ角： たわみの勾配 $\dfrac{\mathrm{d}y}{\mathrm{d}x} = y'$ を「たわみ角」という。

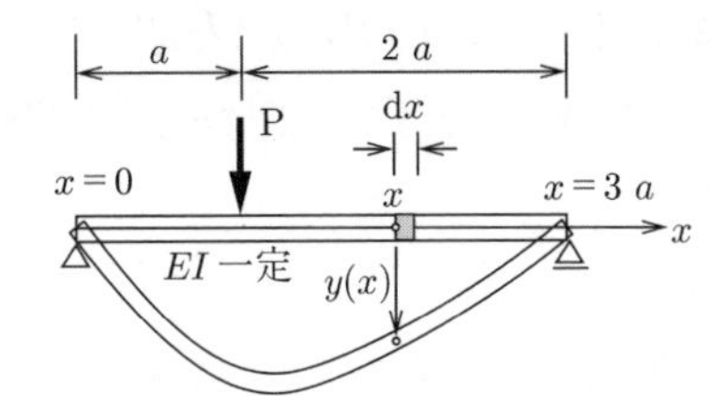

(a)　集中荷重が作用する単純ばり

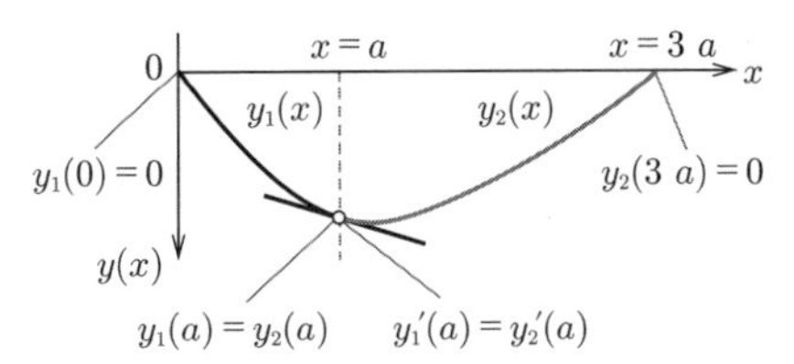

(b)　たわみ曲線 $y(x)$ と境界条件

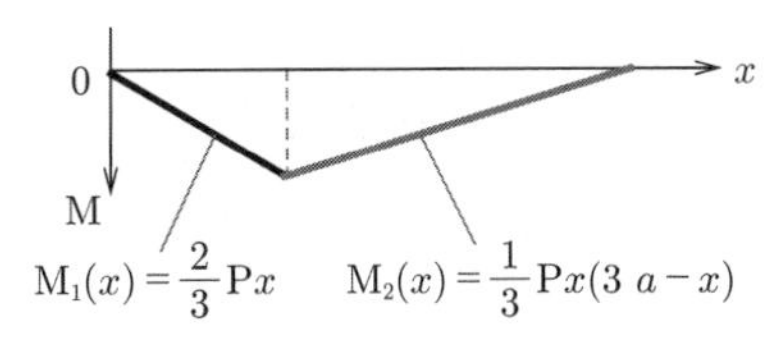

(c)　曲げモーメント分布

図 5.1　はりのたわみ

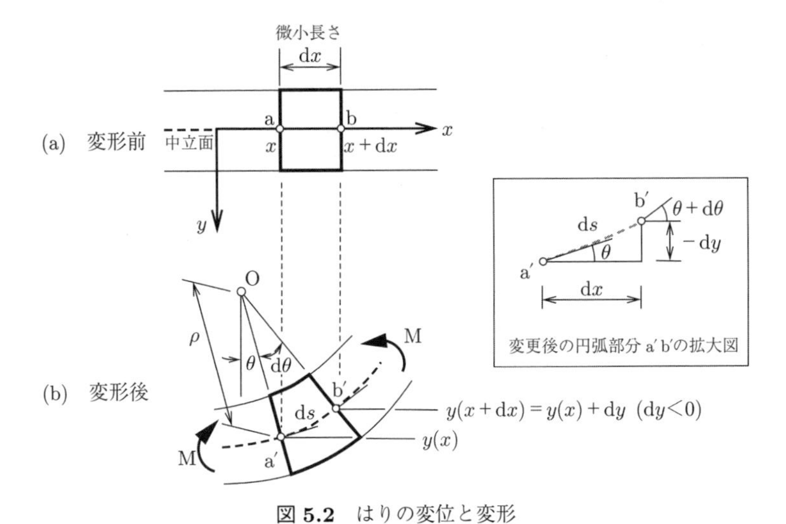

図 5.2　はりの変位と変形

5.1.2　たわみと曲げモーメントの微分方程式

4 章の式 (4.4) と式 (5.1) より，式 (5.2) の微分方程式が得られる。

$$EI\frac{\mathrm{d}^2y}{\mathrm{d}x^2} = -\mathrm{M}(x) \tag{5.2}$$

曲げモーメントが 2 つ以上の関数になる場合：図 5.1(c) に示すそれぞれの区間ごとに微分方程式 (5.2) を立てる。

$$EI\frac{\mathrm{d}^2y_1}{\mathrm{d}x^2} = -\mathrm{M}_1(x) = -\frac{2}{3}\mathrm{P}x \qquad (0 \leqq x \leqq a) \tag{5.3}$$

$$EI\frac{\mathrm{d}^2y_2}{\mathrm{d}x^2} = -\mathrm{M}_2(x) = -\frac{1}{3}\mathrm{P}(3a - x) \quad (a \leqq x \leqq 3\,a) \tag{5.4}$$

5.1.3　微分方程式の境界条件

微分方程式 (5.2) の解は境界条件を満足しなければならない。はりのたわみの問題の境界条件は**支点の条件**と**連続の条件**がある。

支点の条件：支点においてたわみ y，たわみ角 y' が満たすべき条件は**表 5.1** のようにまとめられる。図 5.1 の例では，式 (5.5), (5.6) のとおりである。

図 5.1(b)：単純支持の支点 $(x = 0)$　$y_1(0) = 0$　(5.5)

ローラー支点 $(x = 3\,a)$　$y_2(3\,a) = 0$　(5.6)

連続の条件：区間と区間との境界でたわみ y，たわみ角 y' が連続する条件。図 5.1 の例では，式 (5.7), (5.8) のとおりである。

図 5.1(b)：たわみの連続条件 $(x = a)$　$y_1(a) = y_2(a)$　(5.7)

たわみ角の連続条件 $(x = a)$　$y_1{}'(a) = y_2{}'(a)$　(5.8)

表 5.1　境界条件（支点の条件）

	単純支持，ローラー支点	固定端
境界条件	$y = 0$	$y = 0,\quad y'\left(= \dfrac{\mathrm{d}y}{\mathrm{d}x}\right) = 0$

5.1.4 微分方程式の解

一般解：微分方程式 (5.3), (5.4) の両辺を x で 2 回積分する。

$$EI\ y_1 = -\frac{1}{9}\mathrm{P}x^3 + c_1 x + c_2 \qquad (0 \leqq x \leqq a) \tag{5.9}$$

$$EI\ y_2 = -\mathrm{P}\left(\frac{a}{2}x^2 - \frac{x^3}{18}\right) + c_3 x + c_4 \quad (a \leqq x \leqq 3a) \tag{5.10}$$

（注 1） $c_1 \sim c_4$ を積分定数という。1 回積分するたびに積分定数を生じる。
（注 2） 式 (5.9), (5.10)：微分方程式 (5.3), (5.4) の一般解

境界条件による積分定数の決定：4 つの境界条件（支点の条件：式 (5.5), (5.6)，連続の条件：式 (5.7), (5.8)）により 4 つの積分定数 $c_1 \sim c_4$ が求まる。

たわみ：

$$y_1(x) = \frac{\mathrm{P}a^3}{EI}\left[-\frac{1}{9}\left(\frac{x}{a}\right)^3 + \frac{5}{9}\left(\frac{x}{a}\right)\right] \qquad (0 \leqq x \leqq a)$$

$$y_2(x) = \frac{\mathrm{P}a^3}{EI}\left[\frac{1}{18}\left(\frac{x}{a}\right)^3 - \frac{1}{2}\left(\frac{x}{a}\right)^2 + \frac{19}{18}\left(\frac{x}{a}\right) - \frac{1}{6}\right] \quad (a \leqq x \leqq 3\,a)$$

5.2 ゲルバーばりのたわみ

5.2.1 ゲルバーばりの境界条件

【例　題】 図 **5.3**(a) のように**等分布荷重を載荷したゲルバーばり**を考える。

微分方程式：

$$\text{区間 AB}：EI\frac{\mathrm{d}^2 y_1}{\mathrm{d}{x_1}^2} = -\frac{1}{2}\bar{q}h(x_1 - h) \quad (0 \leqq x_1 \leqq h) \tag{5.11}$$

$$\text{区間 BC}：EI\frac{\mathrm{d}^2 y_2}{\mathrm{d}{x_2}^2} = -\frac{1}{2}\bar{q}(h - x_2)x_2 \quad (0 \leqq x_2 \leqq h) \tag{5.12}$$

（注） それぞれの区間の左端を原点とする座標 x_1, x_2 を用いた。支点 A を原点とする単独の座標 x を用いてもよい。

境界条件：

$$\text{支点の条件}：y_1(0) = 0, \quad {y_1}'(0) = 0, \quad y_2(h) = 0 \tag{5.13}$$

$$\text{連続の条件}：y_1(h) = y_2(0) \tag{5.14}$$

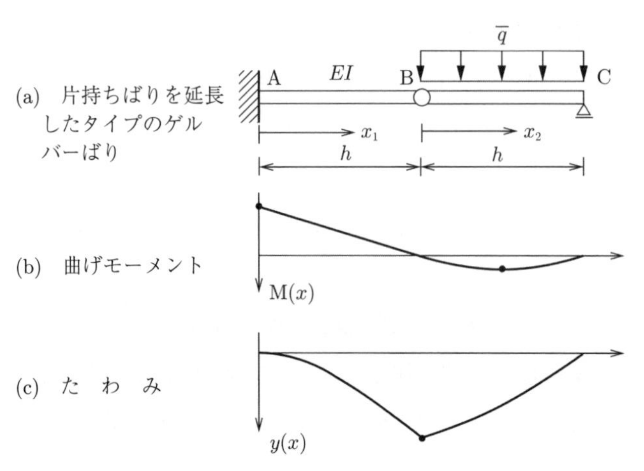

図 **5.3**　等分布荷重を載荷したゲルバーばり

（注）点 B がヒンジなので，たわみだけが連続する。図 5.3(c) のたわみ分布に示されるように，たわみ角は不連続である。

一般解：

$$EIy_1(x_1) = -\frac{1}{2}\bar{q}h\left(\frac{1}{6}{x_1}^3 - \frac{1}{2}h{x_1}^2\right) + c_1x_1 + c_2$$

$$EIy_2(x_2) = \frac{1}{24}\bar{q}{x_2}^3(x_2 - 2\,h) + c_3x_2 + c_4$$

積分定数の値：

$$c_1 = 0, \quad c_2 = 0, \quad c_3 = -\frac{1}{8}\bar{q}h^3, \quad c_4 = \frac{1}{6}\bar{q}h^4$$

たわみ：

$$y_1(x_1) = -\frac{\bar{q}h}{12EI}{x_1}^2(x_1 - 3\,h) \tag{5.15}$$

$$y_2(x_2) = \frac{\bar{q}}{EI}\left(\frac{{x_2}^4}{24} - \frac{{x_2}^3h}{12} - \frac{x_2h^3}{8} + \frac{h^4}{6}\right) \tag{5.16}$$

5.2.2　演 習 問 題

【問 5-1】　問図 **5.1** および問図 **5.2** に示す片持ちばりと単純ばりにおける，たわみの微分方程式の境界条件を考える。空欄 ① ～ ⑮ を埋めよ。

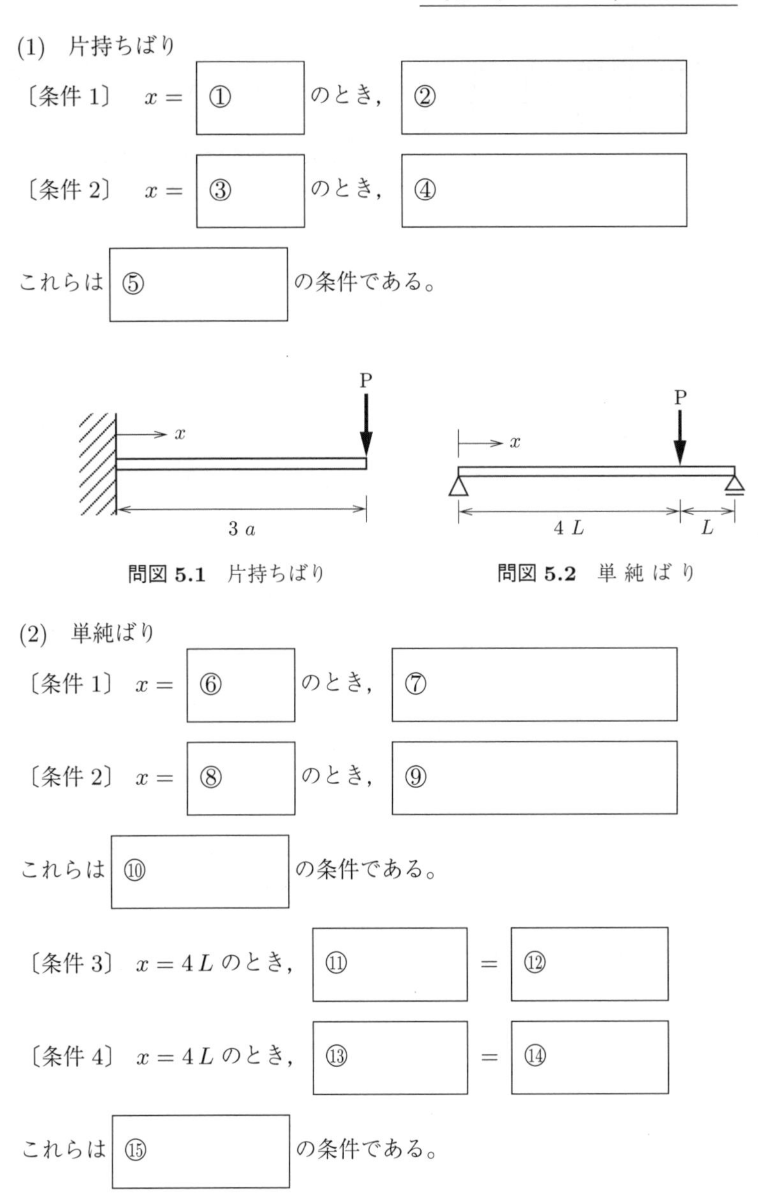

(1) 片持ちばり

〔条件 1〕 $x =$ ① のとき，②

〔条件 2〕 $x =$ ③ のとき，④

これらは ⑤ の条件である。

問図 5.1 片持ちばり

問図 5.2 単純ばり

(2) 単純ばり

〔条件 1〕 $x =$ ⑥ のとき，⑦

〔条件 2〕 $x =$ ⑧ のとき，⑨

これらは ⑩ の条件である。

〔条件 3〕 $x = 4L$ のとき，⑪ ＝ ⑫

〔条件 4〕 $x = 4L$ のとき，⑬ ＝ ⑭

これらは ⑮ の条件である。

【問 5-2】 **問図 5.3** に示す長さ L の単純ばり AB に荷重強度 q の等分布荷重が作用している。このはりのたわみおよびたわみ角の分布を求め，図示せよ。なお，はりの曲げ剛性 EI は一定である。

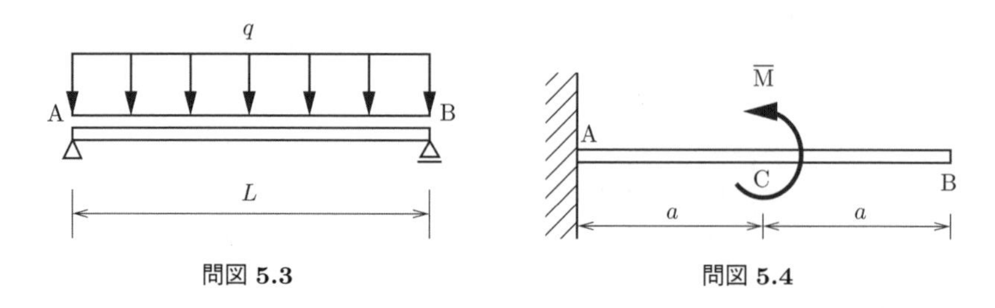

問図 5.3　　問図 5.4

【問 5-3】 問図 5.4 に示すように，片持ちばり AB の中点 C に集中モーメントが作用している。このはりのたわみおよびたわみ角の分布を求め，図示せよ。なお，はりの曲げ剛性 EI は一定である。

【問 5-4】 問図 5.5 に示すように，張り出しばり ABC の自由端 C に鉛直下向きの集中荷重が作用している。このはりのたわみおよびたわみ角の分布を求め，図示せよ。なお，はりの曲げ剛性 EI は一定である。

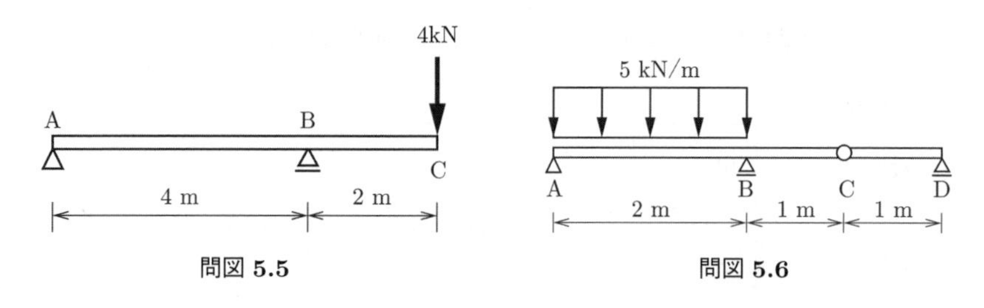

問図 5.5　　問図 5.6

【問 5-5】 問図 5.6 に示すように，ゲルバーばり ABCD の AB 間に，荷重強度 5 kN/m の等分布荷重が作用している。はりの曲げ剛性 EI は一定である。このはりのたわみおよびたわみ角の分布を求め，図示せよ。

【問 5-6】 問図 5.7 に示す単純ばり AB は，AC 間に曲げ剛性 $2EI$ の材料が用いられ，BC 間に曲げ剛性 EI の材料が用いられている。このはりの点 C に大きさ P の鉛直下向きの集中荷重が作用した際に生じるたわみおよびたわみ角の分布を求め，図示せよ。

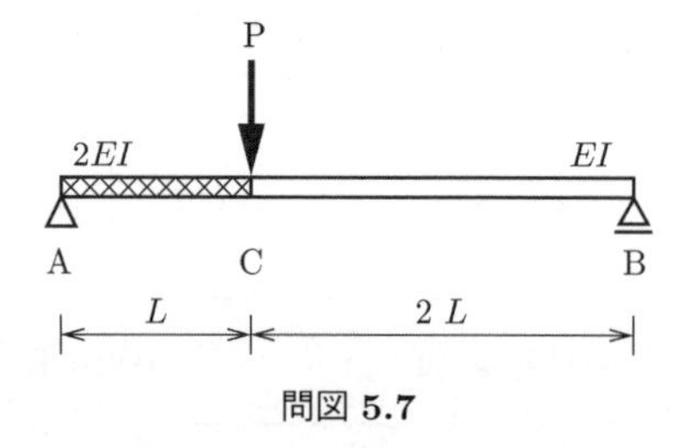

問図 5.7

【5章の演習問題解答例】

［**解 5-1**］ ① 0, ② $y=0$（たわみが0）, ③ 0, ④ $y'=0$（たわみ角が0）, ⑤ 支点, ⑥ 0, ⑦ $y=0$（たわみが0）, ⑧ $5L$, ⑨ $y=0$（たわみが0）, ⑩ 支点, ⑪ y_1, ⑫ y_2, ⑬ $y_1{}'$, ⑭ $y_2{}'$, ⑮ 連続

［**解 5-2**］

(1) 支点反力および断面力

支点反力の値，せん断力および曲げモーメントの分布は以下のように求められる。

$$\mathrm{R_A}=\mathrm{R_B}=\frac{1}{2}qL,\quad \mathrm{Q}=-qx+\frac{1}{2}qL,\quad \mathrm{M}=-\frac{1}{2}qx^2+\frac{1}{2}qLx$$

(2) たわみの微分方程式

たわみ y と曲げモーメント M の関係より

$$EI\frac{\mathrm{d}^2y}{\mathrm{d}x^2}=-\mathrm{M}(x)=\frac{q}{2}\left(x^2-Lx\right)$$

これを2回積分すると次式のようになる。

$$EI\frac{\mathrm{d}y}{\mathrm{d}x}=\frac{q}{2}\left(\frac{1}{3}x^3-\frac{1}{2}Lx^2\right)+c_1$$

$$EIy=\frac{q}{2}\left(\frac{1}{12}x^4-\frac{1}{6}Lx^3\right)+c_1x+c_2$$

ここで，c_1，c_2 は積分定数である。

(3) 境界条件

境界条件を与えて，積分定数の値を求める。問題のはりは単純ばりであるので，$x=0$ および $x=L$ のとき，たわみ $y=0$ である。これを代入すると

$$c_1=\frac{qL^3}{24},\quad c_2=0$$

となる。

(4) たわみおよびたわみ角の分布図

以上より得られたせん断力，曲げモーメント，たわみ，およびたわみ角の分布を図示すると**解図 5.1** となる。

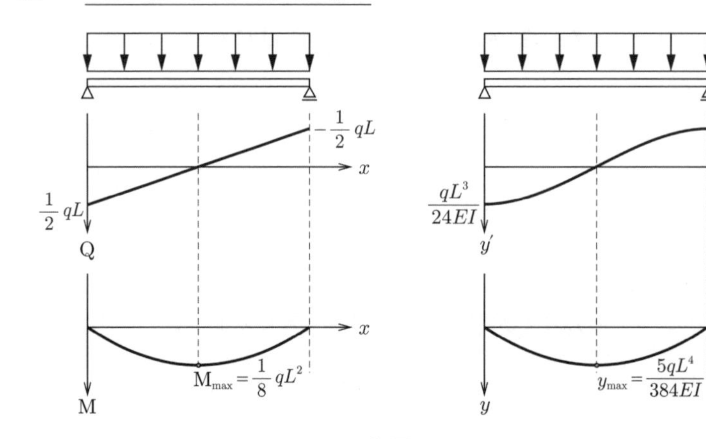

解図 **5.1**

［**解 5-3**］　解図 **5.2** となる。

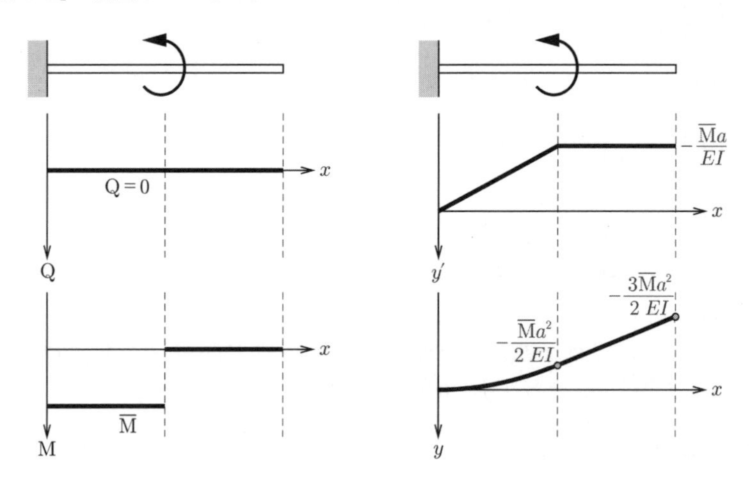

解図 **5.2**

［解 5-4］ 解図 **5.3** となる。

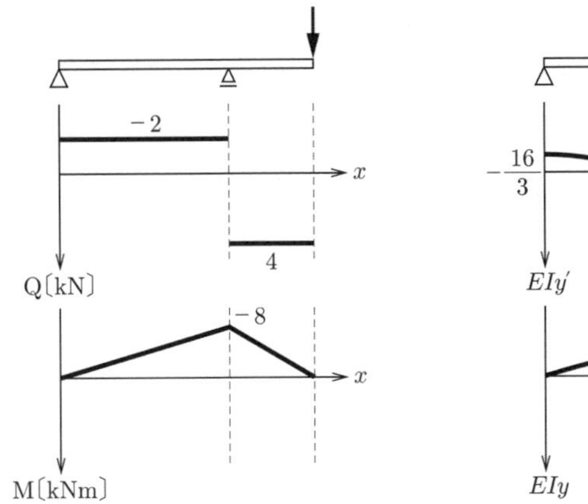

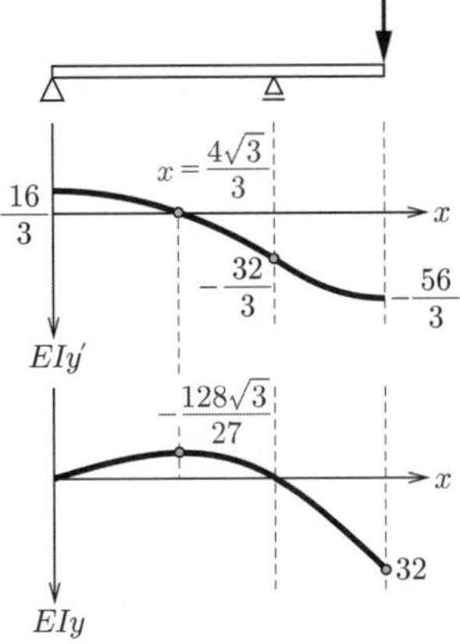

解図 **5.3**

［解 5-5］ 解図 **5.4** となる。

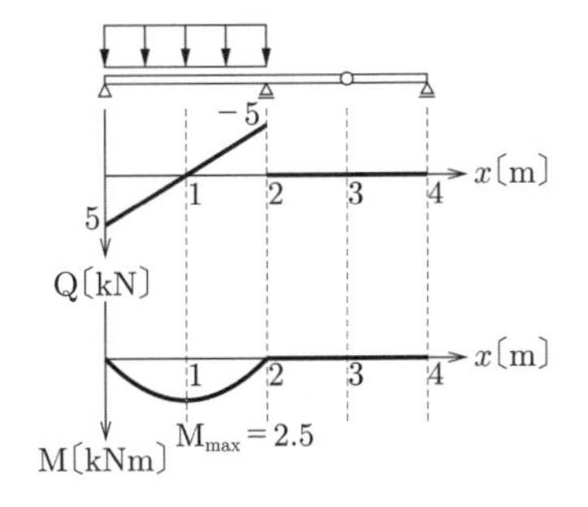

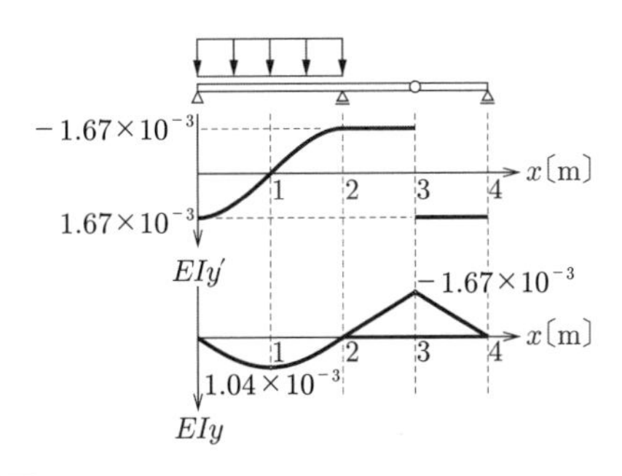

解図 **5.4**

［**解 5-6**］　解図 **5.5** となる。

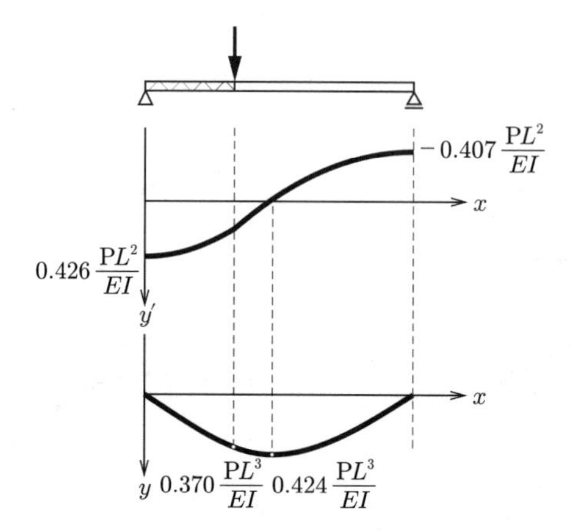

解図 **5.5**

6 影響線とその応用

6.1 影　響　線

6.1.1 単純ばりの影響線

影響線：単位荷重が移動したときの支点反力や断面力の変化を表す関数とそのグラフ

影響線の求め方：単位荷重 P ＝ 1 の載荷位置を変数 x $(0 \leqq x \leqq L)$ で表し，力のつり合い条件を立てる（図 **6.1**）。

支点反力の影響線：図 6.1(a) における荷重と支点反力のつり合い条件は次式となる。

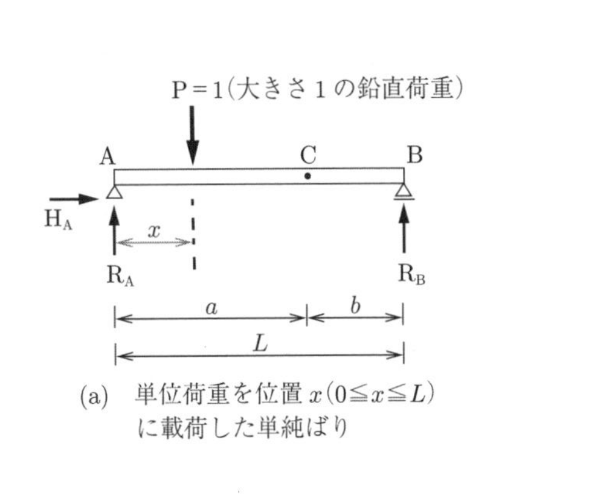

(a) 単位荷重を位置 x $(0 \leqq x \leqq L)$ に載荷した単純ばり

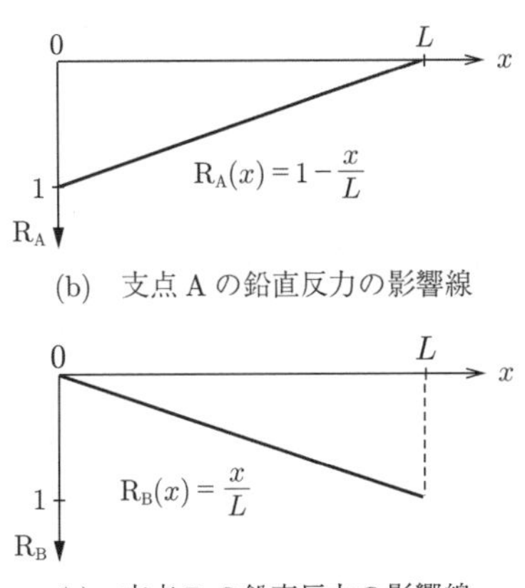

(b) 支点 A の鉛直反力の影響線

(c) 支点 B の鉛直反力の影響線

図 6.1　単純ばりの支点反力の影響線

［水平方向の力のつり合い］　$\mathrm{H_A} = 0$

［鉛直方向の力のつり合い］　$\mathrm{R_A} + \mathrm{R_B} - \mathrm{P} = 0$

［モーメントのつり合い（支点 A まわり）］　$\mathrm{P} \times x - \mathrm{R_B} \times L = 0$

$$\mathrm{P}{=}1\text{を代入：}\mathrm{R_A} = 1 - \frac{x}{L} = \mathrm{R_A}(x), \quad \mathrm{R_B} = \frac{x}{L} = \mathrm{R_B}(x) \qquad (6.1)$$

（注）$\mathrm{R_A}(x)$：支点反力 $\mathrm{R_A}$ の影響線，$\mathrm{R_B}(x)$：$\mathrm{R_B}$ の影響線（図 6.1(b), (c)）。

断面力の影響線 ： 図 **6.2** のように断面 $\mathrm{C}(x = a)$ で切断してつり合い条件を立てる。

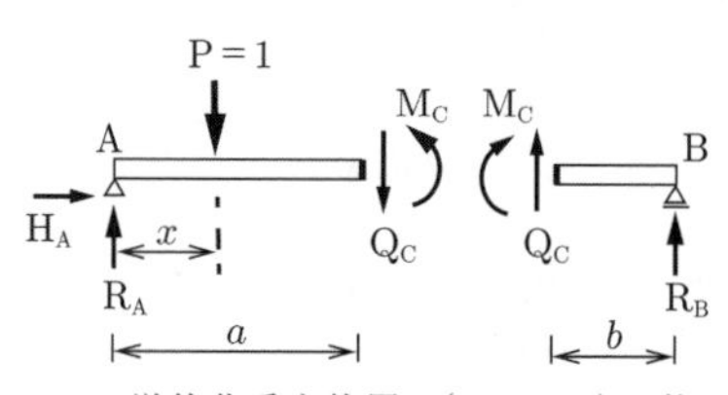

(a)　単位荷重を位置 $x\,(0 \leqq x \leqq a)$ に載荷した単純ばりの点 C での切断

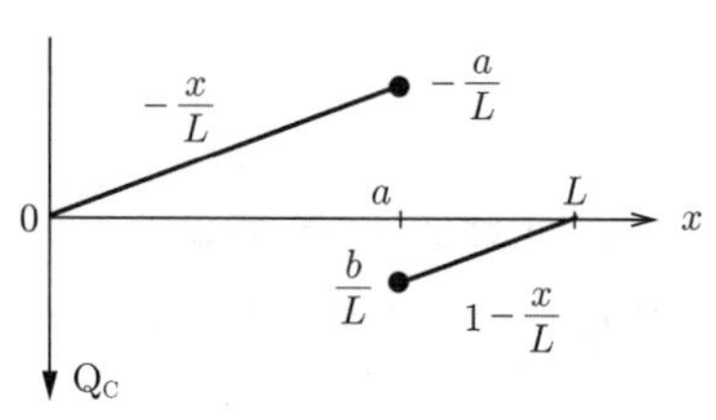

(c)　点 C のせん断力の影響線

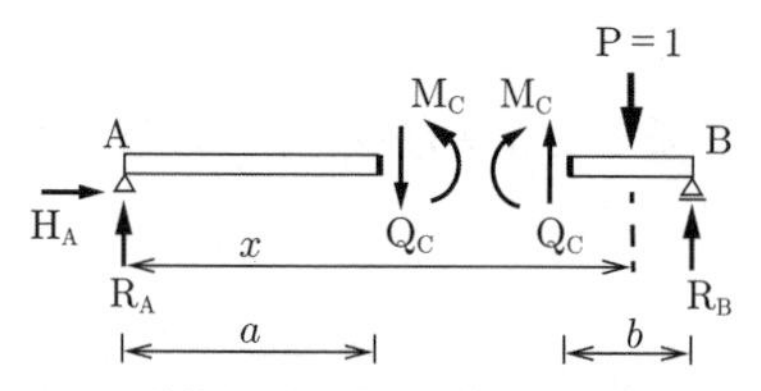

(b)　単位荷重を位置 $x\,(a \leqq x \leqq L)$ に載荷した単純ばりの点 C での切断

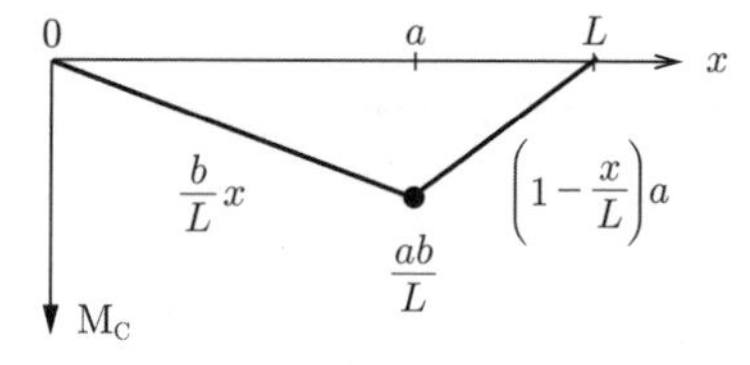

(d)　点 C の曲げモーメントの影響線

図 6.2　単純ばりの点 C における断面力の影響線

単位荷重位置が切断点 C の左にある場合 $(0 \leqq x \leqq a)$（図 6.2(a)）と右にある場合 $(a \leqq x \leqq L)$（図 6.2(b)）とでつり合い条件式が異なる。

$$(0 \leqq x \leqq a) \quad \mathrm{Q_C}(x) = -\frac{x}{L}, \quad \mathrm{M_C}(x) = \left(1 - \frac{a}{L}\right)x = \frac{b}{L}x$$

$$(a \leqq x \leqq L) \quad \mathrm{Q_C}(x) = 1 - \frac{x}{L}, \quad \mathrm{M_C}(x) = \left(1 - \frac{x}{L}\right)a$$

（注 1）せん断力の影響線は対象断面位置 $(x = a)$ で不連続（図 6.2(c)）

（注 2）単位荷重が対象断面位置 $(x = a)$ にあるとき，この断面に生じる曲げモーメントが最大（図 6.2(d)）

6.1.2 片持ちばりの影響線

支点反力の影響線：単位荷重 P = 1 の載荷位置を変数 x $(0 \leqq x \leqq L)$ で表し，力のつり合い条件を立てる（図 **6.3**(a)〜(c)）。

断面力の影響線：指定した位置で切断する。単位荷重が切断位置の左側にある場合と右側にある場合とで場合分けをする（図 6.3(d)〜(f)）。

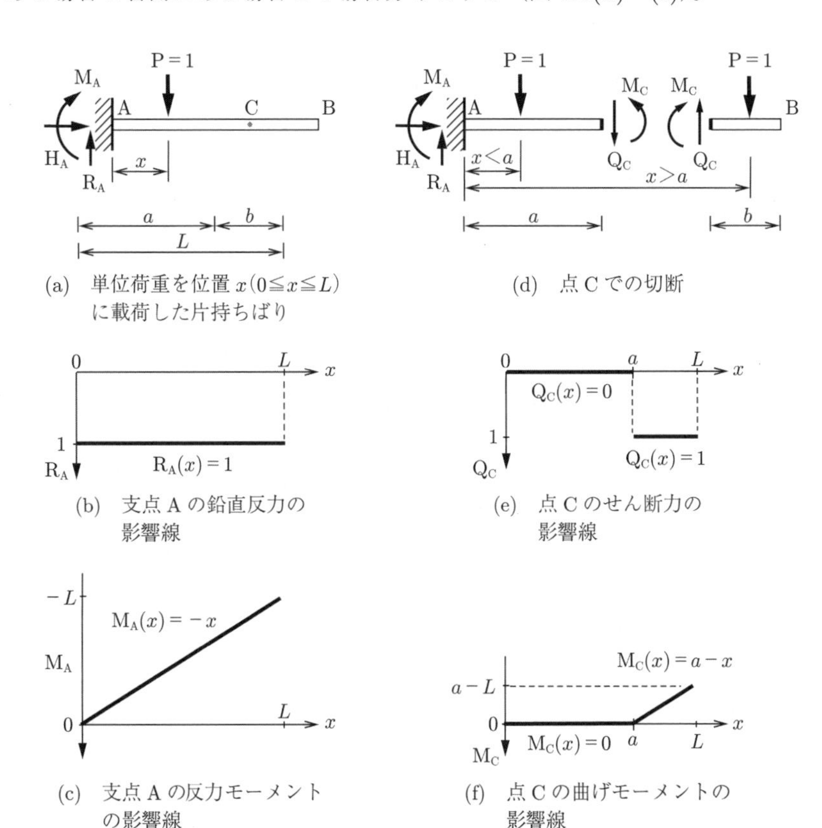

図 6.3　片持ちばりの影響線

6.2　最大曲げモーメント

6.2.1　移動荷重が 1 つの場合

最大曲げモーメント：移動荷重によって，ある断面に生じる曲げモーメントの最大値

単独の荷重 P が移動する場合（図 **6.4**(a)），図 6.2(d) と対比すれば明らかなように，断面 C に生じる曲げモーメントの変化は，曲げモーメントの影響線に荷重の大きさ P を乗ずればよい（影響線が単位荷重による変化なので）。

最大曲げモーメントは荷重 P が断面 C に位置するときに生じ，その値は $\mathrm{P} \times (ab)/L$ である（図 6.4(b)）。

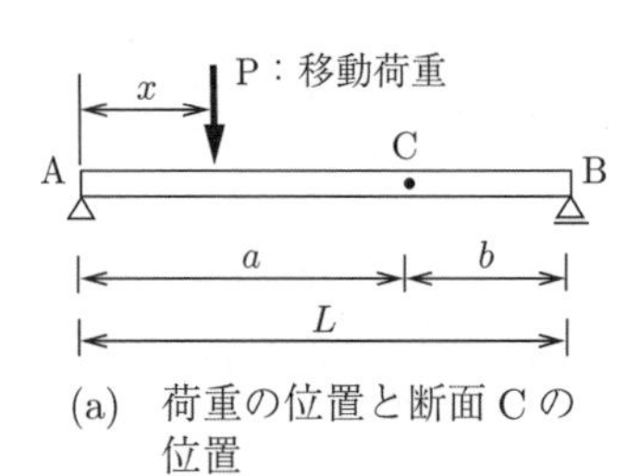

(a)　荷重の位置と断面 C の位置

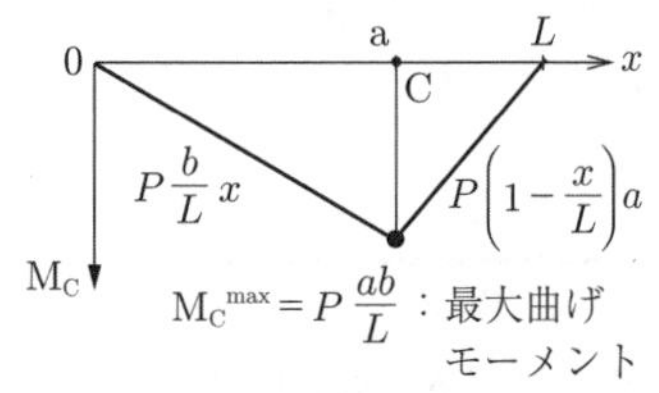

(b)　断面 C に生じる曲げモーメントの変化と最大曲げモーメント $\mathrm{M_C}^{\max}$

図 6.4　移動荷重 P による単純ばりの断面 C の最大曲げモーメント

6.2.2　連行荷重の場合

連行荷重：複数の荷重が所定の間隔を保って移動する荷重。橋を通過する鉄道車両や自動車の車輪による荷重（輪重）を想定している。

連行荷重による最大曲げモーメント：連行荷重の各荷重が，順次，指定された断面に位置したときに生じる曲げモーメントのうち，最大のものが最大曲げモーメントである。その根拠を巻末の付録 A に示す。

【例　題】 2つの荷重からなる連行荷重が移動する単純ばりの，断面Cにおける最大曲げモーメントを求める。

先頭の荷重 $\mathbf{P_1}$ が断面 C 上に位置するとき：図 6.5(a)

2つの荷重の位置における断面Cの曲げモーメントの影響線の値 $m_{C1} = 2.4$，$m_{C2} = 1.6$ より，断面Cの曲げモーメントは，つぎのようになる。

$$\mathrm{M_{C1}} = \mathrm{P_1} m_{C1} + \mathrm{P_2} m_{C2} = 5 \times 2.4 + 10 \times 1.6 = 28\,\mathrm{kNm}$$

2番目の荷重 $\mathbf{P_2}$ が断面 C 上に位置するとき： 図 6.5(b)

2つの荷重の位置における断面Cの曲げモーメントの影響線の値 $m_{C1} = 1.2$，$m_{C2} = 2.4$ より，断面Cの曲げモーメントは，つぎのようになる。

$$\mathrm{M_{C2}} = \mathrm{P_1} m_{C1} + \mathrm{P_2} m_{C2} = 5 \times 1.2 + 10 \times 2.4 = 30\,\mathrm{kNm}$$

$\mathrm{M_{C2}} > \mathrm{M_{C1}}$ より，$\mathrm{P_2}$ が断面C上に位置するとき，最大曲げモーメント 30 kNm を生じる。

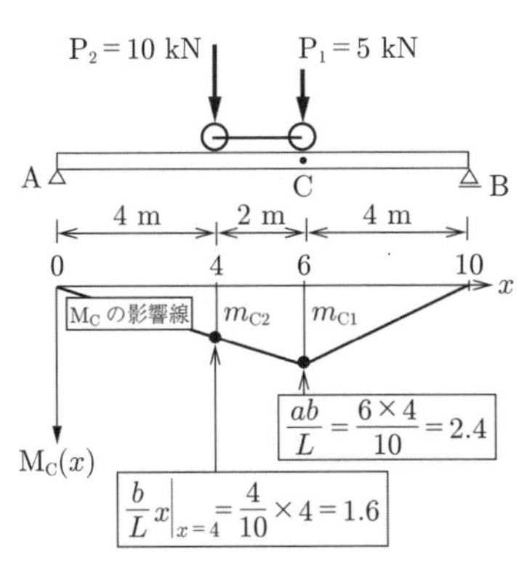

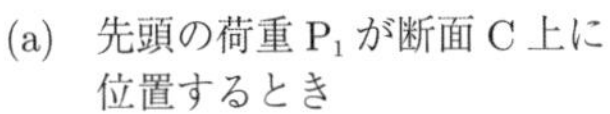

(a) 先頭の荷重 P_1 が断面C上に位置するとき

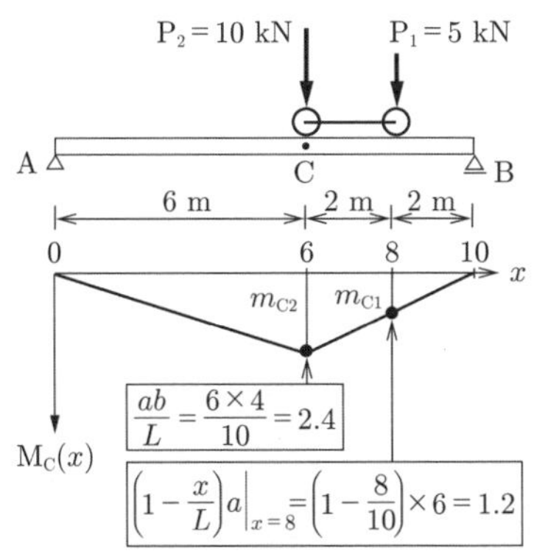

(b) 2番目の荷重 P_2 が断面C上に位置するとき

図 6.5 連行荷重による単純ばりの断面Cにおける最大曲げモーメントの求め方

6.2.3 演 習 問 題

【問 6-1】 問図 **6.1** に示す単純ばり AB の支点反力 $\mathrm{R_A}$，$\mathrm{R_B}$ の影響線を，以下の

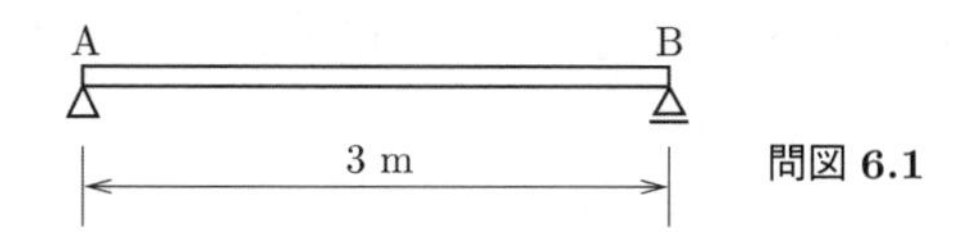

問図 **6.1**

手順 (1)〜(4) に従って求め，空欄 ① 〜 ⑦ を埋めよ。

(1) ［①　　］の集中荷重（大きさ［②　　］の集中荷重）を載荷する。

(2) 荷重作用位置は変数［③　　］で表す。

(3) 力のつり合い条件から，支点反力 R_A，R_B を荷重作用位置の関数として求める。鉛直方向および支点 A を中心としたモーメントのつり合い条件式は，空欄 ④，⑤ のように表される。

鉛直方向：［④　　］

モーメント：［⑤　　］

これらを解くと，支点反力 R_A，R_B が荷重作用位置の関数として空欄 ⑥ のように求まる。

［⑥　　］

(4) 上記 (3) の結果より，単純ばりの支点反力の影響線を図示する（**問図 6.2**）。

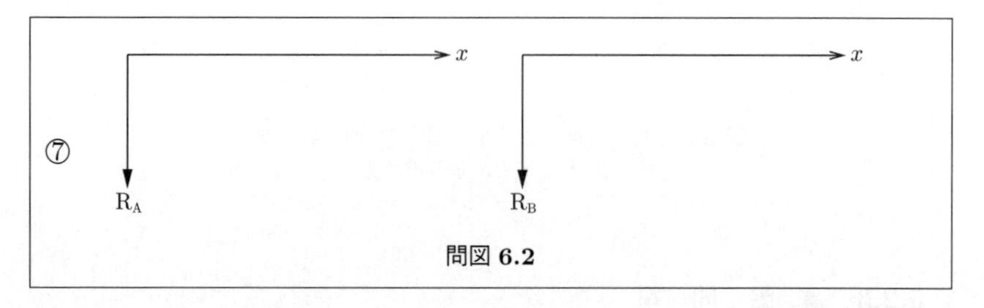

問図 **6.2**

【問 6-2】 **問図 6.3** に示す単純ばり AB の点 C の断面のせん断力 Q_C，および曲げモーメント M_C の影響線を求めよ。

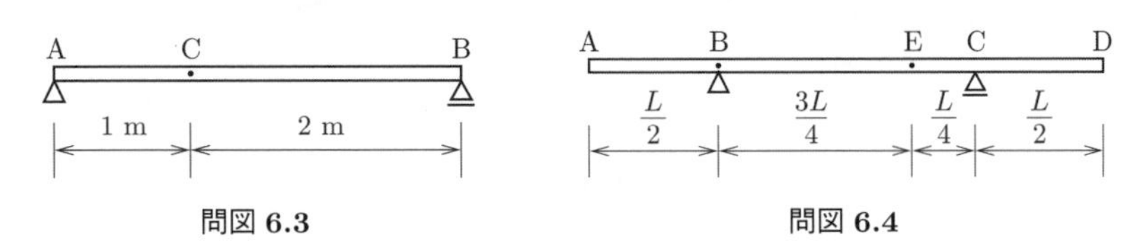

問図 6.3　　問図 6.4

【問 6-3】 **問図 6.4** に示す両端張り出しばり AD の以下の諸量の影響線を求め，図示せよ。

- 支点 B および C の鉛直反力：R_B，R_C
- 断面 E のせん断力および曲げモーメント：Q_E，M_E

【問 6-4】 **問図 6.5** に示すゲルバーばり ABC の以下の諸量の影響線を求め，図示せよ。

- 支点 A の鉛直反力および反力モーメント：R_A，M_A
- 支点 C の鉛直反力：R_C
- 断面 D のせん断力および曲げモーメント：Q_D M_D

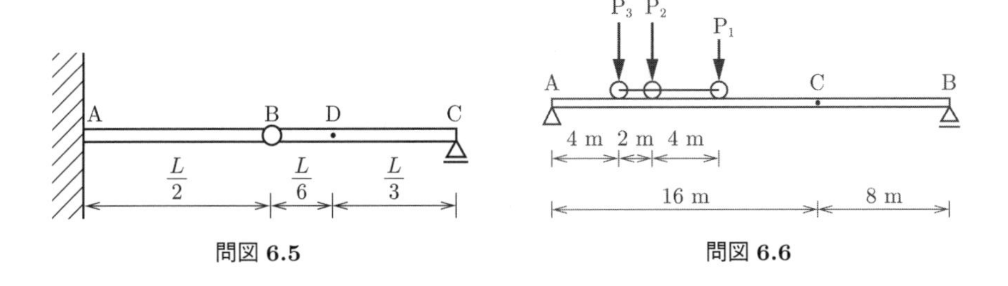

問図 6.5　　問図 6.6

【問 6-5】 **問図 6.6** のように単純ばり AB に，3 つの集中荷重からなる連行荷重が作用している。3 つの荷重の値はそれぞれ，$P_1 = 30\,\mathrm{kN}$，$P_2 = 60\,\mathrm{kN}$，$P_3 = 60\,\mathrm{kN}$ である。この連行荷重がはりの上を移動するとき，断面 C の最大曲げモーメント，および最大曲げモーメントが生じるときの連行荷重の位置を求めよ。

【6 章の演習問題解答例】

[**解 6-1**]　① 単位，② 1，③ x，④ $R_A + R_B - 1 = 0$，⑤ $3R_B - x = 0$，⑥ $R_A = 1 - \dfrac{1}{3}x$，$R_B = \dfrac{1}{3}x$，⑦ **解図 6.1** となる。

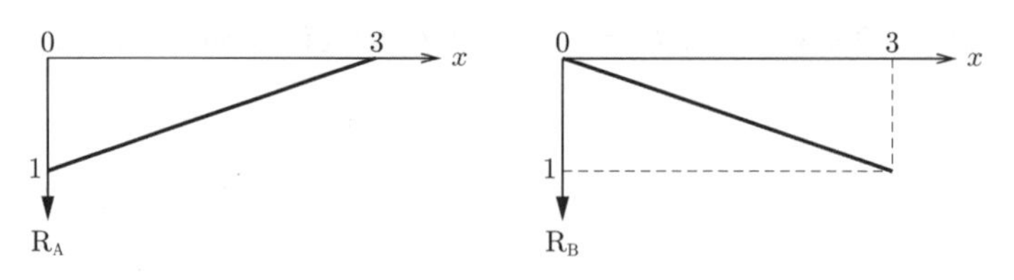

解図 6.1

［**解 6-2**］（注） 支点反力の影響線は前問 6-1 で求めているので，その導出過程を省略する。

点 C ではりを切断する。支点反力の影響線を求める際と同様に，単位の荷重をはりの左端（点 A）から x の位置に載荷する。ただし，荷重が点 C よりも左の区間に位置する場合と，右の区間に位置する場合で，せん断力および曲げモーメントのつり合い状態が変わるので，荷重作用位置に応じて場合分けして求める必要がある。

はじめに**解図 6.2** のように，単位の荷重が点 C よりも左の区間に位置する場合を考える。切断面の左側に着目し（右側に着目してもよい），力のつり合い条件式からせん断力および曲げモーメントを求める。

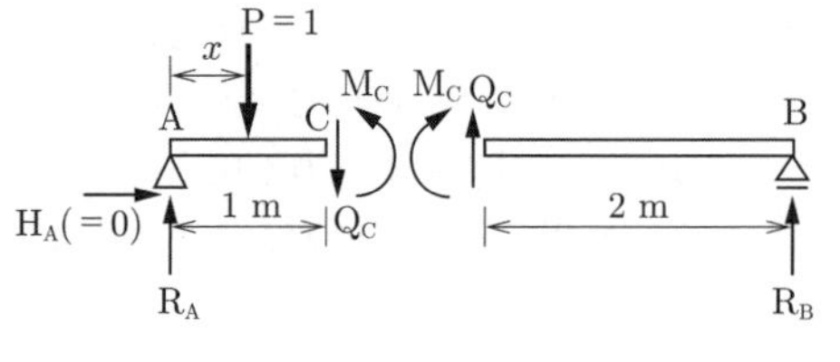

解図 6.2

鉛直方向：$Q_C - R_A + 1 = 0$

切断面まわりのモーメント：$M_C - R_A \times 1 + 1 \times (1 - x) = 0$

R_A に前問 6-1 の結果を代入すると，せん断力および曲げモーメントが以下のように求まる。

$$Q_C = -\frac{1}{3}x, \quad M_C = \frac{2}{3}x \quad (0 \leqq x < 1)$$

つぎに，**解図 6.3** のように，単位の荷重が点 C よりも右の区間に位置する場合を考える。切断面の左側に着目し（右側に着目してもよい），力のつり合い式からせん断力および曲げモーメントを求める。

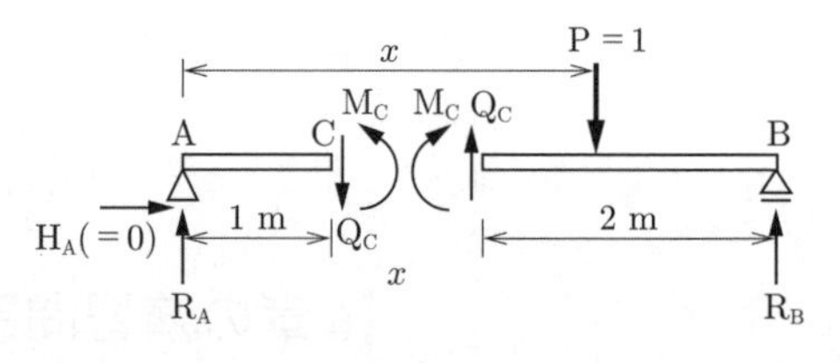

解図 6.3

鉛直方向：$Q_C - R_A = 0$

切断面まわりのモーメント：$M_C - R_A \times 1 = 0$

R_A に【問 6-1】の結果を代入すると，せん断力および曲げモーメントが以下のように求まる。

$$Q_C = 1 - \frac{1}{3}x, \quad M_C = 1 - \frac{1}{3}x \quad (1 \leqq x < 3)$$

以上より，せん断力 Q_C，および曲げモーメント M_C の影響線は**解図 6.4** のように図示される。

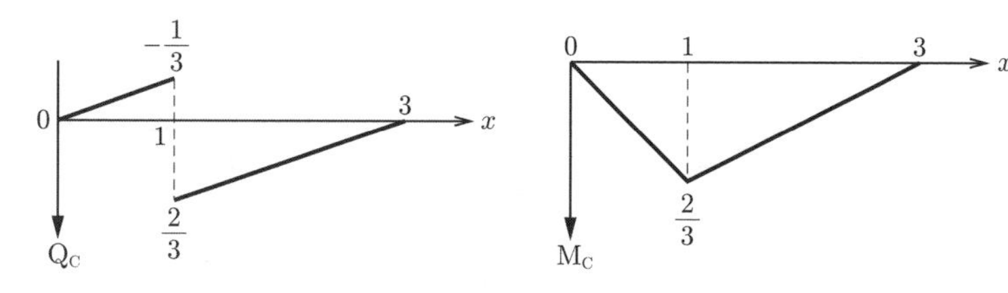

解図 6.4

［解 **6-3**］　解図 **6.5** となる。

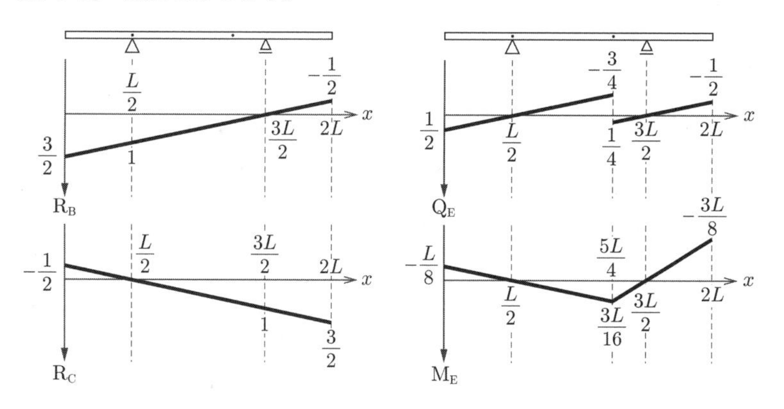

解図 6.5

［**解 6-4**］ 解図 **6.6** となる。

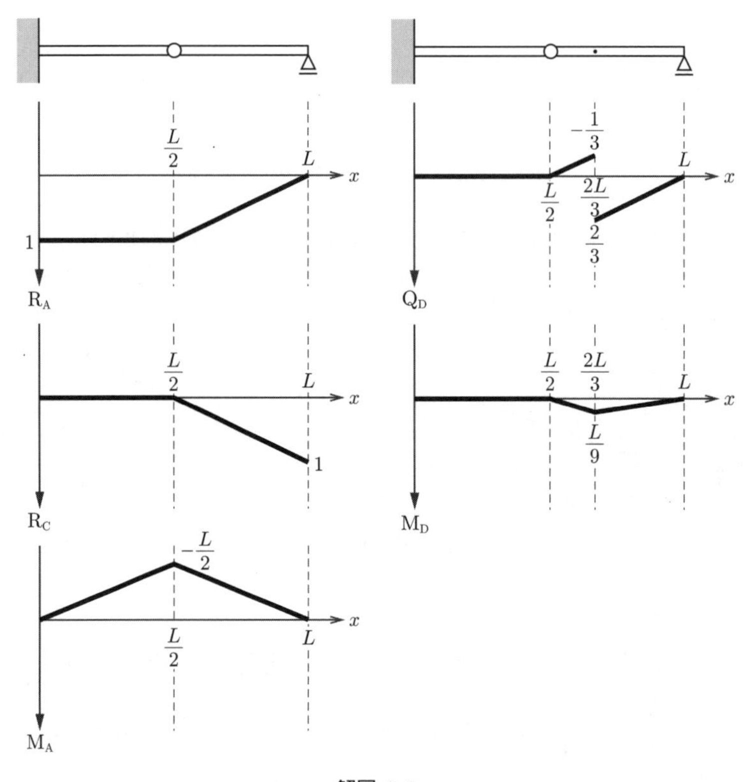

解図 **6.6**

［**解 6-5**］ 680 kNm（P_2 が点 C 上に位置するとき）

7 トラス，ラーメン，およびアーチ

7.1 ト　ラ　ス

7.1.1 トラス構造の特徴

直線部材を三角形に組み上げて立体的な構造を形作ることを基本とする。

- 部材の連結方法：ヒンジ節点
- 部材に生じる力：軸力
- 荷重の種類：節点に集中荷重。部材に作用する荷重を想定しない。

7.1.2 静定トラスの部材の軸力の求め方：節点法

すべての部材の軸力を求めるときに用いる基本的な方法。

節点法の手順：

1. トラス全体のつり合い条件（[水平]，[鉛直]，[モーメント]）⇒ 支点反力（図 **7.1**(a)）
2. 各節点でのつり合い条件（[水平]，[鉛直]）⇒ 部材の軸力（図 7.1(c)）

（注） 各部材のつり合い条件は満足している。⇐ 部材に軸力だけが生じ，部材に作用する軸力以外の力がないため（図 7.1(b)）。

節点法の要点：

- 部材に作用する軸力は，すべて節点から外向きに定義する（図 7.1(c)）。⇐ 軸力は引っ張り力を正と定義する。節点には軸力の反作用の引っ張り力が作用する（図 7.1(b)）。

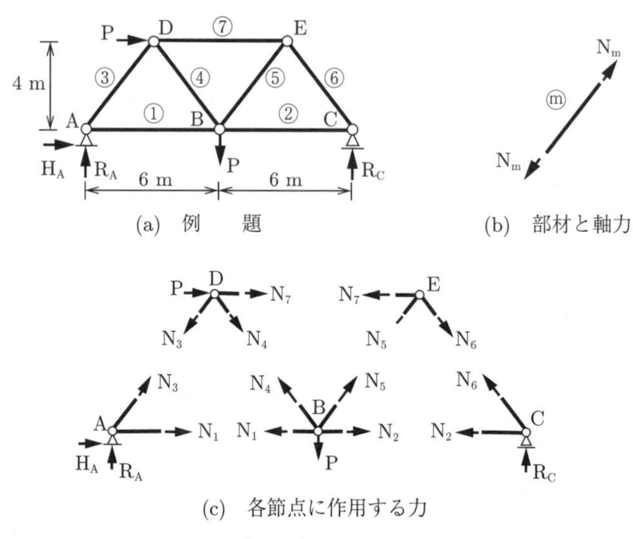

(a)　例　題　　　(b)　部材と軸力

(c)　各節点に作用する力

図 7.1　節　点　法

- 節点のつり合い条件は「水平方向のつり合い条件」と「鉛直方向のつり合い条件」の 2 つだけを立てればよい。⇐ すべての力（軸力，荷重，支点反力）の作用線が支点を通り，モーメントのつり合い条件が自動的に満足されているため。

【例　題】　図 7.1(a) のような静定トラスの軸力を求める。

トラス全体のつり合い条件：

［水　平］　$H_A + P = 0$

［鉛　直］　$R_A + R_C - P = 0$

［モーメント（点 A）］　$R_C \times 12 - P \times 6 - P \times 4 = 0$

⇒［支点反力］　$H_A = -P, \quad R_A = \dfrac{1}{6}P, \quad R_C = \dfrac{5}{6}P$

節点のつり合い条件：表 7.1 に節点 A → D → E → C → B の順に水平と鉛直のつり合い条件を立てて軸力を求める場合を示す。

表 **7.1** 図 7.1 の問題の節点法による解き方

節点	つり合い条件	軸　力
A	[水平]　$H_A + N_1 + \frac{3}{5}N_3 = 0$	$N_3 = -\frac{5}{24}P$
	[鉛直]　$R_A + \frac{4}{5}N_3 = 0$	$N_1 = -\frac{9}{8}P$
D	[水平]　$P + N_7 + \frac{3}{5}N_4 - \frac{3}{5}N_3 = 0$	$N_4 = \frac{5}{24}P$
	[鉛直]　$\frac{4}{5}N_3 + \frac{4}{5}N_4 = 0$	$N_7 = -\frac{5}{4}P$
E	[水平]　$N_7 + \frac{3}{5}N_5 - \frac{3}{5}N_6 = 0$	$N_6 = -\frac{25}{24}P$
	[鉛直]　$\frac{4}{5}N_5 + \frac{4}{5}N_6 = 0$	$N_5 = \frac{25}{24}P$
C	[水平]　$N_2 + \frac{3}{5}N_6 = 0$	$N_2 = \frac{5}{8}P$
	[鉛直]　$\frac{4}{5}N_6 + R_C = 0$	検算
B	[水平]　$N_1 + \frac{3}{5}N_4 - \frac{3}{5}N_5 - N_2 = 0$	検算
	[鉛直]　$\frac{4}{5}N_4 + \frac{4}{5}N_5 - P = 0$	検算

(注 1)　未知の力が 2 つの節点を選んで解いていく。そうすれば節点ごとに軸力の値を求めることができる。

(注 2)　節点でのつり合い条件式が 3 つ余る意味：

　節点でのつり合い条件の数 10：[水平]，[鉛直] × 5 節点

　求める力の数 10：3 つの支点反力 + 7 つの軸力

節点でのつり合い条件ですべての力が求まるが，全体のつり合い条件 3 つを先に用いたため，節点のつり合い条件が 3 つ余った。余った 3 つのつり合い条件は検算に利用する。

7.1.3　静定トラスの部材の軸力の求め方：断面法

指定する特定の部材の軸力を求めるときに用いる方法。

断面法の手順：部材 7 の軸力 N_7 を求める場合

1. トラス全体のつり合い条件（[水平]，[鉛直]，[モーメント]）⇒ 支点反力（図 7.1(a)）
2. 部材 7 を含む断面でトラスを切断する。切断された部材の軸力を引っ張り力を正として与える（**図 7.2**）。

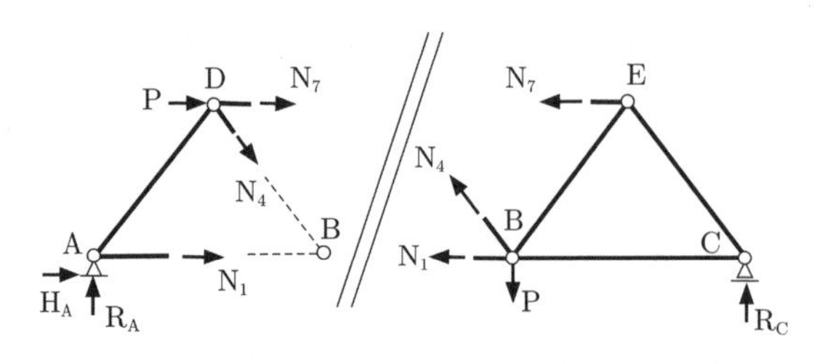

図 **7.2**　断面法：部材 7 の軸力 N_7 を求めるための切断

3.　切り離された部分に関する点 B まわりのモーメントのつり合い条件

$$N_7 \times 4 + P \times 4 + R_A \times 6 = 0 \Rightarrow \text{部材 7 の軸力 } N_7 = -\frac{5}{4}P$$

7.1.4　トラスの静定・不静定の判別

求める力の数 $m+r$（m：部材の数（=軸力の数），　r：支点反力の数）と力のつり合い条件の数 $2j$（j：節点の数）の大小関係で判別する。

トラスの静定・不静定の判別式 ： 表 7.2

（注）　静定・不静定の判別には荷重条件はかかわらない。

表 **7.2**　トラスの判別式

不　安　定	$m+r<2j$	つり合い条件を満足させるだけの数の力がない
安定で静定	$m+r=2j$	つり合い条件の数と力の数が同じ
安定で不静定	$m+r>2j$	つり合い条件の数より力の数が多い

不静定次数 ： $m+r-2j$　（不足している条件の数）

（注）　不静定トラスの軸力や支点反力を求めるためには力のつり合い条件以外の条件（変位・変形の条件）が必要になる（9 章参照）。

7.1.5　演　習　問　題

【問 7-1】　問図 7.1 に示すトラスの軸力を節点法によって求めたい。以下の手順 (1)〜(3) に従って，空欄 ① 〜 ⑨ を埋めよ。

(1)　支点反力

支点 A，B には**問図 7.2** のように反力が生じる。トラス全体の力のつり合い条件式からこれらを求める。空欄 ①，② に，水平方向，鉛直方向の力のつり合い条件式，お

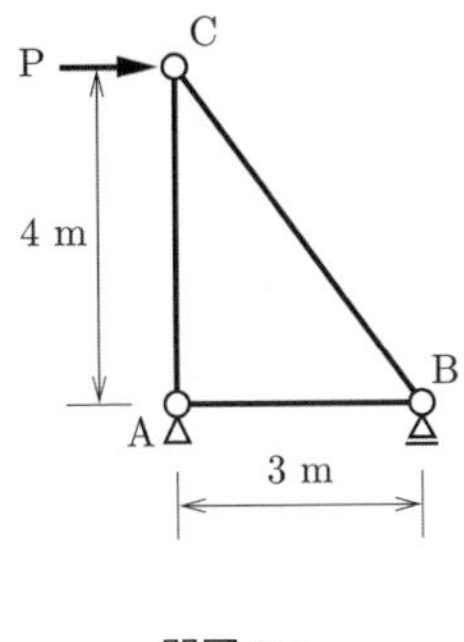

問図 7.1

問図 7.2

よび支点 A を中心としたモーメントのつり合い条件式，および力のつり合い条件式を解いて求めた支点反力の値を記入せよ。

力のつり合い条件式：	①
支点反力：	②

(2)　節点法による軸力の算出

節点法は節点ごとにつり合い条件式を立てて，軸力を求める方法である。まずはじめに，節点 A に着目し，**問図 7.3** のように節点 A まわりでトラスを切断し，切断された節点まわりの力のつり合い条件式を立てる。

空欄③，④に，節点 A に対する水平方向，鉛直方向の力のつり合い条件式，およびそれらを解いて得られる軸力 N_{AB}, N_{AC} の値を記入せよ。なお，すべての力の作用線が節点 A を通るので，節点法では着目する節点に対するモーメントのつり合い条件式を立てる必要がない。

力のつり合い条件式：	③
軸　力：	④

つぎに，節点 B に着目し，**問図 7.4** のように節点 B まわりでトラスを切断する。節点 B に対する鉛直方向の力のつり合い条件式を解けば，部材 BC の軸力が得られる。

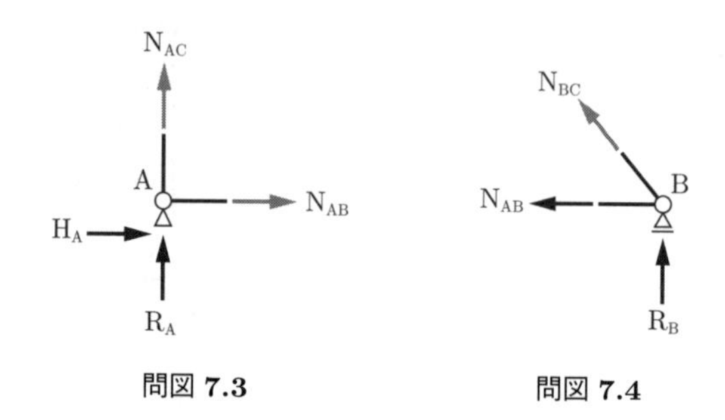

問図 7.3　　**問図 7.4**

空欄⑤，⑥に，鉛直方向の力のつり合い条件式と，それを解いて得られる軸力 N_{BC} の値を記入せよ。

力のつり合い条件式：	⑤
軸　力：	⑥

以上ですべての部材の軸力が求まった。

(3)　検　算

節点法の考えによれば，節点 B の水平方向の力のつり合い条件式，および節点 C の水平方向，鉛直方向の力のつり合い条件式も立てることができる。これらは，軸力を導出する過程で直接用いることはなかったが，計算ミスの有無を確認するための検算に用いることができる。以下にその手順を記す。

節点 B の水平方向の力のつり合い条件式を空欄⑦に記入せよ。

力のつり合い条件式：	⑦

このつり合い条件式に，(2) で求めた軸力 N_{AB}，N_{BC} を代入し，その結果を求めよ（空欄⑧に記入せよ）。結果が 0 になれば，つり合い条件を満たす解が得られたことになるが，0 にならない場合は，計算ミスをしている。

検算（代入）：	⑧

同様に，節点 C のつり合い条件式を用いて検算を行う。**問図 7.5** のように節点 C まわりでトラスを切断し，切断された節点に対する力のつり合い条件式を，空欄 ⑨ に記入せよ。さらに，(1)，(2) で得られた値を代入し，つり合い条件を満たすことを確認せよ。

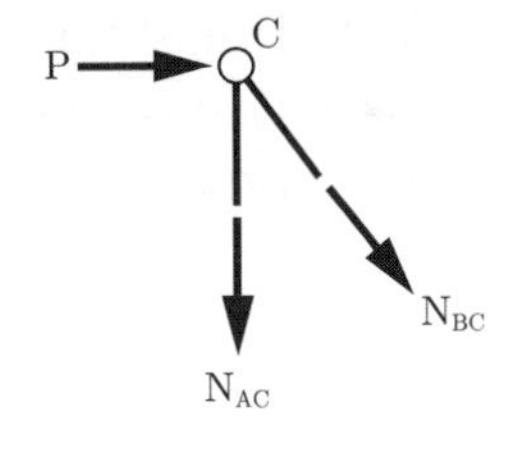

問図 7.5

検算（代入）：　⑨

【問 7-2】　**問図 7.6** に示すトラスの部材 AB，BC，CD の軸力を，断面法によって求めよ。

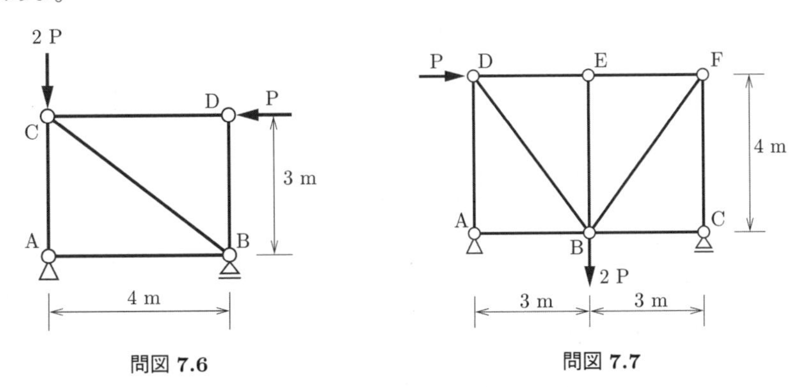

問図 7.6　　**問図 7.7**

【問 7-3】　**問図 7.7** に示すトラスについて以下の問いに答えよ。

(1)　節点法ですべての部材の軸力を求めよ。

(2)　断面法で部材 DE，BD，AB の軸力を求め，(1) で求めた結果と一致することを確認せよ。

【問 7-4】　**問図 7.8** に示すトラスの部材 U，D，L の軸力を求めよ。

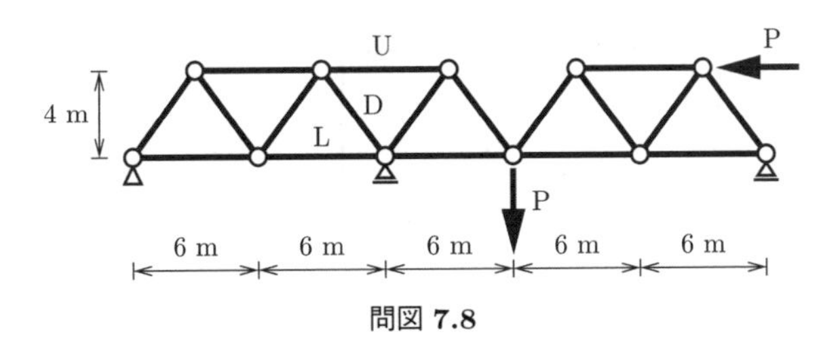

問図 7.8

【問 7-5】 問図 **7.9** に示す (a)～(f) のトラス構造が，安定か不安定か判別せよ。安定の場合は，静定か不静定かを判別し，不静定の場合は不静定次数（未知数の数とつり合い条件の数の差）も求めよ。

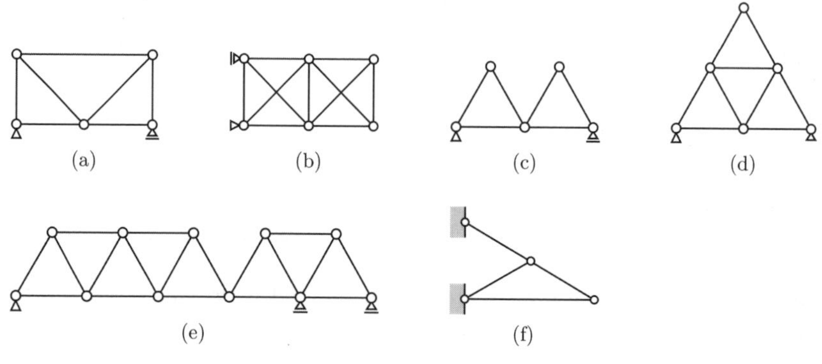

問図 **7.9**

7.2　ラ ー メ ン

7.2.1　ラーメン構造の特徴

部材と部材を剛結して組み上げて立体的な構造を形作ることを基本とする。

- 部材の連結方法：剛結節点
- 部材に生じる力：軸力，せん断力，曲げモーメント
- 荷重の種類：節点に集中荷重，集中モーメント。部材に集中荷重，集中モーメント，分布荷重。

典型的な静定ラーメン：静定ラーメン構造の典型例を図 **7.3** に示す。図 7.3(c) を「3 ヒンジラーメン」という。

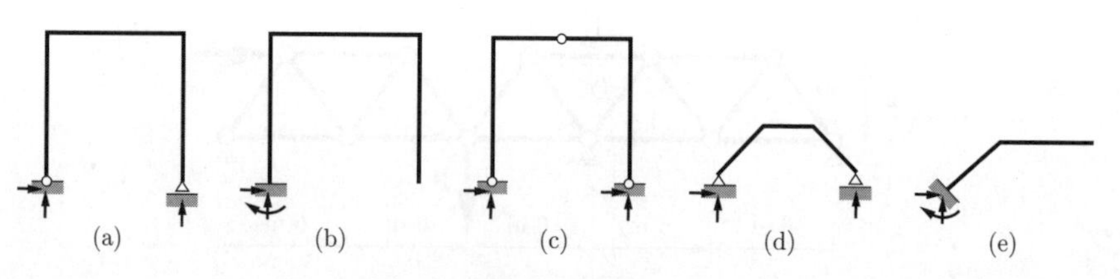

図 **7.3**　典型的な静定ラーメン

7.2.2 静定ラーメンの断面力の求め方

基本的に静定ばりの断面力の求め方と同じである。

求め方の手順：

1. ラーメン構造全体のつり合い条件（[水平]，[鉛直]，[モーメント][(注)]）
   ⇒ 支点反力
2. 部材を切断し，切断面に断面力（軸力，せん断力，曲げモーメント）を定義する（はりの断面力と同じ）
3. 切断された部分のつり合い条件（[水平]，[鉛直]，[モーメント]）⇒ 断面力

（注） 3ヒンジラーメン（図 7.3(c)）の場合は，中間ヒンジの右あるいは左の部分についての「中間ヒンジまわりの部分的なモーメントのつり合い条件」を4つ目のつり合い条件として加えて，4つの支点反力を求める。ゲルバーばりの支点反力の求め方（1.3.1項）と同じ扱いである。

【例　題】 図 **7.4** のような静定ラーメンの断面力を求める。

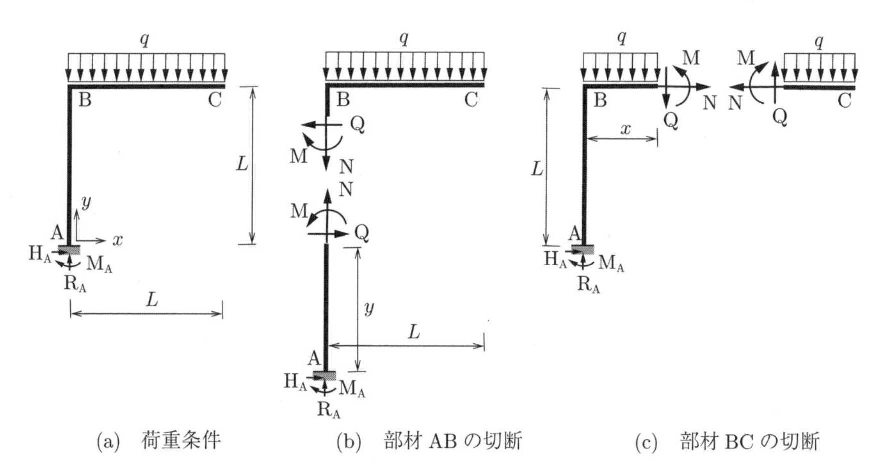

図 7.4　等分布荷重が載荷された静定ラーメン

構造全体のつり合い条件：（図 7.4(a)）

[水　平]　　　$\mathrm{H_A} = 0$

[鉛　直]　　　$\mathrm{R_A} - [qL] = 0$

$$[\text{モーメント（点 A）}]\quad \mathrm{M_A} + [qL] \times \frac{L}{2} = 0$$

$$\Rightarrow [\text{支点反力}]\quad \mathrm{H_A} = 0,\quad \mathrm{R_A} = qL,\quad \mathrm{M_A} = -\frac{1}{2}qL^2$$

部材 AB の切断：図 7.4(b)（切断位置：y $(0 \leqq y \leqq L)$）

切断位置より下の部分のつり合い条件は，つぎのとおりである。

$$[\text{水　平}]\quad \mathrm{H_A} + \mathrm{Q} = 0$$

$$[\text{鉛　直}]\quad \mathrm{R_A} + \mathrm{N} = 0$$

$$[\text{モーメント（切断面まわり）}]\quad \mathrm{M_A} - \mathrm{M} + \mathrm{Q} \times y = 0$$

$$\Rightarrow [\text{断面力}]\quad \mathrm{N} = -qL,\quad \mathrm{Q} = 0,\quad \mathrm{M} = -\frac{1}{2}qL^2$$

部材 BC の切断：図 7.4(c)（切断位置：x $(0 \leqq x \leqq L)$）

切断位置より左の部分のつり合い条件は，つぎのとおりである。

$$[\text{水　平}]\quad \mathrm{H_A} + \mathrm{N} = 0$$

$$[\text{鉛　直}]\quad \mathrm{R_A} - \mathrm{Q} - [qx] = 0$$

$$[\text{モーメント（切断面まわり）}]\quad \mathrm{M_A} + \mathrm{R_A} \times x - \mathrm{H_A} \times L - [qx] \times \frac{x}{2} - \mathrm{M} = 0$$

$$\Rightarrow [\text{断面力}]\quad \mathrm{N} = 0,\quad \mathrm{Q} = q(L - x),\quad \mathrm{M} = -\frac{1}{2}q(x - L)^2$$

断面力分布：**図 7.5**

図の描き方は，はりの断面力分布と同じである。

7.2.3　ラーメンの静定・不静定の判別

求める力の数と力のつり合い条件の数の大小関係で判別する。

求める力の数：$3\,m_B + r$（m_B：曲げ部材の数（部材ごとに 3 つの断面力，N, Q, M），r：支点反力の数）

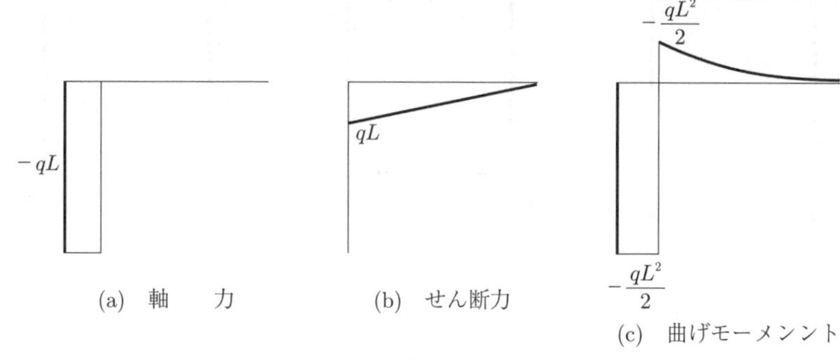

図 7.5　断面力分布

力のつり合い条件の数：$3\,j_r$（j_r：剛結節点の数（節点ごとに3つのつり合い条件［水平］，［鉛直］，［モーメント］）。支点，自由端もカウントする）

ラーメンの静定・不静定の基本的な判別式 ： 表 7.3

表 7.3　ラーメンの基本的な判別式

不　安　定	$3\,m_B + r < 3\,j_r$
安定で静定	$3\,m_B + r = 3\,j_r$
安定で不静定	$3\,m_B + r > 3\,j_r$

不静定次数 ： $3\,m_B + r - 3\,j_r$　（不足している条件の数）

判別の例 ： 図 7.4 の例題の判別

$$m_B = 2, \quad r = 3 \Rightarrow \text{力の数}\,3\,m_B + r = 9$$

$$j_r = 3\ (\text{節点 B と支点 A，自由端 C}) \Rightarrow \text{つり合い条件の数}\,3\,j_r = 9$$

$$3\,m_B + r = 3\,j_r \Rightarrow \text{静定}$$

図 7.6 の 3 例の判別：表 7.4

静定構造との比較による不静定次数のカウント ： 判別式を用いずに，つぎのように不静定次数を算出できる。

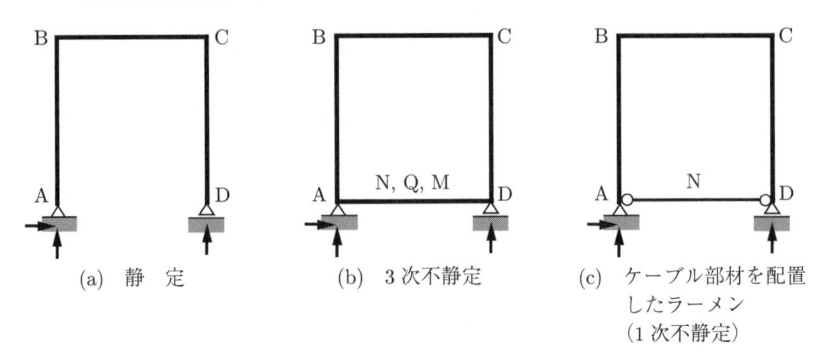

図 7.6　ラーメンの静定・不静定の判別

表 7.4　図 7.6 のラーメンの判別

図 7.6	m_B	m	r	j_r	不静定次数
(a)	3	0	3	4	$3m_B + r - 3j_r = 0$（静定）
(b)	4	0	3	4	$3m_B + r - 3j_r = 3$（3 次不静定）
(c)	3	1	3	4	$3m_B + m + r - 3j_r = 1$（1 次不静定）

（注 1）　m は軸力 N のみを生じる部材の数（トラス部材，ケーブル）
（注 2）　図 7.6(a) の支点 A, D も j_r にカウントする。
（注 3）　図 7.6(c) のケーブル AD の両端はヒンジで支点 A, D に接続されているが，支点 A, D を j_r にカウントする。

図 7.6(b)：静定構造（図 7.6(a)）に曲げ部材 AD を 1 本追加 ⇒ 断面力が 3 つ（N, Q, M）増加 ⇒ 3 次不静定

図 7.6(c)：静定構造（図 7.6(a)）に軸力部材 AD を 1 本追加 ⇒ 断面力が 1 つ（N）増加 ⇒ 1 次不静定

7.2.4 演　習　問　題

【問 7-6】　問図 7.10 に示す骨組み構造（静定ラーメン）の軸力，せん断力，および曲げモーメントの分布を，以下の手順 (1)～(4) に従って求めよ。

(1)　支点反力

支点 A，C には**問図 7.11** のように反力が生じる。ラーメン全体の力のつり合い条件からこれらを求める。

空欄①，②に，水平方向，鉛直方向の力のつり合い条件式，支点 A を中心としたモーメントのつり合い条件式，および力のつり合い条件式を解いて得られる支点反力の値を記入せよ。

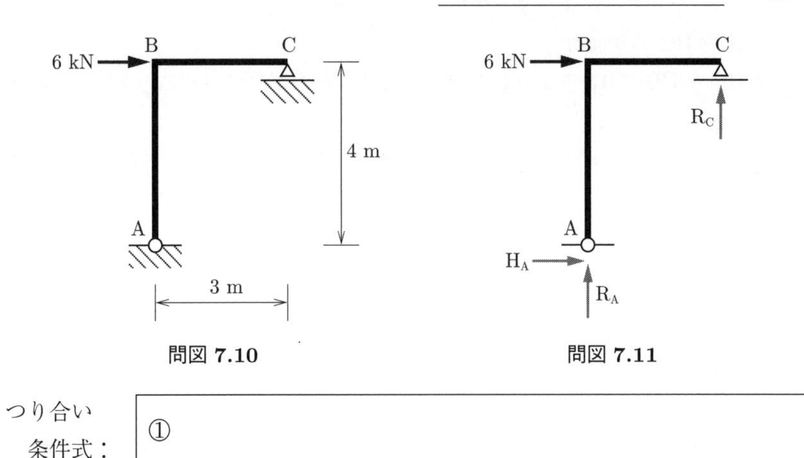

問図 **7.10**　　問図 **7.11**

つり合い条件式：	①
支点反力：	②

(2)　部材 AB の断面力

部材 AB を**問図 7.12** のように切断し，切断された部分のつり合い条件から断面力を求める。

空欄③，④に，水平方向，鉛直方向の力のつり合い条件式，切断面を中心としたモーメントのつり合い条件式，およびそれらを解いて得られる断面力を記入せよ。

つり合い条件式：	③
断面力：	④

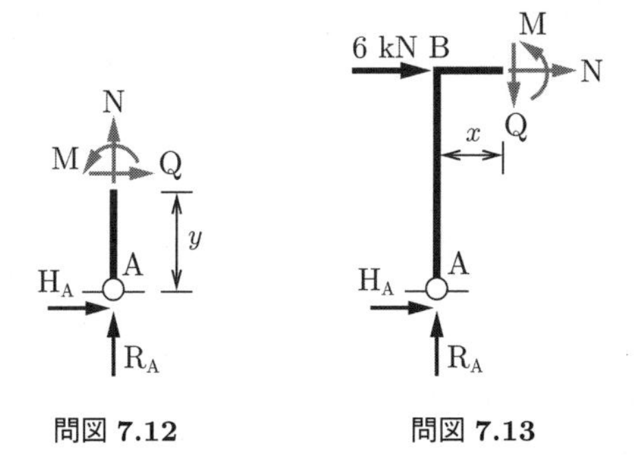

問図 **7.12**　　問図 **7.13**

(3)　部材 BC の断面力

部材 BC を**問図 7.13** のように切断し，切断された部分のつり合い条件から断面力を求める。

空欄⑤，⑥に，水平方向，鉛直方向の力のつり合い条件式，切断面を中心としたモーメントのつり合い条件式，およびそれらを解いて得られる断面力を記入せよ。

つり合い 条件式：	⑤
断面力：	⑥

(4)　分布図

上記 (2)，(3) の結果を分布図として欄⑦に図示せよ。なお，**問図 7.14** のように骨組み部材の軸線をグラフの軸とし，矢印の方向を正とせよ。また，値は部材に直交する方向にプロットすること。

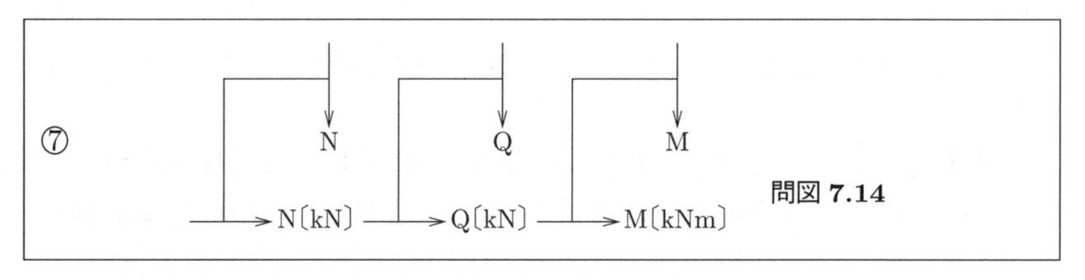

問図 7.14

【問 7-7】 問図 7.15 に示す静定ラーメンの軸力，せん断力，および曲げモーメントの分布を求め，図示せよ。

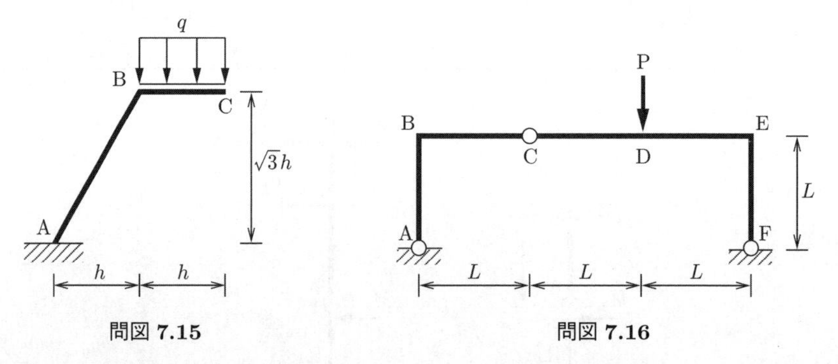

問図 7.15　　**問図 7.16**

【問 7-8】 問図 7.16 に示す 3 ヒンジラーメンの軸力，せん断力，および曲げモーメントの分布を求め，図示せよ。

7.3　ア　ー　チ

7.3.1　アーチ構造の特徴

曲線部材で構成される立体的な構造である。

- 部材に生じる力：軸力，せん断力，曲げモーメント
- 荷重の種類：集中荷重，集中モーメント，分布荷重

典型的な静定アーチ： 静定アーチ構造の典型例を図 **7.7** に示す。図 7.7(c) を「3 ヒンジアーチ」という。

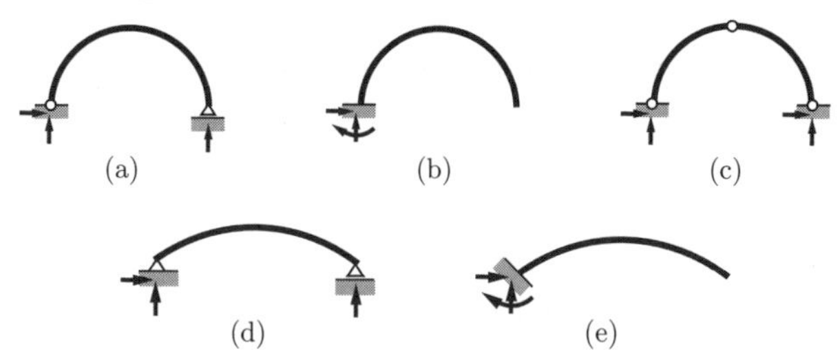

図 **7.7**　典型的な静定アーチ

7.3.2　静定アーチの断面力の求め方

基本的に静定ばりや静定ラーメンの断面力の求め方と同じである。円弧アーチの場合，切断位置を円弧の中心角で表す。

求め方の手順：

1. アーチ全体のつり合い条件（[水平]，[鉛直]，[モーメント]）⇒ 支点反力
2. アーチ部材を中心角 θ の位置で切断し，切断面に断面力（軸力，せん断力，曲げモーメント）を定義する（軸力 N：アーチの接線方向，せん断力 Q：接線に直交する方向）。
3. 切断された部分のつり合い条件（[水平]，[鉛直]，[モーメント]）⇒ 断面力

【例　題】 図 **7.8** のような等分布荷重が載荷された半径 R，中心角 60° の円弧アーチの断面力を求める。

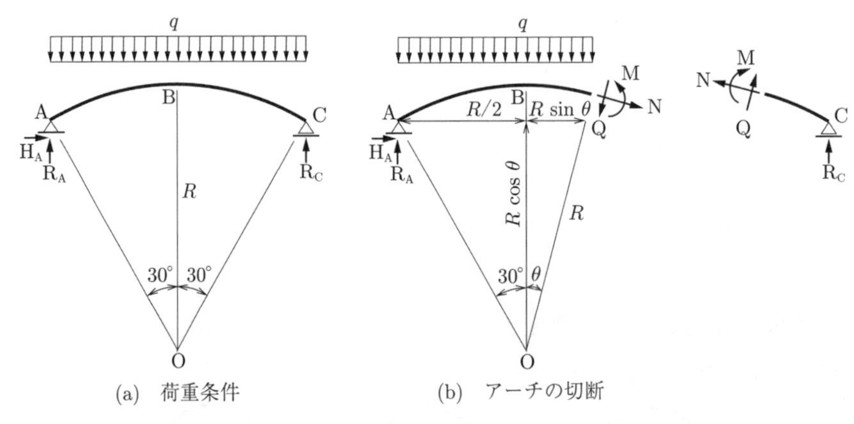

(a)　荷重条件　　(b)　アーチの切断

図 **7.8**　等分布荷重が載荷された静定アーチ

構造全体のつり合い条件 ：図 7.8(a)

［水　平］　$\mathrm{H_A} = 0$

［鉛　直］　$\mathrm{R_A} + \mathrm{R_C} - [qR] = 0$

［モーメント（点 A）］　$\mathrm{R_C} \times R - [qR] \times \dfrac{R}{2} = 0$

⇒［支点反力］　$\mathrm{H_A} = 0, \quad \mathrm{R_A} = \dfrac{1}{2}qR, \quad \mathrm{R_C} = \dfrac{1}{2}qR$

アーチ ABC の切断 ：図 7.8(b)（切断位置：θ $(-30^\circ \leqq \theta \leqq 30^\circ)$）

（注）θ の原点を鉛直軸 OB にとる。支点 A を原点とするよりもつり合い条件式が簡潔になる。

切断位置より左の部分のつり合い条件（図 7.8(b) のように $\theta > 0$ の図をもとにつり合い条件を立てること）

［水　平］　$$\mathrm{N}\cos\theta - \mathrm{Q}\sin\theta = 0 \tag{7.1}$$

［鉛　直］　$$\mathrm{N}\sin\theta + \mathrm{Q}\cos\theta + q\left(\frac{R}{2} + R\sin\theta\right) - \mathrm{R_A} = 0 \tag{7.2}$$

［モーメント（切断面まわり）］

$$\mathrm{M} - \mathrm{R_A}\left(\frac{R}{2}+R\sin\theta\right) + q\left(\frac{R}{2}+R\sin\theta\right) \times \frac{1}{2}\left(\frac{R}{2}+R\sin\theta\right) = 0 \tag{7.3}$$

⇒［断面力］

$$\mathrm{N} = -qR\sin^2\theta, \quad \mathrm{Q} = -qR\sin\theta\cos\theta, \quad \mathrm{M} = \frac{1}{2}qR^2\left(\frac{1}{4} - \sin^2\theta\right) \tag{7.4}$$

（注 1）　式 (7.1), (7.2) から軸力 N とせん断力 Q を求めるとき，つぎのように $\sin^2\theta+\cos^2\theta = 1$ を利用することができる。

式 (7.1) × $\sin\theta$ − 式 (7.2) × $\cos\theta$ ⇒ Q

式 (7.1) × $\cos\theta$ + 式 (7.2) × $\sin\theta$ ⇒ N

（注 2）　式 (7.1)〜(7.3) のつり合い条件式が $\theta < 0$ の範囲にもそのまま成立していることを確認せよ（$\theta < 0$ のとき，$\sin\theta < 0$,　$\cos\theta > 0$ である）。したがって，式 (7.4) は $\theta < 0$ の範囲の断面力分布も表している。

断面力分布（図 7.9）

この例題のアーチはやや扁平である（スパンに比べて背（ライズ）が低い）。そのため，せん断力分布，曲げモーメント分布は等分布荷重を載荷した単純ばりに似る。圧縮の軸力が生じることがアーチ構造の基本的特性である。

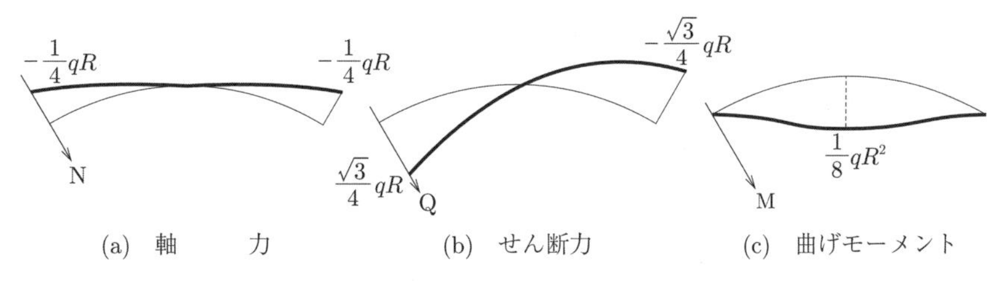

図 7.9　図 7.8 の例題のアーチの断面力分布

7.3.3　演　習　問　題

【問 7-9】　**問図 7.17** に示す半径 R の四分の一円弧ばりが，点 A で固定支持されている。自由端 B に鉛直下向きの集中荷重 P が作用するとき，円弧部材 AB に生じる軸力，せん断力，曲げモーメントの分布を，以下の手順 (1)〜(3) に従って求めよ。

(1)　支点反力

固定端 A に生じる反力を**問図 7.18** のように仮定し，力のつり合い条件より支点反力を求める。空欄①，②に，力のつり合い条件式とそれらを解いて得られる支点反力の値を記入せよ。

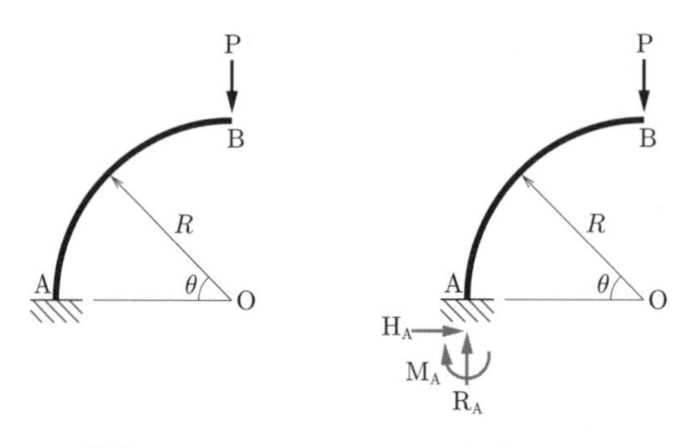

問図 7.17　　**問図 7.18**

力のつり合い条件式：	①
支点反力：	②

(2)　断面力

部材を切断し，断面力を求める。**問図 7.19** に示す切断された部材の力のつり合い条件を考える。このとき，水平軸と円弧の中心 O と切断面がなす線分の中心角 θ を変数とする。空欄 ③ に，切断された部材の力のつり合い条件式を記入せよ。

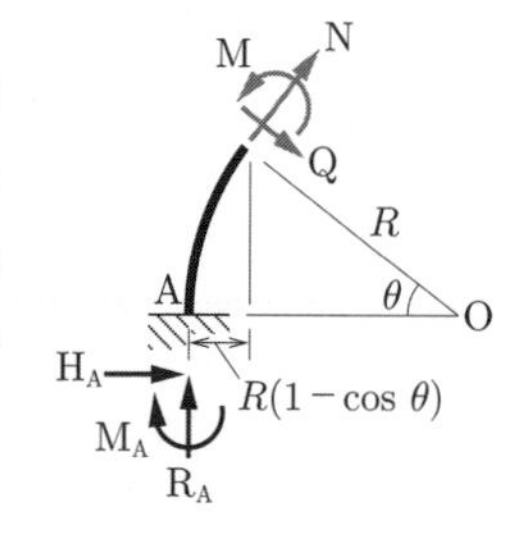

問図 7.19

力のつり合い条件式：	③

水平方向と鉛直方向の力のつり合い条件式から軸力 N を求める。三角関数を含んだ形なので，水平方向のつり合い条件式に $\sin\theta$ を乗じ，鉛直方向のつり合い条件式に $\cos\theta$ を乗じ，辺々を足し合わせると軸力 N が得られる。

同様に，水平方向のつり合い条件式に $\cos\theta$ を乗じ，鉛直方向のつり合い条件式に $\sin\theta$ を乗じ，辺々を足し合わせるとせん断力 Q が得られる。

曲げモーメントを求めるためのモーメントのつり合い条件式は，切断面を中心として立てる。このとき，切断面から固定端 A までの距離は，$R(1-\cos\theta)$ である。

以上の手順で求めた断面力を空欄④に記入せよ。

断面力：　④

(3)　分布図

得られた軸力，せん断力，および曲げモーメントの分布を欄⑤に図示せよ。なお，**問図 7.20** のように点Aから点Bに向かって部材軸の右側を正として分布図を描け。

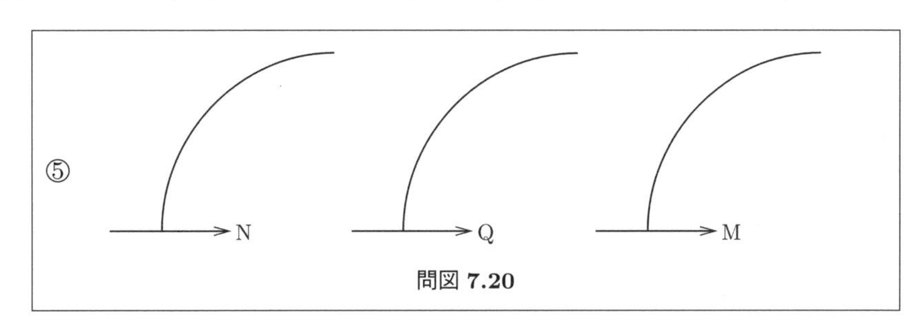

問図 7.20

【問 7-10】　問図 7.21 に示す半径 R，中心角 120° の円弧ばりが，点Aで固定支持されている。自由端Bに鉛直下向きの集中荷重Pが作用するとき，円弧部材に生じる軸力，せん断力，および曲げモーメントの分布を求め，図示せよ。

【問 7-11】　問図 7.22 に示す半径 R，中心角 90° の円弧ばりが，点A，Bで支持されている。円弧の中点Cに集中モーメントTが作用するとき，円弧部材に生じる軸力，せん断力，および曲げモーメントの分布を求め，図示せよ。

【問 7-12】　問図 7.23 に示す半径 R，中心角 60° の円弧ばりが，点A，Bで支持されている。このはりのすべての区間に荷重強度 q の鉛直下向きの等分布荷重（デッ

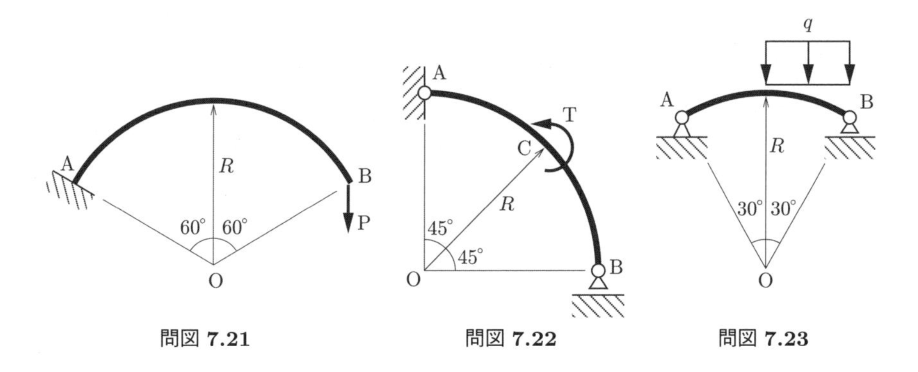

問図 7.21　　問図 7.22　　問図 7.23

キ荷重）が作用するとき，円弧部材に生じる軸力，せん断力，および曲げモーメントの分布を求め，図示せよ。

【7章の演習問題解答例】

[解 7-1]　①　[水平] $H_A+P=0$,　[鉛直] $R_A+R_B=0$,　[モーメント] $3R_B-4P=0$（節点 A まわり），　②　$H_A=-P$,　$R_A=-\frac{4}{3}P$,　$R_B=\frac{4}{3}P$,
③　[水平] $N_{AB}+H_A=0$,　[鉛直] $N_{AC}+R_A=0$,　④　$N_{AB}=P$,　$N_{AC}=\frac{4}{3}P$,
⑤　[鉛直] $N_{BC}\times\frac{4}{5}+R_B=0$,　⑥　$N_{BC}=-\frac{5}{3}P$,　⑦　$N_{AB}+N_{BC}\times\frac{3}{5}=0$,
⑧　$P+\left(-\frac{5}{3}P\right)\times\frac{3}{5}=0$,　⑨　[水平] $N_{BC}\times\frac{3}{5}+P=0$,　[検算] $\left(-\frac{5}{3}P\right)\times\frac{3}{5}+P=0$,　[鉛直] $N_{AC}+N_{BC}\times\frac{4}{5}=0$,　[検算] $\frac{4}{3}P+\left(-\frac{5}{3}P\right)\times\frac{4}{5}=0$

[解 7-2]

(1)　支点反力を求める。

解図 7.1 のように支点反力の向きを仮定し，トラス全体のつり合い条件から支点反力を求める。

水平方向：$H_A-P=0$

鉛直方向：$R_A+R_B-2P=0$

モーメント：$4R_B+3P=0$（節点 A まわり）

$\therefore$　$H_A=P$,　$R_A=\frac{11}{4}P$,　$R_B=-\frac{3}{4}P$

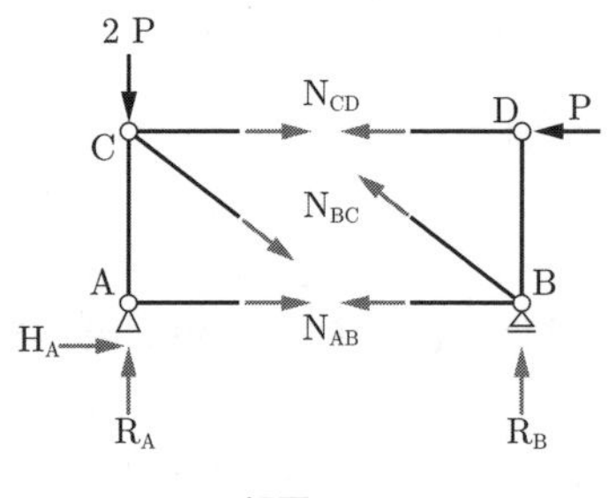

解図 7.1

(2)　軸力を求める。

軸力を求めたい部材を含む 1 つの断面で，解図 7.1 のようにトラスを切断する。切断された左側（もしくは右側）に着目し，切断されたトラスに対するつり合い条件から軸力を求める。まず，鉛直方向の力のつり合い条件式を解く。

鉛直方向：$N_{BC}\times\frac{3}{5}-R_A+2P=0$,　$\therefore$　$N_{BC}=\frac{5}{4}P$

続いて，節点 C を中心としたモーメントのつり合い条件式を解く。

モーメント：$3H_A+3N_{AB}=0$,　$\therefore$　$N_{AB}=-P$

最後に，点 B を中心としたモーメントのつり合い条件式を解く。

モーメント：$3N_{CD}+4R_A-8P=0$,　$\therefore$　$N_{CD}=-P$

［解 **7-3**］

(1)　$\mathrm{N_{AB}} = \mathrm{P}$，$\mathrm{N_{AD}} = -\dfrac{1}{3}\mathrm{P}$，$\mathrm{N_{BC}} = 0$，$\mathrm{N_{BD}} = \dfrac{5}{12}\mathrm{P}$，$\mathrm{N_{BE}} = 0$，$\mathrm{N_{BF}} = \dfrac{25}{12}\mathrm{P}$，$\mathrm{N_{CF}} = -\dfrac{5}{3}\mathrm{P}$，$\mathrm{N_{DE}} = -\dfrac{5}{4}\mathrm{P}$，$\mathrm{N_{EF}} = -\dfrac{5}{4}\mathrm{P}$

(2)　省略

［解 **7-4**］　$\mathrm{U} = 2\,\mathrm{P}$，$\mathrm{D} = -\dfrac{5}{6}\mathrm{P}$，$\mathrm{L} = -\dfrac{5}{2}\mathrm{P}$

［解 **7-5**］　(a)　静定，(b)　2 次不静定，(c)　不安定，(d)　1 次不静定，(e)　静定，(f)　静定

［解 **7-6**］　①　［水平］　$\mathrm{H_A}+6 = 0$，［鉛直］　$\mathrm{R_A}+\mathrm{R_C} = 0$，［モーメント］　$3\,\mathrm{R_C}-24 = 0$（点 A まわり），②　$\mathrm{H_A} = -6\,\mathrm{kN}$，$\mathrm{R_A} = -8\,\mathrm{kN}$，$\mathrm{R_C} = 8\,\mathrm{kN}$，③　［水平］　$\mathrm{Q}+\mathrm{H_A} = 0$，［鉛直］　$\mathrm{N}+\mathrm{R_A} = 0$，［モーメント］　$\mathrm{M}+\mathrm{H_A}y = 0$（切断面まわり），④　$\mathrm{N} = 8\,\mathrm{kN}$，$\mathrm{Q} = 6\,\mathrm{kN}$，$\mathrm{M} = 6\,y$〔kNm〕，⑤　［水平］　$\mathrm{N}+\mathrm{H_A}+6 = 0$，［鉛直］　$\mathrm{Q}-\mathrm{R_A} = 0$，［モーメント］　$\mathrm{M}+4\mathrm{H_A}-\mathrm{R_A}x = 0$（切断面まわり），⑥　$\mathrm{N} = 0$，$\mathrm{Q} = -8\,\mathrm{kN}$，$\mathrm{M} = -8x+24$〔kNm〕，⑦　**解図 7.2** となる。

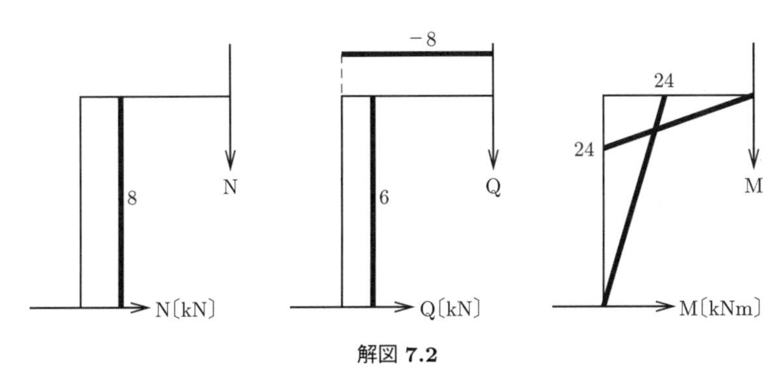

解図 7.2

［解 **7-7**］

(1)　支点反力を求める。

解図 7.3 のように支点反力の向きを仮定し，ラーメン全体のつり合い条件から支点反力を求める。

水平方向：$\mathrm{H_A} = 0$

鉛直方向：$\mathrm{R_A} - qh = 0$

モーメント：$\mathrm{M_A} + qh \times \dfrac{3}{2}h = 0$（点 A まわり）

$\therefore$　$\mathrm{H_A} = 0$，$\mathrm{R_A} = qh$，$\mathrm{M_A} = -\dfrac{3}{2}qh^2$

(2)　断面力を求める。

i)　AB 間

点 A から部材軸方向の距離 s の位置において，部材軸に直交する断面で切断する。切断された部材のつり合い条件から断面力を求める（**解図 7.4**）。

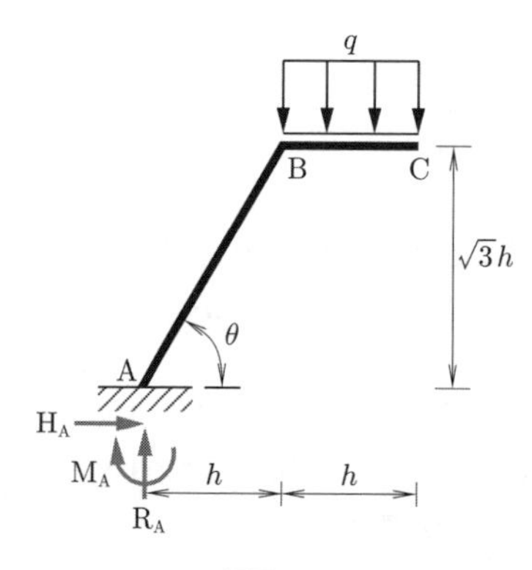

解図 7.3

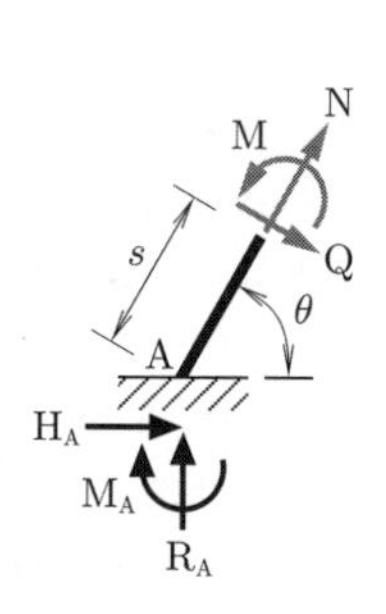

解図 7.4

水平方向：$\mathrm{N}\cos\theta + \mathrm{Q}\sin\theta + \mathrm{H_A} = 0$

鉛直方向：$\mathrm{N}\sin\theta - \mathrm{Q}\cos\theta + \mathrm{R_A} = 0$

モーメント：$\mathrm{M} - \mathrm{R_A} \times s\cos\theta - \mathrm{M_A} = 0$（切断面まわり）

$$\therefore \quad \mathrm{N} = -\frac{\sqrt{3}}{2}qh, \quad \mathrm{Q} = \frac{1}{2}qh, \quad \mathrm{M} = \frac{1}{2}qhs - \frac{3}{2}qh^2$$

（注）力のつり合い条件は，直交する 2 方向に対して成立するので，必ずしも水平方向と鉛直方向である必要はない（**解図 7.5**）。例えば，以下のように条件式の中の未知数が少なくなるように，N 方向，Q 方向に対して力のつり合い条件式を立ててもよい。もちろん，得られる結果は同じである。

N 方向：$\mathrm{N} + \mathrm{R_A}\sin\theta + \mathrm{H_A}\cos\theta = 0$

Q 方向：$\mathrm{Q} - \mathrm{R_A}\cos\theta + \mathrm{H_A}\sin\theta = 0$

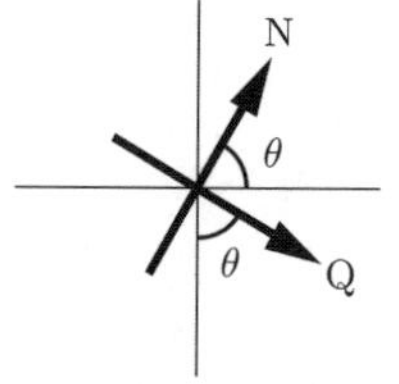

解図 7.5

ii)　BC 間

点 C から部材軸方向の距離 t の位置において，部材軸に直交する断面で切断する。切断された部材のつり合い条件から断面力を求める（**解図 7.6**）。

水平方向：$\mathrm{N} = 0$

鉛直方向：$\mathrm{Q} - qt = 0$

モーメント：$\mathrm{M} - qt \times \frac{1}{2}t = 0$

$$\therefore \quad \mathrm{N} = 0, \quad \mathrm{Q} = qt, \quad \mathrm{M} = -\frac{1}{2}qt^2$$

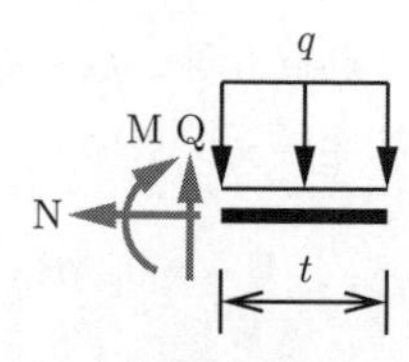

解図 7.6

(3)　断面力分布図を描くと，**解図 7.7** となる。

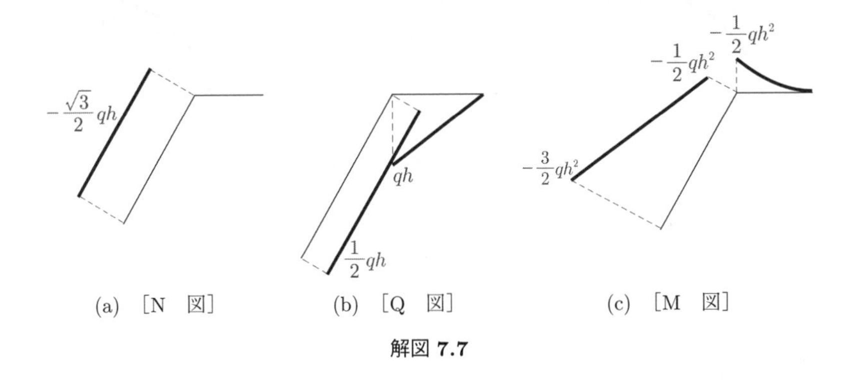

(a)［N　図］　(b)［Q　図］　(c)［M　図］

解図 7.7

［**解 7-8**］　**解図 7.8** となる。

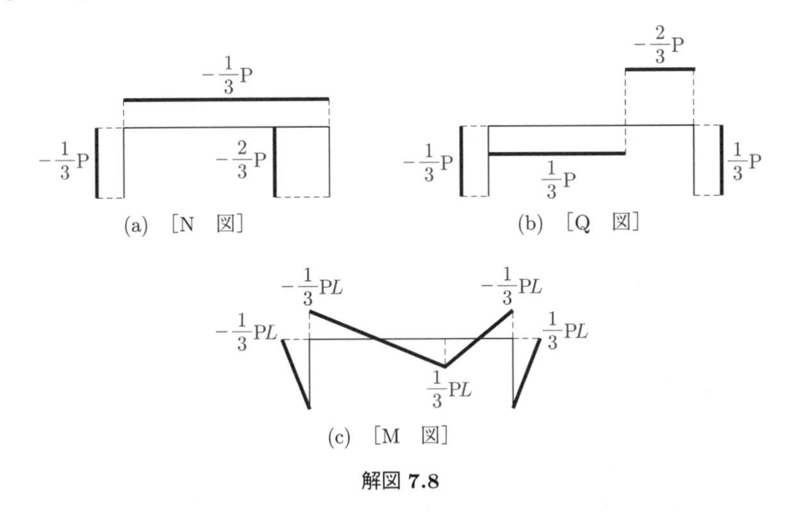

(a)［N　図］　(b)［Q　図］

(c)［M　図］

解図 7.8

［**解 7-9**］　①　[水平]　$\mathrm{H_A} = 0$,　[鉛直]　$\mathrm{R_A} - \mathrm{P} = 0$,　[モーメント]　$\mathrm{M_A} + \mathrm{P}R = 0$（固定端 A まわり），　②　$\mathrm{H_A} = 0$,　$\mathrm{R_A} = \mathrm{P}$,　$\mathrm{M_A} = -\mathrm{P}R$,　③　[水平]　$\mathrm{N}\sin\theta + \mathrm{Q}\cos\theta = 0$,　[鉛直]　$\mathrm{N}\cos\theta - \mathrm{Q}\sin\theta + \mathrm{R_A} = 0$,　[モーメント]　$\mathrm{M} - \mathrm{R_A} \times R(1 - \cos\theta) - \mathrm{M_A} = 0$（固定端 A まわり），　④　$\mathrm{N} = -\mathrm{P}\cos\theta$,　$\mathrm{Q} = \mathrm{P}\sin\theta$,　$\mathrm{M} = -\mathrm{P}R\cos\theta$,　⑤　**解図 7.9** となる。

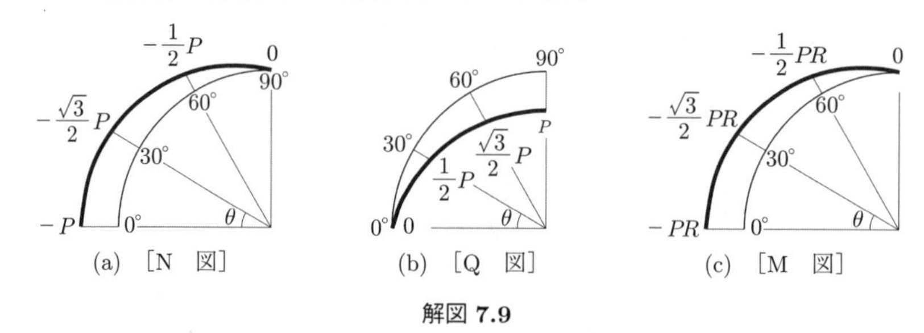

解図 7.9

［**解 7-10**］

(1)　支点反力を求める。

固定端 A に生じる反力を**解図 7.10** のように仮定し，力のつり合い条件式を解くと，支点反力は以下の値として求められる。

$$\mathrm{H_A} = 0, \quad \mathrm{R_A} = \mathrm{P}, \quad \mathrm{M_A} = -\sqrt{3}\mathrm{P}R$$

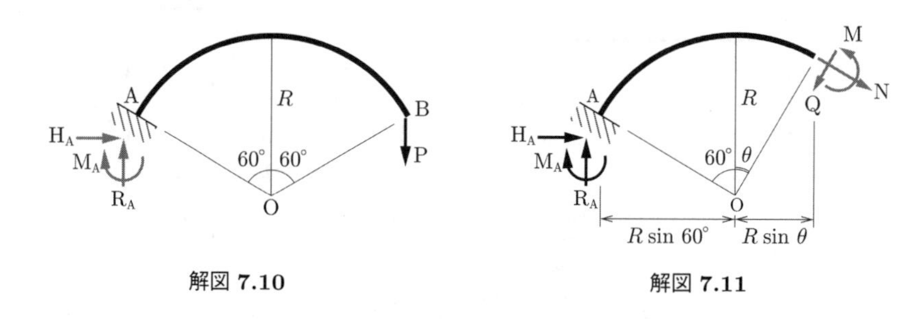

解図 7.10　　　　**解図 7.11**

(2)　断面力を求める。

部材を**解図 7.11** のように切断して断面力を求める。このとき，切断面の位置は，鉛直軸を基準とした中心角 θ を用いて表すと都合がよい。θ の範囲は $-60° \leqq \theta \leqq 60°$ である。このように θ を定義すると，$\theta \geqq 0$ の範囲で導出した力のつり合い条件式が，$\theta < 0$ の場合にもそのまま適用でき，θ の値に応じた場合分けが不要になる。

切断されたはりに対する力のつり合い条件式，およびつり合い条件式を解いて求められる断面力はつぎのようになる。

水平方向：$\mathrm{N}\cos\theta - \mathrm{Q}\sin\theta = 0$

鉛直方向：$-\mathrm{N}\sin\theta - \mathrm{Q}\cos\theta + \mathrm{R_A} = 0$

モーメント：$\mathrm{M} - \mathrm{R_A} \times R(\sin\theta + \sin 60^\circ) - \mathrm{M_A} = 0$（切断面まわり）

$\therefore\quad \mathrm{N} = \mathrm{P}\sin\theta,\quad \mathrm{Q} = \mathrm{P}\cos\theta,\quad \mathrm{M} = \mathrm{P}R(\sin\theta - \sin 60^\circ)$

(3)　断面力分布図を描くと，**解図 7.12** となる。

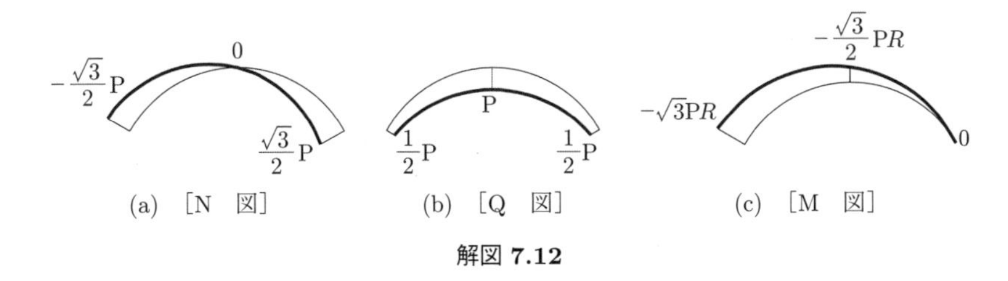

解図 7.12

［**解 7-11**］　**解図 7.13** となる。

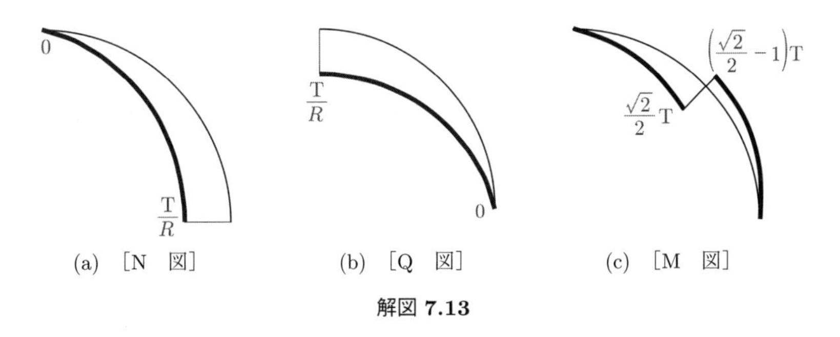

解図 7.13

［**解 7-12**］　**解図 7.14** となる。

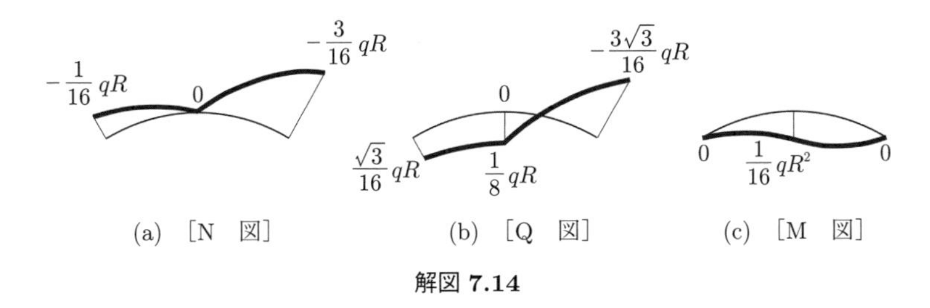

解図 7.14

8 エネルギー原理による構造物の変位の求め方

8.1 エネルギー原理

荷重を載荷された構造物が変形するとき，荷重は仕事をし，なされた仕事はひずみエネルギーとして構造物に蓄えられる。この「仕事 W とひずみエネルギー U が等しい」ことを**エネルギー原理**という。エネルギー原理に基づく手法が，トラス，ラーメンなど複数の部材で構成される複雑な構造物の変位・変形を求めるために用いられる。

8.1.1 仕事とひずみエネルギー

(1) 仕　事　力 F で物体を押して距離 s だけ動かしたとき仕事（図 **8.1**(a)）は，式 (8.1) のように表される。

$$W = \mathrm{F} \times s \tag{8.1}$$

力の方向と変位の方向が異なる場合の仕事（図 8.1(b), (c)）は，式 (8.2)～

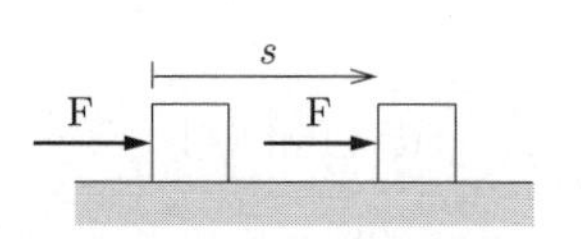

(a) 物体を押して動かしたときの仕事

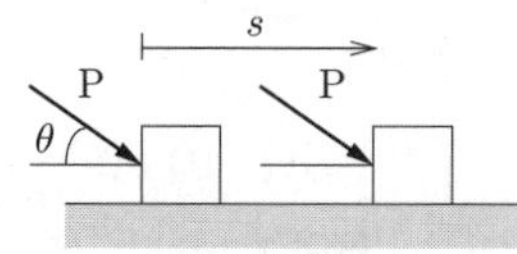

(b) 斜めの力で押したときの仕事(変位方向の力による仕事)

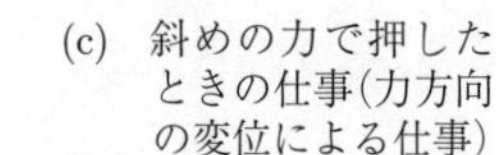

(c) 斜めの力で押したときの仕事(力方向の変位による仕事)

図 **8.1** 仕　　事

(8.4) のように表される。

$$W = \mathrm{P}\cos\theta \times s \tag{8.2}$$

$$= \mathrm{P} \times s\cos\theta \tag{8.3}$$

$$= \vec{\mathrm{P}} \cdot \vec{s} \tag{8.4}$$

（注 1） 仕事＝力のベクトルと変位のベクトルの内積（式 (8.4)）
（注 2） 仕事の値は同じ方向の力の成分と変位の成分の積に等しい。
（注 3） 直交する力の成分と変位の成分による仕事はゼロである ($\cos 90^\circ = 0$)。

(2) 弾性体の棒を伸ばしたときの仕事

弾性体の棒（図 **8.2**(a)）を引っ張ったときの仕事は，式 (8.5) のように表される。

$$W = \frac{1}{2}\mathrm{P}_0\delta_0 \tag{8.5}$$

式 (8.5) は，図 8.2(b) に示すように荷重を 0 から P_0 まで増加させて伸びが δ_0 に達するまでになされた仕事を積算した結果である（次式を参照）。

$$W = \int_0^{\delta_0} \mathrm{d}W = \int_0^{\delta_0} \mathrm{P}\mathrm{d}\delta = \int_0^{\delta_0} k\delta\mathrm{d}\delta = \frac{1}{2}k{\delta_0}^2 = \frac{1}{2}\mathrm{P}_0\delta_0$$

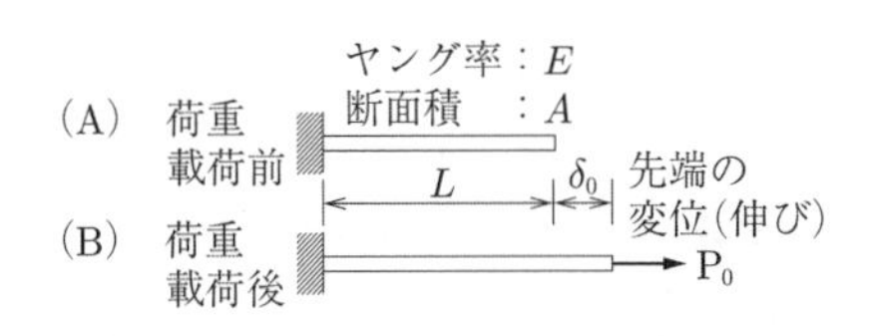

(a) 棒を引っ張ったときの伸び

(b) 棒の力と伸びの関係

図 **8.2** 弾性体の棒の仕事

(3) 棒のひずみエネルギー

ひずみエネルギー：内力がした仕事

棒の内部の微小長さ $\mathrm{d}x$ の部分（図 **8.3**）⇒ 変形後の長さ $\mathrm{d}x' = (1 + \varepsilon_0)\mathrm{d}x$

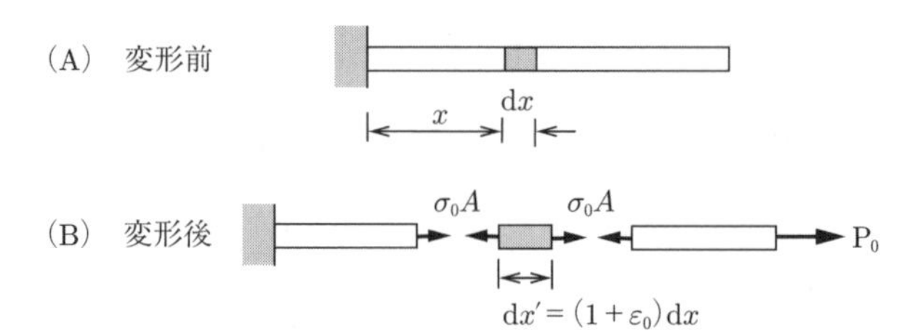

図 **8.3** 弾性体の棒の内部の変形

⇒ 軸力 $\sigma_0 A$ により伸び $\varepsilon_0 \mathrm{d}x$ が生じた（図 **8.4**(a)）⇒ このときの仕事は，式 (8.5) より式 (8.6) のように表される。

$$\frac{1}{2}[\sigma_0 A][\varepsilon_0 \mathrm{d}x] = \frac{1}{2}\sigma_0 \varepsilon_0 A \mathrm{d}x \tag{8.6}$$

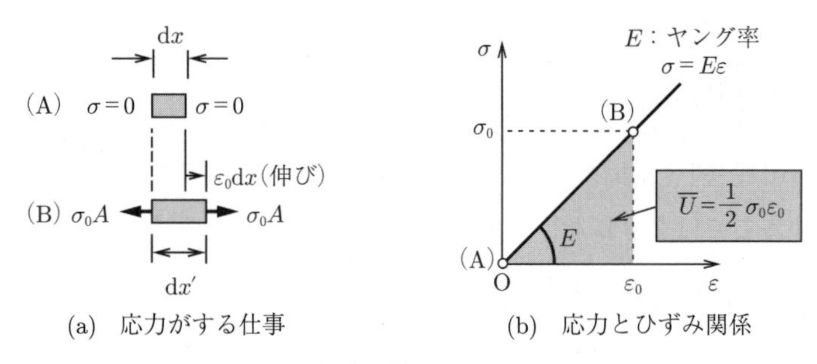

図 **8.4** 弾性体の棒のひずみエネルギー

ひずみエネルギー密度：式 (8.7) のように表される。

$$\overline{U} = \frac{1}{2}\sigma\varepsilon \tag{8.7}$$

式 (8.6) の $(1/2)\sigma_0\varepsilon_0$ は単位体積当りのひずみエネルギーであり，「ひずみエネルギー密度」という。ひずみエネルギー密度 $\overline{U}$ は応力 σ が単位体積当りにした仕事である（図 8.4(b)）。

軸力を受ける棒のひずみエネルギー：式 (8.8) のように表される。

$$U = \frac{\mathrm{N}^2 L}{2EA} \tag{8.8}$$

ひずみエネルギー密度 $\overline{U}$ を 1 本の棒について積分すると，次式のようになる。

$$U = \int_0^L \int_A \overline{U} \mathrm{d}A \mathrm{d}x = \int_0^L \int_A \frac{1}{2}\sigma\varepsilon \mathrm{d}A \mathrm{d}x = \frac{1}{2}\frac{\mathrm{N}}{A}\frac{\mathrm{N}}{EA}AL = \frac{\mathrm{N}^2 L}{2EA}$$

（4） トラスの仕事とひずみエネルギー

構造物に複数の荷重が作用するときの仕事 ： 図 **8.5**(a) のように荷重が作用し，図 (b) のように変形するとき，式 (8.9) のように表される。

$$W = \sum_{k=1}^{K} \frac{1}{2} \mathrm{P}_k \delta_k \tag{8.9}$$

（注） δ_k：P_k が作用する節点の P_k 方向変位。K は荷重の数。

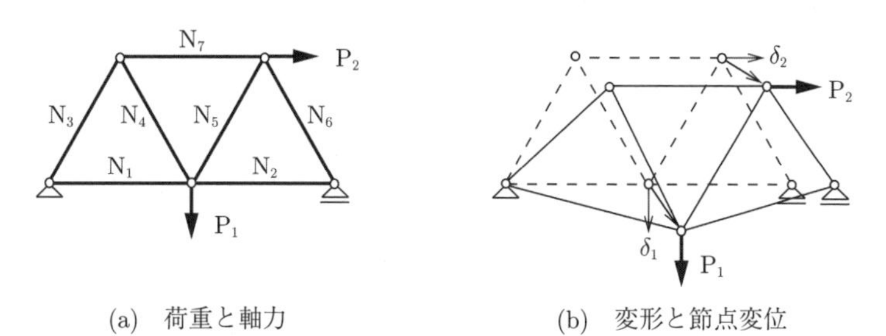

(a) 荷重と軸力　　(b) 変形と節点変位

図 **8.5** トラスの仕事とひずみエネルギー

トラスに蓄えられるひずみエネルギー ： 式 (8.10) のように表される。

$$U = \sum_{i=1}^{m} U_i = \sum_{i=1}^{m} \frac{\mathrm{N}_i{}^2 L_i}{2\, E_i A_i} \tag{8.10}$$

（注） ひずみエネルギー密度 $\overline{U}$ を構造全体で積分するので，部材ごとのひずみエネルギー U_i を単純に足し合わせる。m は部材数。

トラスにおけるエネルギー原理の関係 ： 式 (8.11) のように表される。

$$W = U \ \Rightarrow \ \sum_{k=1}^{K} \frac{1}{2} \mathrm{P}_k \delta_k = \sum_{i=1}^{m} \frac{\mathrm{N}_i{}^2 L_i}{2\, E_i A_i} \tag{8.11}$$

8.1.2 相 反 定 理

構造物に複数の荷重を載荷したとき「荷重の載荷順序を変えても，最終の状態までに荷重がした仕事と構造物に蓄えられるひずみエネルギーの大きさは変わらない」。「相反定理」はこの原理の 1 つの重要な帰結である。カスティリアノの定理など，エネルギー原理に基づく応用定理の証明にも用いられる。

ベッティの相反定理：構造物に作用する荷重 P_i によって生じる変位 δ_{ji} および P_j によって生じる変位 δ_{ij} の間に成り立つ。

$$P_i\delta_{ij} = P_j\delta_{ji} \tag{8.12}$$

（注 1）変位 δ_{ij} の第 1 添え字 i：荷重 P_i の作用点の P_i 方向変位成分を表す。
（注 2）変位 δ_{ij} の第 2 添え字 j：荷重 P_j によって生じる変位を表す。

マックスウェルの相反定理：荷重 P_i，P_j が単位荷重のとき，式 (8.13) のように表される。

$$\bar{\delta}_{ij} = \bar{\delta}_{ji} \tag{8.13}$$

（注）$\bar{\delta}_{ij}$ を「影響係数」という。

相反定理の例（片持ちばりのたわみ）：図 **8.6** (a) 参照。

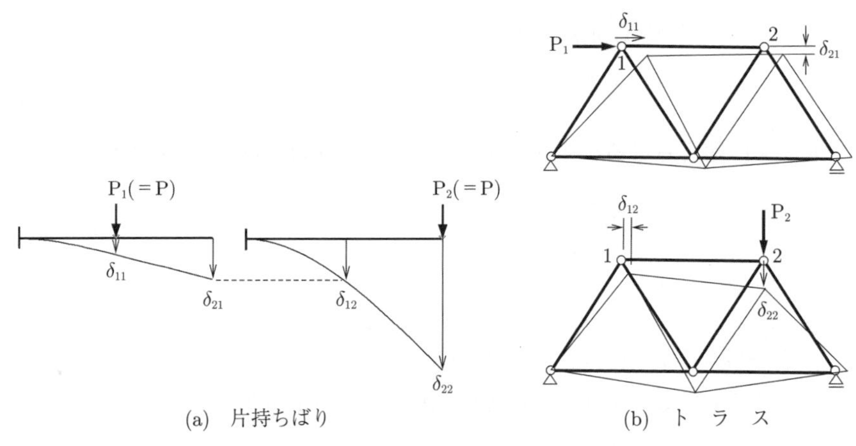

図 8.6　相反定理（$P_1 = P_2 = P$ のときの変位を示している）

5.1 節の方法でたわみを求めると，つぎの結果を得る。

$$\delta_{21} = \frac{5\,P_1L^3}{48EI}, \quad \delta_{12} = \frac{5P_2L^3}{48EI}$$

$$P_1 = P_2 = P \;\Rightarrow\; \delta_{21} = \delta_{12} = \frac{5\,PL^3}{48EI}$$

相反定理の例（トラスの変形）：図 8.6 (b) 参照。

$P_1 = P_2$ のとき $\delta_{21} = \delta_{12}$ である。

8.1.3 演習問題

【問 8-1】 **問図 8.1** のように，長さ $3L$，ヤング率 $2E$，断面積 A の棒の先端に，荷重 P_0 を加えたとき伸び δ_0 が生じた。この棒に蓄えられるひずみエネルギー U を，以下の手順に従って求めよ。

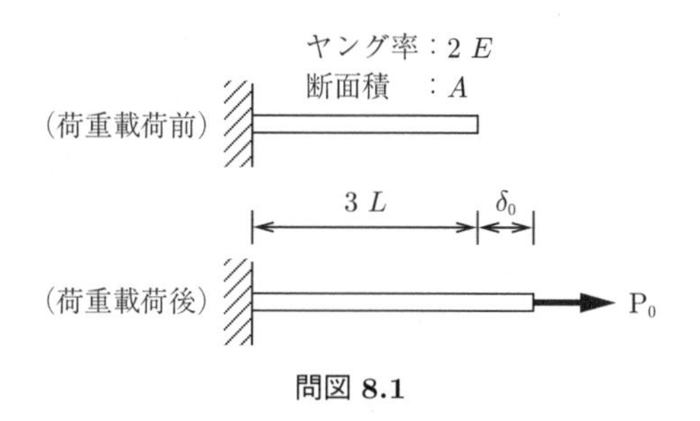

問図 8.1

棒に蓄えられるひずみエネルギー U は，単位体積当りのひずみエネルギーである「ひずみエネルギー密度 $\overline{U}$」を，棒全体にわたって積分すると得られる。棒のひずみエネルギー密度 $\overline{U}$ を求めるため，微小要素に作用する応力 σ_0 と微小要素に生じるひずみ ε_0 を算出する。空欄①に，応力 σ_0 とひずみ ε_0 の値を記入せよ。

①

ひずみエネルギー密度は，$\overline{U} = (1/2)\sigma_0\varepsilon_0$ と定義される。よって，この棒のひずみエネルギー密度は空欄②のように表される。空欄を埋めよ。

②

上記②の式を棒の体積 $(V = A \times 3L)$ について積分し，ひずみエネルギーを得る。空欄③に，この棒のひずみエネルギー U の値を，計算過程を含めて記入せよ。

③

【問 8-2】 **問図 8.2** に示すトラスの節点 D に水平方向の集中荷重 P が作用している。このとき，このトラスに蓄えられるひずみエネルギーの値を求めよ。なお，部材はすべてヤング率 E，断面積 A である。

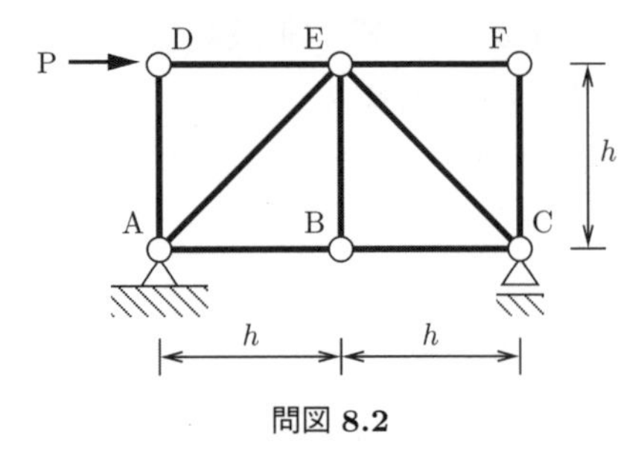

問図 8.2

【問 8-3】 **問図 8.3** に示す断面積 A，ヤング率 E，長さ $2h$ で左端 A が固定された弾性体の棒を考える。この棒の中央 B に荷重 P_1 が作用した状態 (a) と，先端 C に荷重 P_2 が作用した状態 (b) がある。それぞれについて，図中に示した軸方向変位 δ_{11}，δ_{21}，δ_{12}，δ_{22} を求め，相反定理 $P_1\delta_{12} = P_2\,\delta_{21}$ が成り立つことを示せ。

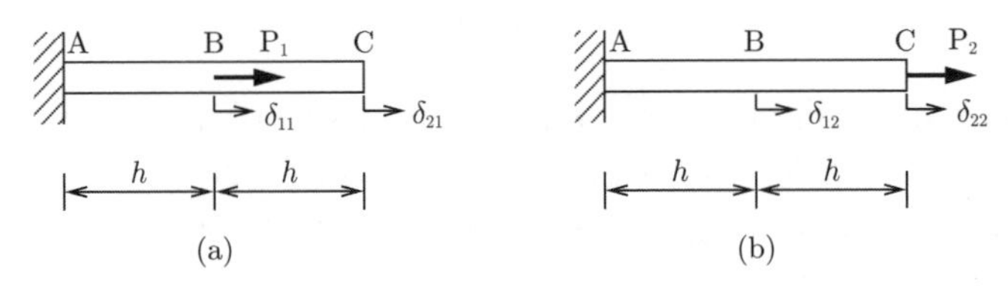

問図 8.3

【問 8-4】 **問図 8.4** に示す片持ちばりの点 1 に大きさ P_1 の集中荷重を載荷した場合（case1）と，点 2 に大きさ P_2 の集中荷重を載荷した場合（case2）を考える。（case1）の荷重が $P_1 = 10\,\text{N}$，（case2）の荷重が $P_2 = 5\,\text{N}$，それぞれの変位が $\delta_{12} = 2\,\text{cm}$，$\delta_{22} = 6\,\text{cm}$ であるとき，（case1）の先端の変位 δ_{21} を相反定理によって求めよ。

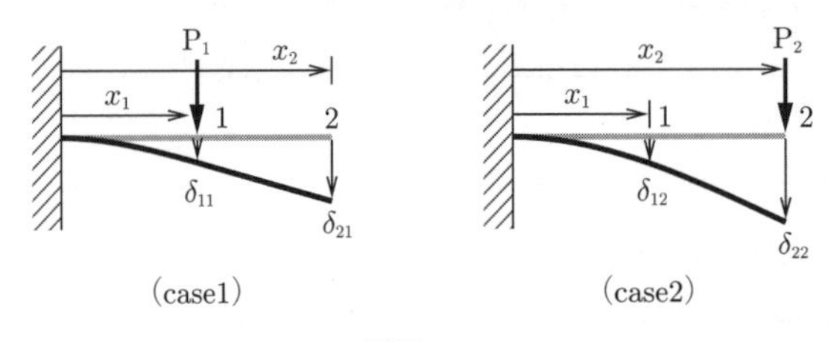

問図 8.4

8.2 カスティリアノの定理

構造物に蓄えられたひずみエネルギー U を，作用している荷重の 1 つ P_k で偏微分すると，P_k の作用点の P_k 方向の変位 δ_k が式 (8.14) のように求まる。

$$\delta_k = \frac{\partial U}{\partial P_k} \tag{8.14}$$

8.2.1　カスティリアノの定理によるトラスの変位の計算

(1)　荷重作用点の荷重方向変位の計算　**図 8.7**(a) のトラスの部材は3本とも断面積 A，ヤング率 E とする。

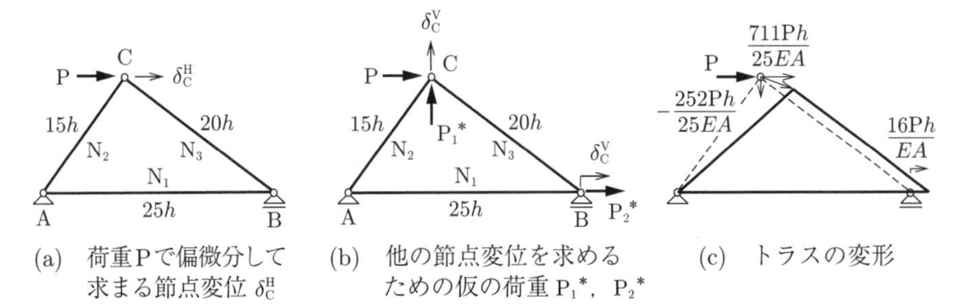

(a)　荷重Pで偏微分して求まる節点変位 δ_C^H　(b)　他の節点変位を求めるための仮の荷重 P_1^*，P_2^*　(c)　トラスの変形

図 8.7　カスティリアノの定理によるトラスの変位の計算

以下の手順で荷重 P が作用している節点 C の荷重方向変位 δ_C^H を求める。

(1)　節点法による部材の軸力：

$$N_1 = \frac{16}{25}P, \quad N_2 = \frac{3}{5}P, \quad N_3 = -\frac{4}{5}P$$

(2)　ひずみエネルギー U：

$$\begin{aligned} U &= \sum_{i=1}^{3} \frac{{N_i}^2 L_i}{2E_i A_i} \\ &= \frac{1}{2\,EA}\left[\left(\frac{16}{25}P\right)^2 \times 25h + \left(\frac{3}{5}P\right)^2 \times 15h + \left(-\frac{4}{5}P\right)^2 \times 20h\right] \\ &= \frac{711P^2 h}{50EA} \end{aligned} \tag{8.15}$$

(3)　カスティリアノの定理の適用：

$$\frac{\partial U}{\partial P} = \frac{711}{50}\left(\frac{2\,Ph}{EA}\right) = \frac{711Ph}{25EA} = \delta_C^H$$

(2) あらかじめ偏微分した公式　上記の解き方では，ひずみエネルギー U を表す式 (8.15) を求め，それを荷重 P で偏微分したが，ひずみエネルギーそのものを求めることは目的ではない。

トラスのひずみエネルギーを荷重で偏微分して，求めたい変位を表す公式を誘導する。

$$\delta_k = \frac{\partial U}{\partial \mathrm{P}_k} = \frac{\partial}{\partial \mathrm{P}_k}\left[\sum_{i=1}^{m} \frac{{\mathrm{N}_i}^2 L_i}{2\,E_i A_i}\right] = \sum_{i=1}^{m}\left[\frac{\mathrm{N}_i L_i}{E_i A_i}\left(\frac{\partial \mathrm{N}_i}{\partial \mathrm{P}_k}\right)\right] \qquad (8.16)$$

式 (8.16) を用いるほうが計算は少し簡単になる。

(3) 求めたい変位に対応する荷重がない場合の扱い　トラス全体の変形を知るために，節点 C の鉛直変位 $\delta_{\mathrm{C}}^{\mathrm{V}}$ および支点 B の水平変位 $\delta_{\mathrm{B}}^{\mathrm{H}}$ も求めたい（図 8.7(b)）。カスティリアノの定理を適用するために，これらの変位に対応する「仮の荷重」${\mathrm{P}_1}^*$，${\mathrm{P}_2}^*$ を作用させる。

${\mathrm{P}_1}^*$，${\mathrm{P}_2}^*$ はもともと存在しない力なので，カスティリアノの定理を適用したのち，${\mathrm{P}_1}^* = 0$，${\mathrm{P}_2}^* = 0$ とする。

式 (8.16) の計算を，**表 8.1**，**表 8.2** を用いて実施すると便利である。

トラスの変形を図 8.7(c) に示す。

表 8.1　節点 C の鉛直変位の計算

部材	L_i	N_i	$\dfrac{\partial \mathrm{N}_i}{\partial {\mathrm{P}_1}^*}$	$\mathrm{N}_i \dfrac{\partial \mathrm{N}_i}{\partial {\mathrm{P}_1}^*} L_i \Big\vert_{{\mathrm{P}_1}^*=0}$
AB	$25h$	$\frac{16}{25}\mathrm{P} - \frac{12}{25}{\mathrm{P}_1}^* + {\mathrm{P}_2}^*$	$-\frac{12}{25}$	$-\frac{192}{25}\mathrm{P}h$
AC	$15h$	$\frac{3}{5}\mathrm{P} + \frac{4}{5}{\mathrm{P}_1}^*$	$\frac{4}{5}$	$\frac{36}{5}\mathrm{P}h$
BC	$20h$	$-\frac{4}{5}\mathrm{P} + \frac{3}{5}{\mathrm{P}_1}^*$	$\frac{3}{5}$	$-\frac{48}{5}\mathrm{P}h$
		$\delta_{\mathrm{C}}^{\mathrm{V}} =$	$\frac{\sum}{E\mathrm{A}}$	$-\frac{252\mathrm{P}h}{25EA}$

（注）　$\delta_{\mathrm{C}}^{\mathrm{V}} < 0 \Rightarrow {\mathrm{P}_1}^*$ の「逆向き」の変位 $\Rightarrow \delta_{\mathrm{C}}^{\mathrm{V}}$ は下向きの変位

表 **8.2** 支点 B の水平変位の計算

部材	L_i	N_i	$\dfrac{\partial \mathrm{N}_i}{\partial \mathrm{P_2}^*}$	$\mathrm{N}_i \dfrac{\partial \mathrm{N}_i}{\partial \mathrm{P_2}^*} L_i \Big\vert_{\mathrm{P_2}^*=0}$
AB	$25h$	$\dfrac{16}{25}\mathrm{P} - \dfrac{12}{25}\mathrm{P_1}^* + \mathrm{P_2}^*$	1	$16\mathrm{P}h$
AC	$15h$	$\dfrac{3}{5}\mathrm{P} + \dfrac{4}{5}\mathrm{P_1}^*$	0	0
BC	$20h$	$-\dfrac{4}{5}\mathrm{P} + \dfrac{3}{5}\mathrm{P_1}^*$	0	0
		$\delta_\mathrm{B}^\mathrm{H} =$	$\dfrac{\sum}{EA}$	$\dfrac{16\mathrm{P}h}{EA}$

8.2.2 曲げを受ける部材の変形への適用

(1) せん断応力のひずみエネルギー密度

$$\tau = G\gamma \ \Rightarrow \ \frac{1}{2}\tau\gamma \tag{8.17}$$

(2) 曲げを受ける部材のひずみエネルギー

はりの断面上の直応力およびせん断応力分布（4 章の式 (4.7), (4.9)）は，式 (8.18) のようになる。

$$\sigma = \frac{\mathrm{N}}{A} + \frac{\mathrm{M}}{I}y, \quad \tau = \tau(y) \tag{8.18}$$

（注） せん断応力の具体的な関数は式 (4.9) の積分結果によって求まる。

式 (8.18) の直応力 σ およびせん断応力に対応するひずみは，式 (8.19) のようになる。

$$\varepsilon = \frac{\sigma}{E} = \frac{\mathrm{N}}{EA} + \frac{\mathrm{M}}{EI}y, \quad \gamma = \frac{\tau(y)}{G} \tag{8.19}$$

1 本の部材のひずみエネルギー ： 応力（式 (8.18)）とひずみ（式 (8.19)）によって定義されるひずみエネルギー密度を 1 本の部材について積分する。

$$\begin{aligned}\int_V \frac{1}{2}\left[\sigma\varepsilon + \tau\gamma\right]\mathrm{d}V &= \int_0^L \int_A \frac{1}{2}\left(\sigma\varepsilon + \tau\gamma\right)\mathrm{d}A\mathrm{d}x \\ &= \int_0^L \int_A \frac{1}{2}\left[\frac{1}{E}\left(\frac{\mathrm{N}}{A} + \frac{\mathrm{M}}{I}y\right)^2 + \frac{\tau^2}{G}\right]\mathrm{d}A\mathrm{d}x\end{aligned}$$

1 本の部材のひずみエネルギーは，断面力によって式 (8.20) で表させる。

$$U=\int_0^L \frac{\mathrm{N}^2}{2EA}\mathrm{d}x+\int_0^L \frac{\mathrm{M}^2}{2EI}\mathrm{d}x+\int_0^L \frac{\kappa\mathrm{Q}^2}{2GA}\mathrm{d}x \tag{8.20}$$

（注） 右辺第 3 項の κ：断面の形によって決まる係数（長方形断面：$\kappa=6/5$）

複数の部材で構成される構造のひずみエネルギー ： 部材本数 m のラーメン構造のひずみエネルギーは式 (8.21) で表される。

$$\begin{aligned} U&=\sum_{i=1}^{m}U_i \\ &=\sum_{i=1}^{m}\left[\int_0^{L_i} \frac{{\mathrm{N}_i}^2}{2\,E_iA_i}\mathrm{d}s+\int_0^{L_i} \frac{{\mathrm{M}_i}^2}{2\,E_iI_i}\mathrm{d}s+\int_0^{L_i} \frac{\kappa_i{\mathrm{Q}_i}^2}{2\,G_iA_i}\mathrm{d}s\right] \end{aligned} \tag{8.21}$$

（注） 部材の方向がさまざまなので，部材軸に沿った座標を記号 s で表している。

(3) 曲げを受ける部材に対するカスティリアノの定理

式 (8.21) を荷重 P_k で偏微分すると，P_k 作用点の P_k 方向変位 δ_k を表す式 (8.22) を得る。

$$\begin{aligned} \delta_k&=\frac{\partial U}{\partial \mathrm{P}_k}=\frac{\partial U}{\partial \mathrm{N}}\frac{\partial \mathrm{N}}{\partial \mathrm{P}_k}+\frac{\partial U}{\partial \mathrm{M}}\frac{\partial \mathrm{M}}{\partial \mathrm{P}_k}+\frac{\partial U}{\partial \mathrm{Q}}\frac{\partial \mathrm{Q}}{\partial \mathrm{P}_k} \\ &=\sum_{i=1}^{m}\left[\int_0^{L}\frac{\mathrm{N}}{EA}\left(\frac{\partial \mathrm{N}}{\partial \mathrm{P}_k}\right)\mathrm{d}s+\int_0^{L}\frac{\mathrm{M}}{EA}\left(\frac{\partial \mathrm{M}}{\partial \mathrm{P}_k}\right)\mathrm{d}s+\int_0^{L}\frac{\kappa\mathrm{Q}}{GA}\left(\frac{\partial \mathrm{Q}}{\partial \mathrm{P}_k}\right)\mathrm{d}s\right] \end{aligned} \tag{8.22}$$

（注 1） 大カッコ [ ] 内の添え字 i（部材番号）は省略した。
（注 2） 式 (8.22) の右辺の 3 つの積分は，それぞれ，構造物（はり，ラーメンんなど）の変位・変形における「部材の伸縮の寄与」,「部材の曲げ変形の寄与」,「部材のせん断変形の寄与」を表す。

細長い部材の変形 ： 細長い部材で構成される構造物では式 (8.23) のように「曲げ変形」だけを計算すれば十分である。

$$\delta_k\approx\sum_{i=1}^{m}\left[\int_0^{L}\frac{\mathrm{M}}{EI}\left(\frac{\partial \mathrm{M}}{\partial \mathrm{P}_k}\right)\mathrm{d}s\right] \tag{8.23}$$

（注） 部材が細長い場合，構造物の変形は「曲げによる変形」が卓越し，「軸力による伸縮」と「せん断変形」を無視してよい。

(4) 集中モーメントと回転変位

ひずみエネルギーを集中モーメント $\overline{\mathrm{M}}_k$ で偏微分すると，集中モーメント作用点の回転変位（たわみ角）θ_k が求まる。

$$\theta_k = \frac{\partial U}{\partial \overline{\mathrm{M}}_k} \tag{8.24}$$

8.2.3 カスティリアノの定理によるはりの変位の計算

【例　題】 図 **8.8**(a) のような等分布荷重 q を載荷した片持ちばりの自由端の変位と回転変位を求める。曲げ剛性 EI は，はりの全長にわたって一定とする。はりは細長く，曲げによる変形だけを考慮すれば十分であるとする。

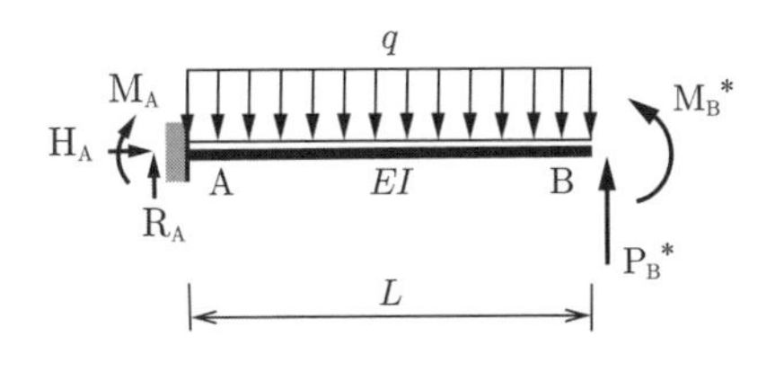

(a) 求めたい変位に対応する仮の荷重 $\mathrm{P_B}^*$，$\mathrm{M_B}^*$

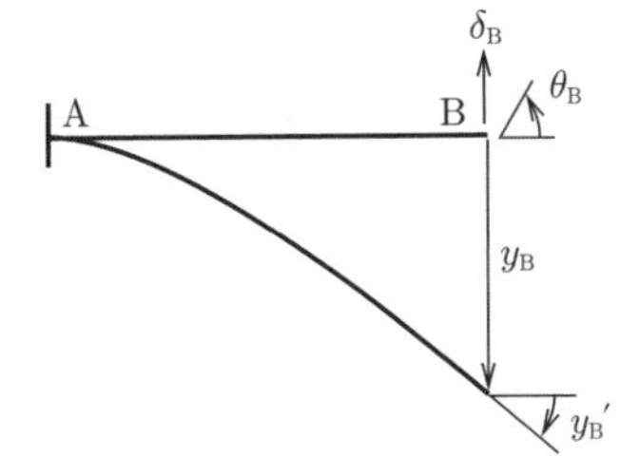

(b) 自由端 B の鉛直変位とたわみ，および回転変位とたわみ角

図 **8.8** カスティリアノの定理による片持ちばりの変位の計算

仮の荷重の載荷：求めたい変位に対応する仮の荷重 $\mathrm{P_B}^*, \mathrm{M_B}^*$ を載荷する。

曲げモーメント分布：仮の荷重を載荷した状態で，曲げモーメント分布を力のつり合い条件より求める。

$$\mathrm{M}(x) = -\frac{1}{2}q(x-L)^2 + \mathrm{P_B}^*(L-x) + \mathrm{M_B}^*$$

カスティリアノの定理による鉛直変位の計算：

$$\begin{aligned}\delta_\mathrm{B} &= \frac{\partial U}{\partial \mathrm{P_B}^*} = \int_0^L \frac{\mathrm{M}}{EI}\frac{\partial \mathrm{M}}{\partial \mathrm{P_B}^*}\mathrm{d}x \\ &= \frac{1}{EI}\int_0^L \left[-\frac{1}{2}q(x-L)^2 + \mathrm{P_B}^*(L-x) + \mathrm{M_B}^*\right](L-x)\mathrm{d}x\end{aligned}$$

(偏微分を終えたので $\mathrm{P_B}^* = 0$, $\mathrm{M_B}^* = 0$ とする)

$$= \frac{1}{EI}\int_0^L \left[-\frac{1}{2}q(x-L)^2\right](L-x)\mathrm{d}x = -\frac{qL^4}{8\,EI}$$

たわみ $y_\mathrm{B} = -\delta_\mathrm{B} = \dfrac{qL^4}{8\,EI}$：(図 8.8(b))　　(8.25)

カスティリアノの定理による回転変位の計算：

$$\theta_\mathrm{B} = \frac{\partial U}{\partial \mathrm{M_B}^*} = \int_0^L \frac{\mathrm{M}}{EI}\frac{\partial \mathrm{M}}{\partial \mathrm{M_B}^*}\mathrm{d}x$$

$$= \frac{1}{EI}\int_0^L \left[-\frac{1}{2}q(x-L)^2 + \mathrm{P_B}^*(L-x) + \mathrm{M_B}^*\right] \times 1\ \mathrm{d}x$$

(偏微分を終えたので $\mathrm{P_B}^* = 0$, $\mathrm{M_B}^* = 0$ とする)

$$= \frac{1}{EI}\int_0^L \left[-\frac{1}{2}q(x-L)^2\right]\mathrm{d}x = -\frac{qL^3}{6\,EI}$$

たわみ各 $y_\mathrm{B}' = -\theta_B = \dfrac{qL^3}{6\,EI}$：(図 8.8(b))　　(8.26)

(注 1)　この例題の変形は予想できるので，仮の荷重を予想される変位の向きに作用させてかまわない。予想に従って $\mathrm{P_B}^*$ を下向き，$\mathrm{M_B}^*$ を時計回りに作用させると，カスティリアノの定理によって得られる変位は「正の値」になる。荷重条件が複雑だったり，構造物が複雑で変位の向きが予想できないときは適当な向きに与える。得られた変位の正負により変位の向きがわかる（負の場合は仮の荷重と逆向き）。

(注 2)　ひずみエネルギーを「等分布荷重の値 q」で偏微分してはいけない。q が分布して作用しているので，$\partial U/\partial q$ は特定の点の変位にならない（たわみ $y(x)$ の平均値になる)。

8.2.4 演 習 問 題

【問 8-5】 問図 **8.5** に示す静定トラスの節点 C の水平変位 δ_C を，カスティリアノの定理により求めたい。以下の手順 (1)〜(3) に従って解け。なお，すべての部材のヤング率は E，断面積は A である。

(1)　支点反力および軸力

力のつり合い条件から支点反力を求め，その後，節点法で部材の軸力を求める。支点反力と軸力の値を，空欄 ①，② に記入せよ。

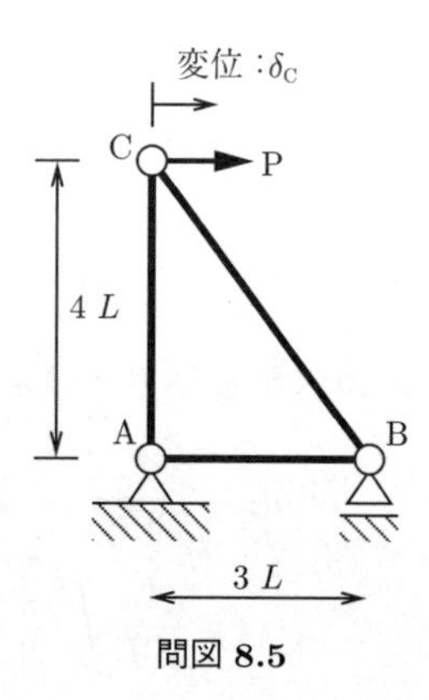

問図 **8.5**

支点反力：
①

軸　力：
②

(2)　トラスにおけるカスティリアノの定理

カスティリアノの定理は，「構造物に蓄えられたひずみエネルギー U を，作用している荷重の 1 つ P_k で偏微分すると，P_k の作用点の P_k 方向の変位 δ_k が求まる」という定理である。トラスのひずみエネルギー U は，一つの部材の軸力を N_i，部材長を L_i，ヤング率を E_i，断面積を A_i，部材数を m とすると

$$U = \sum_{i=1}^{m} \frac{{\mathrm{N}_i}^2 L_i}{2\,E_i A_i}$$

と表される。

これを軸力などの値を代入する前に先に荷重 P_k で偏微分すると，カスティリアノの定理は空欄 ③ のように書き表される。空欄 ③ を埋めよ。

③

(3)　トラスの節点変位

この問題のトラスの節点 C の水平変位 δ_{C} を求めるためには，トラスのひずみエネルギー U を荷重 P で偏微分すればよい。ゆえに，以下の計算から節点 C の水平変位 δ_{C} が求まる。空欄 ④ に，計算過程とその結果を示せ。

④

【問 8-6】 **問図 8.6** に示す単純ばりの点 C に集中荷重 P が作用している。点 C の鉛直変位をカスティリアノの定理を用いて求めよ。なお，部材の曲げ剛性は EI で一定であり，変位の計算において軸力やせん断力による影響は無視してよい。

【問 8-7】 **問図 8.7** に示すトラスの節点 C の水平変位 δ_{C} と節点 D の鉛直変位 δ_{D} をカスティリアノの定理によって求めたい。以下の問いに答えよ。

(1)　すべての部材の断面積を A，ヤング率を E として，δ_{C}，δ_{D} を求めよ。

(2)　どの部材もヤング率が $E = 2.0 \times 10^{11}\,\mathrm{N/m^2}$ で，断面が一辺 10 cm の正方形

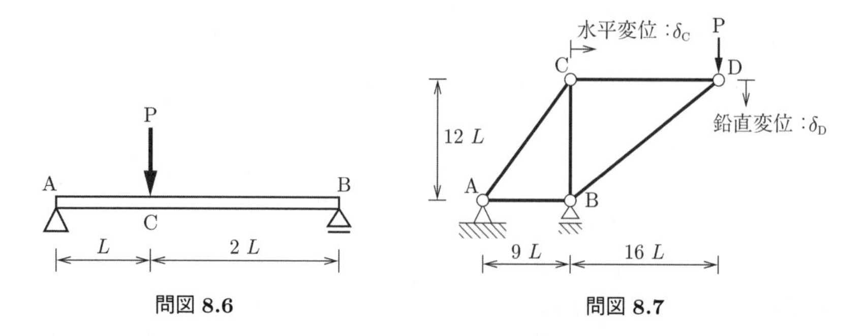

問図 8.6　　問図 8.7

であるとき，$P=100\,\mathrm{kN}$，$L=1\,\mathrm{m}$ として，δ_C，δ_D の値を求めよ。

【問 8-8】 問図 **8.8** のラーメンの水平部材 BC に単位長さ当り q の等分布荷重が満載されている。このとき支点 D の水平変位 δ_D を，カスティリアノの定理を使って求めよ。なお，$q=3\times10^4\,\mathrm{N/m}$，$a=2\,\mathrm{m}$ である。部材は 3 本とも断面形状は一辺の長さが 10 cm の正方形で，ヤング率は $2.0\times10^{11}\,\mathrm{N/m^2}$ である。また，曲げによる変形に比べて軸力とせん断力による変形は小さく無視してよいものとする。

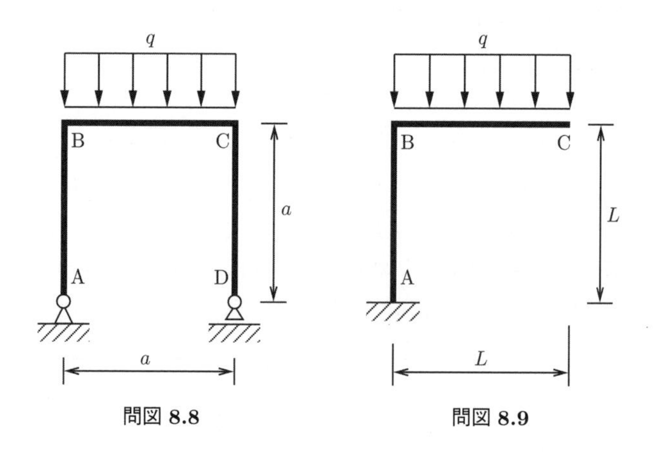

問図 8.8　　問図 8.9

【問 8-9】 問図 **8.9** に示す静定ラーメンの BC 間に，荷重強度 q の鉛直下向きの等分布荷重が作用している。このとき先端 C に生じるたわみ角を，カスティリアノの定理により求めよ。なお，部材の曲げ剛性は EI で一定である。また，曲げによる変形に比べて軸力とせん断力による変形は小さく無視してよいものとする。

8.3 仮想仕事の原理

仮想仕事の原理：変位や力を求めようとする構造物（原系）と，別に設定する構造物（仮想系）との間に，「外部仮想仕事 $W_E{}^*$ と内部仮想仕事 $W_I{}^*$ が等しい」という関係が成り立つ（式 (8.27)）。

$$W_E{}^* = W_I{}^* \tag{8.27}$$

8.3.1 仮想仕事の原理によるトラスの変位の計算

【例　題】 図 **8.9** のような節点 C の鉛直変位 δ_C^V を求める。

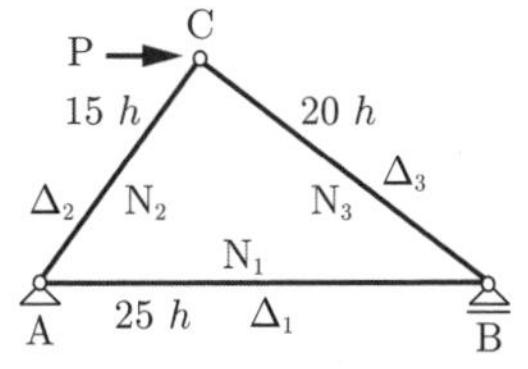

(a) 【原系】荷重 P によって生じる軸力 N_i と伸び Δ_i

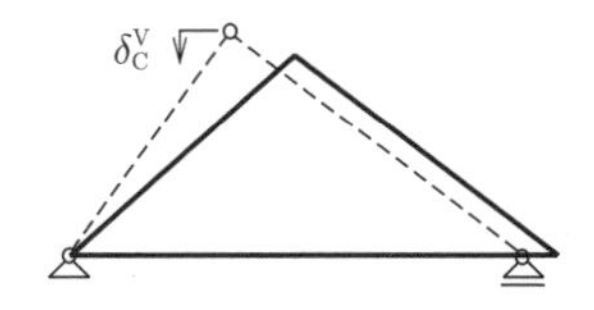

(b) 【原系】トラスの変形イメージと節点 C の鉛直変位 δ_C^V

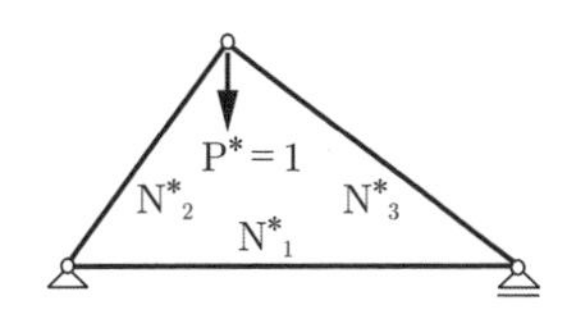

(c) 【仮想系】単位荷重 P^* によって生じる軸力 N_i^*

図 **8.9**　仮想仕事の原理によるトラスの変位の計算

仮想系：同じトラスに，求めたい変位に対応する単位荷重 $P^* = 1$ を作用させる。

外部仮想仕事：$W_E{}^* = P^* \delta_C^V$

内部仮想仕事：

$$W_I{}^* = \sum_{i=1}^{m} N_i{}^* \Delta_i = \sum_{i=1}^{m} \frac{N_i{}^* N_i L_i}{E_i A_i} \tag{8.28}$$

（注）原系の部材の伸び：$\Delta_i = \dfrac{N_i L_i}{E_i A_i}$

式 (8.27) より変位 δ_C^V が次式のように表される。

表 8.3　節点 C の鉛直変位の計算

部材	L_i	N_i	$\mathrm{N}_i{}^*$	$\mathrm{N}_i\mathrm{N}_i{}^*L_i$
AB	$25h$	$\frac{16}{25}\mathrm{P}$	$-\frac{12}{25}$	$-\frac{192}{25}\mathrm{P}h$
AC	$15h$	$\frac{3}{5}\mathrm{P}$	$\frac{4}{5}$	$\frac{36}{5}\mathrm{P}h$
BC	$20h$	$-\frac{4}{5}\mathrm{P}$	$\frac{3}{5}$	$-\frac{48}{5}\mathrm{P}h$
		$\delta_{\mathrm{C}}^{\mathrm{V}} =$	$\frac{\sum}{EA}$	$-\frac{252\mathrm{P}h}{25EA}$

（注 1）　3 本の部材とも断面積 A，ヤング率 E とする。
（注 2）　カスティリアノの定理で解いた結果（8.2.1 項）と同じである。表 8.1 とこの**表 8.3** の数値の共通性を確認すること。

$$\mathrm{P}^*\delta_{\mathrm{C}}^{\mathrm{V}} = \delta_{\mathrm{C}}^{\mathrm{V}} = \sum_{i=1}^{m} \frac{\mathrm{N}_i{}^*\mathrm{N}_i L_i}{E_i A_i}$$

単位荷重の定理：求めたい変位に対応する単位荷重を載荷した仮想系を設定する方法。

8.3.2　仮想仕事の原理によるはりおよびラーメンの変位の計算

（1）　曲げを受ける部材の内部仮想仕事

仮想系の直応力とせん断応力は式 (8.29) のように仮想系の部材の断面力で表される。

$$\sigma^* = \frac{\mathrm{N}^*}{A} + \frac{\mathrm{M}^*}{I}y, \quad \tau^* = \tau^*(y) \tag{8.29}$$

原系のひずみは，式 (8.30) のように表される。

$$\varepsilon = \frac{\sigma}{E} = \frac{\mathrm{N}}{EA} + \frac{\mathrm{M}}{EI}y, \quad \gamma = \frac{\tau(y)}{G} \quad \text{（式 (8.19) と同じ）} \tag{8.30}$$

部材の内部仮想仕事：これより，8.2.2 項 (2) と同様の展開を経て，部材の内部仮想仕事をつぎのように表すことができる。

$$\int_V [\sigma^*\varepsilon + \tau^*\gamma]\,\mathrm{d}V = \int_0^L \int_A (\sigma^*\varepsilon + \tau^*\gamma)\,\mathrm{d}A\mathrm{d}x$$
$$= \int_0^L \int_A \left[\left(\frac{\mathrm{N}^*}{A} + \frac{\mathrm{M}^*}{I}y\right)\frac{1}{E}\left(\frac{\mathrm{N}}{A} + \frac{\mathrm{M}}{I}y\right) + \tau^*\frac{\tau}{G}\right]\mathrm{d}A\mathrm{d}x$$

$$= \int_0^L \left[\frac{\mathrm{N^*N}}{EA} + \frac{\mathrm{M^*M}}{EI} + \frac{\kappa \mathrm{Q^*Q}}{GA} \right] \mathrm{d}x$$

(2) はりおよびラーメンの仮想仕事の原理

複数の部材の内部仮想仕事の和をとって構造全体の内部仮想仕事とする。

$$\mathrm{P}^*\delta = \sum_{i=1}^{m} \left[\int_0^{L_i} \frac{\mathrm{N}_i{}^*\mathrm{N}_i}{E_i A_i} \mathrm{d}s + \int_0^{L_i} \frac{\mathrm{M}_i{}^*\mathrm{M}_i}{E_i I_i} \mathrm{d}s + \int_0^{L_i} \frac{\kappa_i \mathrm{Q}_i{}^*\mathrm{Q}_i}{G_i A_i} \mathrm{d}s \right] \quad (8.31)$$

（注 1） 部材の方向がさまざまなので，部材軸に沿った座標を記号 s で表している。
（注 2） $\mathrm{P}^* = 1$ とすれば式 (8.31) により変位が求まる（単位荷重の定理）。

細長い部材で構成させる構造の変位：

$$\mathrm{P}^*\delta \approx \sum_{i=1}^{m} \left[\int_0^{L_i} \frac{\mathrm{M}_i{}^*\mathrm{M}_i}{E_i I_i} \mathrm{d}s \right] \quad (\mathrm{P}^* = 1) \qquad (8.32)$$

回転変位： 仮想系として単位集中モーメント $\mathrm{M}^* = 1$ を作用させる。

$$\mathrm{M}^*\theta \approx \sum_{i=1}^{m} \left[\int_0^{L_i} \frac{\mathrm{M}_i{}^*\mathrm{M}_i}{E_i I_i} \mathrm{d}s \right] \quad (\mathrm{M}^* = 1) \qquad (8.33)$$

(3) 仮想仕事の原理（単位荷重の定理）によるはりの変位の計算

【例　題】 図 **8.10** のような等分布荷重が載荷された片持ちばりの自由端 B の鉛直変位 δ_B，回転変位 θ_B を求める。曲げ剛性 EI は一定とする。

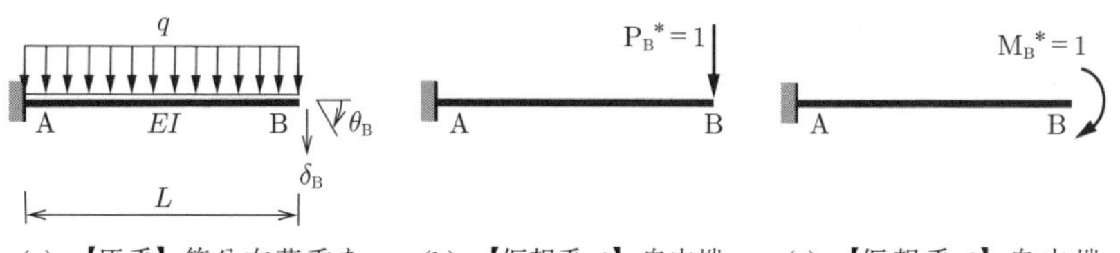

(a) 【原系】等分布荷重を載荷した片持ちばり　(b) 【仮想系 1】自由端 B の鉛直変位 δ_B を求める仮想系　(c) 【仮想系 2】自由端 B の回転変位 θ_B を求める仮想系

図 **8.10**　仮想仕事の原理によるはりの変位の計算

原系の曲げモーメント分布： 曲げモーメント分布を力のつり合い条件より求める（図 8.10(a)）。

$$\mathrm{M}(x) = -\frac{1}{2}q(x-L)^2$$

仮想仕事の原理による鉛直変位の計算：仮想系 1（図 8.10(b)）の曲げモーメント分布：$\mathrm{M_1}^*(x) = x - L$

$$\mathrm{P_B}^*\delta_\mathrm{B} = \int_0^L \frac{\mathrm{MM_1}^*}{EI}\mathrm{d}x$$
$$= \frac{1}{EI}\int_0^L \left[-\frac{1}{2}q(x-L)^2\right](x-L)\mathrm{d}x = \frac{qL^4}{8\,EI} = \delta_\mathrm{B}$$

仮想仕事の原理による回転変位の計算：仮想系 2（図 8.10(c)）の曲げモーメント分布：$\mathrm{M_2}^*(x) = -1$

$$\mathrm{M_B}^*\theta_\mathrm{B} = \int_0^L \frac{\mathrm{MM_2}^*}{EI}\mathrm{d}x$$
$$= \frac{1}{EI}\int_0^L \left[-\frac{1}{2}q(x-L)^2\right](-1)\mathrm{d}x = \frac{qL^3}{6\,EI} = \theta_\mathrm{B}$$

（注）　カスティリアノの定理で求めたとき（8.2.3 項）と実質的に同じ積分計算をしていることを確認せよ。

8.3.3　温度変化などによるトラスの変形

（1）　力以外の作用による変形問題

トラスの内部仮想仕事（式 (8.28)）は，式 (8.34) のように表される。

$$W_I{}^* = \sum_{i=1}^{m} \mathrm{N}_i{}^*\Delta_i \tag{8.34}$$

式 (8.34) の右辺の部材の伸び Δ_i が，力以外の作用で生じる問題にも仮想仕事の原理が適用できる。

（2）　温度変化を受けるトラスの変形

線膨張係数：図 **8.11**(a)

温度上昇 Δt により棒部材に生じるひずみ ε_t と伸び ΔL は，式 (8.35) のように表される。

$$\varepsilon_t = \alpha\Delta t, \quad \Delta L = \varepsilon_t L \tag{8.35}$$

（注）　α：線膨張係数（1°C の温度変化によって生じるひずみ）

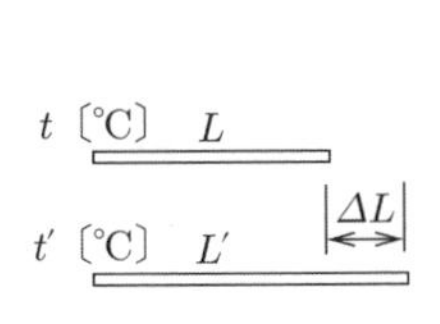

(a) 温度変化による棒部材の伸び

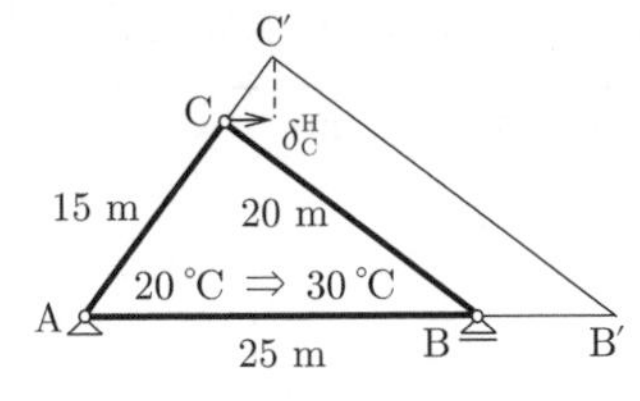

(b) 【原系】温度上昇と節点 C の水平変位 δ_C^H(B′，C′は変形後の節点位置)

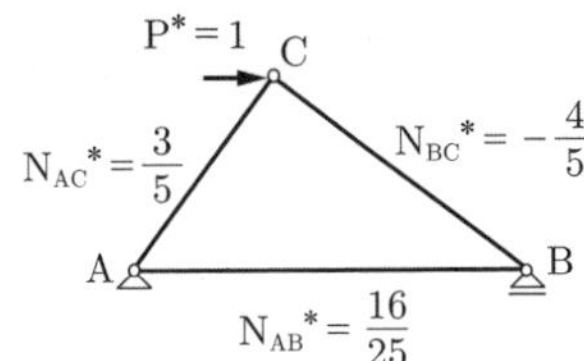

(c) 【仮想系】節点 C の水平変位 δ_C^H を求める仮想系

図 **8.11**　温度変化によるトラスの変位の計算

仮想仕事の原理による例題（図 8.11）**の解**：3 本の部材がすべて温度 20°C から 30°C に 10°C の温度上昇をした。線膨張係数を $\alpha = 1 \times 10^{-5}$ とする（**表 8.4**）。

表 **8.4**　温度変化を受けるトラスの節点 C の水平変位の計算

部材	L_i〔m〕	ε_t	ΔL_i〔mm〕	$N_i{}^*$	$N_i{}^*\Delta L_i$〔mm〕
AB	25	10×10^{-5}	2.5	$\frac{16}{25}$	1.6
AC	15	10×10^{-5}	1.5	$\frac{3}{5}$	0.9
BC	20	10×10^{-5}	2.0	$-\frac{4}{5}$	−1.6
			$\delta_C^H =$	$\sum$	0.9

(3)　製作誤差によるトラスの変形

【例　題】　図 **8.12** のようにトラスの部材長にカッコで示す製作誤差がある。誤差を有する部材を組み上げたとき，節点 C が本来の位置よりどれだけ水平に変位しているかを求める。

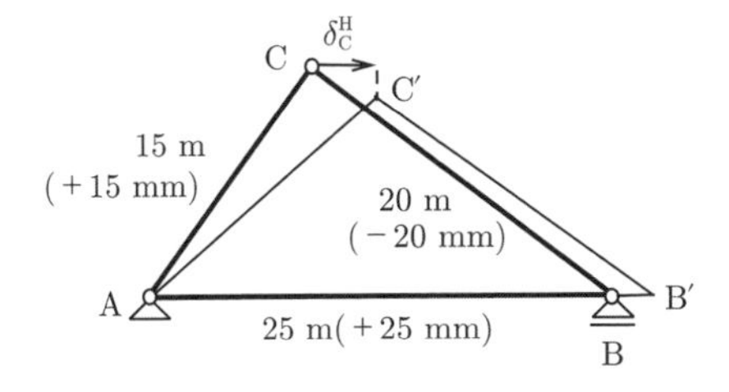

図 **8.12**　製作誤差によるトラスの変位の計算：【原系】カッコ内は製作誤差（B′, C′ は変形後の節点位置）

表 8.5　製作誤差による節点 C の水平変位の計算

部材	L_i〔m〕	製作誤差 $\widetilde{\Delta}_i$〔mm〕	$\mathrm{N}_i{}^*$	$\mathrm{N}_i{}^*\widetilde{\Delta}_i$〔mm〕
AB	25	2.5	$\dfrac{16}{25}$	16
AC	15	1.5	$\dfrac{3}{5}$	9
BC	20	2.0	$-\dfrac{4}{5}$	16
		$\delta_{\mathrm{C}}^{\mathrm{H}} =$	$\sum$	41

製作誤差 $\widetilde{\Delta}_i$ を部材の伸びと見なせる。図 8.11(c) と同じ仮想系を用いて仮想仕事の原理を適用すると，**表 8.5** の計算により水平変位 $\delta_{\mathrm{C}}^{\mathrm{H}}$ が求まる。

8.3.4　演　習　問　題

【問 8-10】　**問図 8.10** に示す静定トラスの節点 C の鉛直変位 δ_{C} を，仮想仕事の原理により求める。以下の手順 (1)～(4) に従って解け。なお，すべての部材のヤング率は E, 断面積は A である。

(1)　原系と仮想系

仮想仕事の原理を用いて構造物の変位を求めるためには，実構造物（原系）のほかに，実構造物と同じ構造を有し，求めたい変位に対応した仮想の荷重のみを載荷した「仮想系」を設定して解く必要がある。節点 C の鉛直変位を求めるための仮想系を，空欄 ① の問図 8.10(b) に図示せよ。

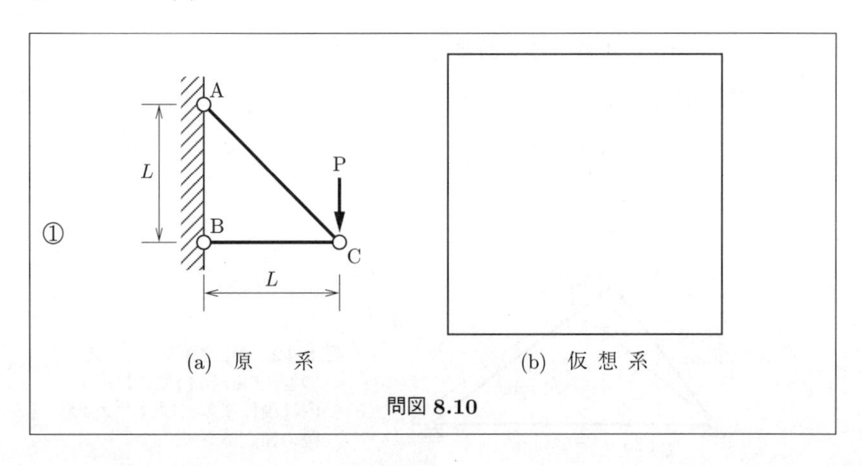

問図 **8.10**

(2)　原系の軸力

実構造物（原系）の軸力を求める。**問図 8.11** のように節点 C まわりでトラスを切断し，力のつり合い条件を用いて軸力 N_{AC}，N_{BC} を求める。空欄②に，軸力 N_{AC}，N_{BC} の値を記入せよ。

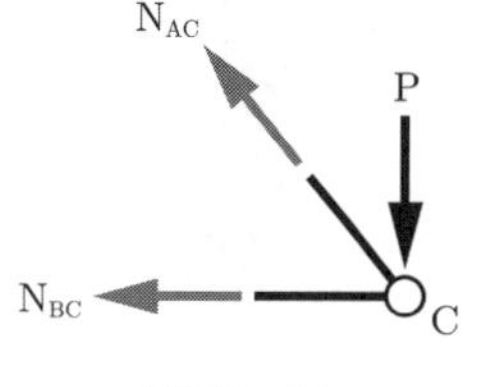

問図 8.11

原系の軸力：②

(3)　仮想系の軸力

仮想系の軸力を求める。(2) と同様に節点 C まわりでトラスを切断し，軸力 N_{AC}^*，N_{BC}^* を求める。軸力 N_{AC}^*，N_{BC}^* の値を求め，空欄③に記入せよ。

仮想系の軸力：③

(4)　仮想仕事の原理による変位の算出

仮想仕事の原理を用いて節点 C の鉛直変位 δ_C を求める。計算過程と結果を空欄④，⑤に記入せよ。

$\delta_C =$ ⑤

【問 8-11】　**問図 8.12** に示すように，片持ちばり AB の自由端 B に鉛直方向の集中荷重 3P が作用している。このとき，自由端 B の鉛直変位 δ_B を仮想仕事の原理を用いて求めよ。なお，はりの曲げ剛性は EI とし，せん断力による変形は無視してよい。

【問 8-12】　**問図 8.13** のように，長さ L の部材 5 本で構成されるトラスの節点 D に集中荷重 P が作用している。このとき，節点 C の水平変位 δ_C を仮想仕事の原理により求めよ。なお，部材はいずれも断面積 A，ヤング率 E である。

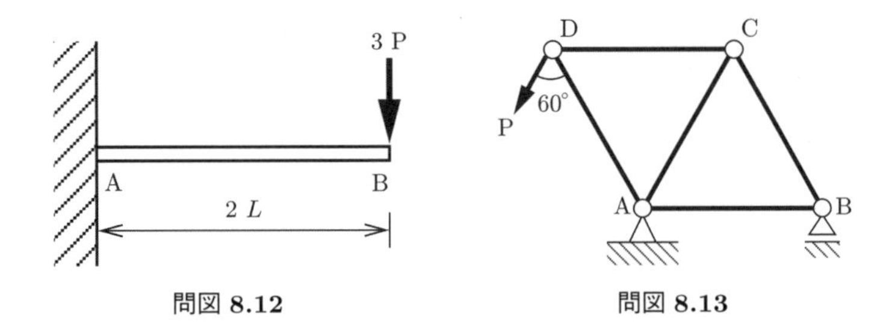

問図 8.12　　問図 8.13

【問 8-13】 **問図 8.14** に示すラーメン ABC の水平部材 BC に荷重強度 q の等分布荷重が作用している。このとき点 B の鉛直変位を仮想仕事の原理により求めよ。なお，2 本の部材の曲げ剛性はいずれも EI であり，軸力およびせん断力による変形は無視してよい。

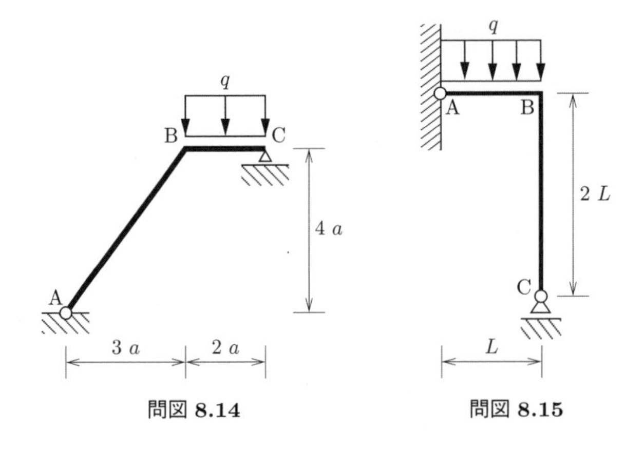

問図 8.14　　問図 8.15

【問 8-14】 **問図 8.15** に示すラーメン ABC の水平部材 AB に荷重強度 q の等分布荷重が作用している。このとき点 C の回転変位を仮想仕事の原理により求めよ。なお，2 本の部材の曲げ剛性はいずれも EI であり，軸力およびせん断力による変形は無視してよい。

【問 8-15】 **問図 8.16** に示すトラスの部材 CD の温度が 20°C 上昇し，部材 AB の温度が 10°C 下降した。他の 3 本の部材の温度は変わらないとすると，節点 C は鉛直方向にどれだけ変位するか求めよ。なお，部材の線膨張係数はいずれも 1.0×10^{-5} である。

【問 8-16】 **問図 8.17** に示すトラスの部材製作に誤差があり，それぞれの部材が設計時の長さより，図中のカッコ内に示した長さだけ長かった，もしくは短かったこと

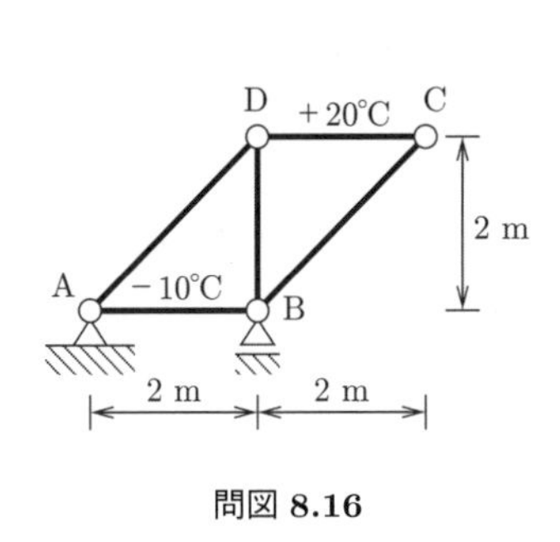

問図 8.16

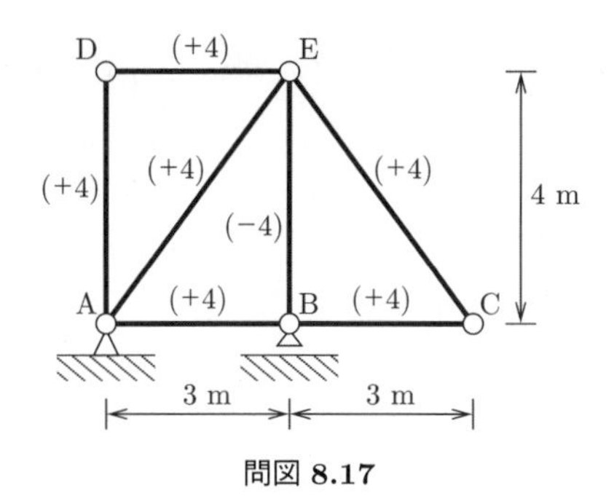

問図 8.17

がわかった。図中の (+4) は 4 mm 長いこと，(−4) は 4 mm 短いことを意味している。このとき節点 C は本来の位置から鉛直方向にどれだけ変位したか求めよ。

【8章の演習問題解答例】

［**解 8-1**］ ① $\sigma_0=\dfrac{\mathrm{N}}{A}=\dfrac{\mathrm{P}_0}{A}$，$\varepsilon_0=\dfrac{\sigma_0}{2E}=\dfrac{\mathrm{P}_0}{2EA}$，② $\overline{U}=\dfrac{1}{2}\sigma_0\varepsilon_0=\dfrac{{\mathrm{P}_0}^2}{4EA^2}$，③ $U=\displaystyle\int_V\overline{U}\mathrm{d}V=\int_0^{3L}\overline{U}A\mathrm{d}x=\dfrac{3{\mathrm{P}_0}^2L}{4EA}$

［**解 8-2**］ トラスの軸力を節点法で求める。その結果から，**解表 8.1** のように各部材のひずみエネルギーを求め，その和がトラス全体のひずみエネルギーとなる。

解表 8.1　軸力およびひずみエネルギー

部材	軸力	部材長	部材のひずみエネルギー	全ひずみエネルギー
AB	$\dfrac{1}{2}\mathrm{P}$	h	$\dfrac{1}{8}\dfrac{\mathrm{P}^2h}{EA}$	$\dfrac{3+2\sqrt{2}}{4}\dfrac{\mathrm{P}^2h}{EA}$
AD	0	h	0	
AE	$\dfrac{\sqrt{2}}{2}\mathrm{P}$	$\sqrt{2}\,h$	$\dfrac{\sqrt{2}}{4}\dfrac{\mathrm{P}^2h}{EA}$	
BC	$\dfrac{1}{2}\mathrm{P}$	h	$\dfrac{1}{8}\dfrac{\mathrm{P}^2h}{EA}$	
BE	0	h	0	
CE	$-\dfrac{\sqrt{2}}{2}\mathrm{P}$	$\sqrt{2}\,h$	$\dfrac{\sqrt{2}}{4}\dfrac{\mathrm{P}^2h}{EA}$	
CF	0	h	0	
DE	$-\mathrm{P}$	h	$\dfrac{1}{2}\dfrac{\mathrm{P}^2h}{EA}$	
EF	0	h	0	

支点反力：$\mathrm{H_A}=-\mathrm{P}$,　$\mathrm{R_A}=-\dfrac{1}{2}\mathrm{P}$,　$\mathrm{R_C}=\dfrac{1}{2}\mathrm{P}$

軸力およびひずみエネルギーは解表 8.1 のようになる。

［解 **8-3**］ $\delta_{11}=\displaystyle\int_0^h \varepsilon \mathrm{d}x=\frac{\mathrm{P}_1}{EA}\int_0^h \mathrm{d}x=\frac{\mathrm{P}_1 h}{EA}$ より $\delta_{21}=\delta_{11}=\dfrac{\mathrm{P}_1 h}{EA}$ となる。また，$\delta_{12}=\displaystyle\int_0^h \varepsilon \mathrm{d}x=\frac{\mathrm{P}_2}{EA}\int_0^h \mathrm{d}x=\frac{\mathrm{P}_2 h}{EA}$ である。ここから，$\mathrm{P}_1\delta_{12}=\mathrm{P}_1\dfrac{\mathrm{P}_2 h}{EA}=\mathrm{P}_2\dfrac{\mathrm{P}_1 h}{EA}=\mathrm{P}_2\delta_{21}$ が導かれるので，相反定理の成立が確認できる。

［解 **8-4**］ $\delta_{21}=4\,\mathrm{cm}$

［解 **8-5**］ ① $\mathrm{H_A}=-\mathrm{P}$,　$\mathrm{R_A}=-\dfrac{4}{3}\mathrm{P}$,　$\mathrm{R_B}=\dfrac{4}{3}\mathrm{P}$,　② $\mathrm{N_{AB}}=\mathrm{P}$,　$\mathrm{N_{AC}}=\dfrac{4}{3}\mathrm{P}$,　$\mathrm{N_{BC}}=-\dfrac{5}{3}\mathrm{P}$,　③ $\delta_k=\dfrac{\partial U}{\partial \mathrm{P}_k}=\dfrac{\partial}{\partial \mathrm{P}_k}\left[\displaystyle\sum_{i=1}^{m}\frac{{\mathrm{N}_i}^2 L_i}{2E_i\mathrm{A}_i}\right]=\displaystyle\sum_{i=1}^{m}\left[\frac{\mathrm{N}_i L_i}{E_i\mathrm{A}_i}\left(\frac{\partial \mathrm{N}_i}{\partial \mathrm{P}_k}\right)\right]$,
④ $\delta_\mathrm{C}=\dfrac{\partial U}{\partial \mathrm{P}}=\dfrac{1}{E\mathrm{A}}\left[\mathrm{P}\times 3\,L\times 1+\dfrac{4}{3}\mathrm{P}\times 4L\times\dfrac{4}{3}+\left(-\dfrac{5}{3}\mathrm{P}\right)\times 5\,L\times\left(-\dfrac{5}{3}\right)\right]=\dfrac{24\mathrm{P}L}{E\mathrm{A}}$

［解 **8-6**］ 力のつり合い条件から，支点反力および曲げモーメントを求める。それぞれ以下のように求められる。

支点反力：$\mathrm{H_A}=0$,　$\mathrm{R_A}=\dfrac{2}{3}\mathrm{P}$,　$\mathrm{R_B}=\dfrac{1}{3}\mathrm{P}$

曲げモーメント：$\mathrm{M}=\dfrac{2}{3}\mathrm{P}x$（AC 間），　$\mathrm{M}=-\dfrac{1}{3}\mathrm{P}x+\mathrm{P}L$（CB 間）

ここで，x は支点 A からの距離である。

カスティリアノの定理の計算過程で，曲げモーメントを求めたい変位に対応した荷重で偏微分した値を用いるので，先に算出する。

$$\frac{\partial \mathrm{M}}{\partial \mathrm{P}}=\frac{2}{3}x\ (\text{AC 間}),\quad \frac{\partial \mathrm{M}}{\partial \mathrm{P}}=-\frac{1}{3}x+L\ (\text{CB 間})$$

以上の結果を踏まえ，カスティリアノの定理を用いて点 C の鉛直変位を求める。計算過程および求められる変位は以下のとおりである。

$$\delta_\mathrm{C}=\frac{\partial U}{\partial \mathrm{P}}=\frac{1}{EI}\left[\int_0^L\left(\frac{2}{3}\mathrm{P}x\right)\left(\frac{2}{3}x\right)\mathrm{d}x+\int_L^{3L}\left(-\frac{1}{3}\mathrm{P}x+\mathrm{P}L\right)\left(-\frac{1}{3}x+L\right)\mathrm{d}x\right]=\frac{4\,\mathrm{P}L^3}{9\,EI}$$

［解 **8-7**］ (1) $\delta_C=84\dfrac{\mathrm{P}L}{EA}$,　$\delta_D=212\dfrac{\mathrm{P}L}{EA}$,　(2) $\delta_\mathrm{C}=0.42\,\mathrm{cm}$,　$\delta_\mathrm{D}=1.06\,\mathrm{cm}$

［解 **8-8**］ $\delta_\mathrm{D}=24\,\mathrm{mm}$（右に変位する）

［**解 8-9**］　$\theta_C = \dfrac{2qL^3}{3EI}$（時計回りに回転する）

［**解 8-10**］　①　**解図 8.1**，　②　$N_{AC} = \sqrt{2}P$，$N_{BC} = -P$，　③　$N_{AC}{}^* = \sqrt{2}$，　$N_{BC}{}^* = -1$，　④　$P^*\delta_C = \dfrac{1}{EA}\left[\sqrt{2}\times\sqrt{2}\,P\times\sqrt{2}\,L + (-1)\times(-P)\times L\right]$，

⑤　$\delta_C = \dfrac{(2\sqrt{2}+1)PL}{EA}$

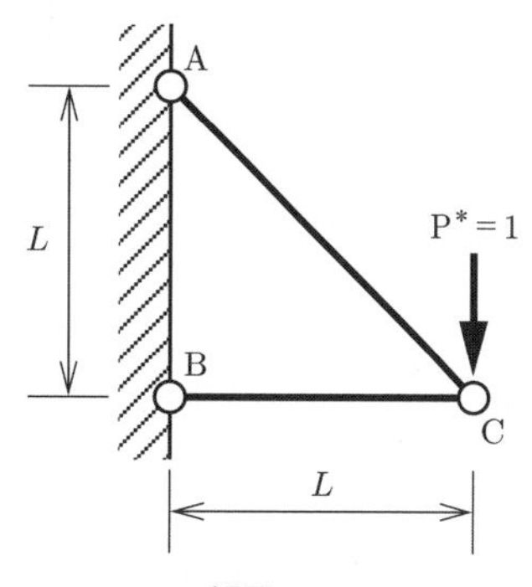

解図 8.1

［**解 8-11**］　まず始めに原系を解く。**解図 8.2** のように反力の向きを仮定し，力のつり合い条件から固定端 A の反力を求める。続いてはりを切断し，曲げモーメントを求める。支点反力と曲げモーメントは以下のとおりである。

支点反力：$H_A = 0$，　$R_A = 3\,P$，　$M_A = -6\,PL$

曲げモーメント：$M = 3\,Px - 6\,PL$

つぎに仮想系を考える。δ_B を求めるための仮想系は**解図 8.3** のようになる。仮想系の曲げモーメントは，原系の曲げモーメントに $P = 1/3$ を代入したものに等しい。すなわち，仮想系の曲げモーメントは $M^* = x - 2\,L$ である。

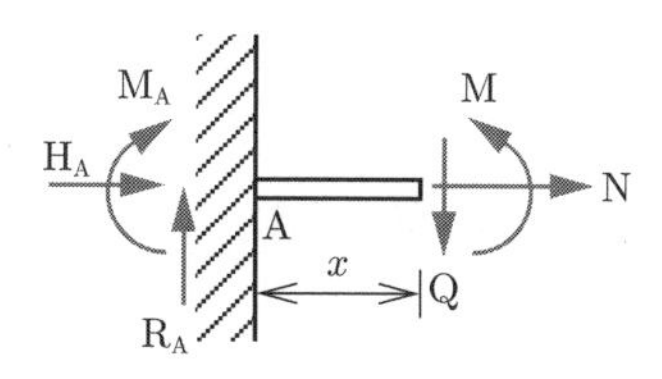

解図 8.2

仮想仕事の原理を用いて自由端 B の鉛直変位 δ_B を求める。計算過程と結果は以下のとおりである。

$$P^*\delta_B = \int_0^{2L} \frac{1}{EI}(x - 2\,L)(3\,Px - 6\,PL)\,dx,$$

$$\therefore\quad \delta_B = \frac{8PL^3}{EI}$$

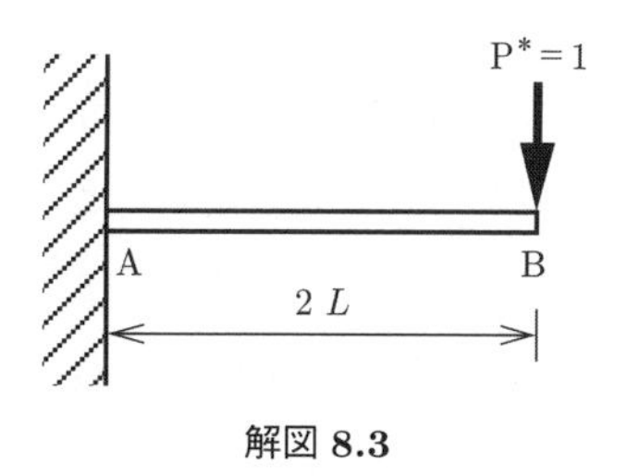

解図 8.3

［**解 8-12**］　$\dfrac{9\,PL}{4EA}$（左向き）

［**解 8-13**］　$\dfrac{94qa^4}{25EI}$（下向き）

［**解 8-14**］　$\theta_C = \dfrac{qL^3}{24EI}$（反時計回りに回転する）

［**解 8-15**］　$\delta_C = 0.6\,\mathrm{mm}$（下向きに変位する）

［**解 8-16**］　$\delta_C = 12\,\mathrm{mm}$（下向きに変位する）

9 不静定構造の解法

9.1 静定基本系による解き方

9.1.1 外的不静定構造と内的不静定構造

外的不静定構造 ： 静定構造と比較して支点反力が多いために不静定である構造のこと。

内的不静定構造 ： 静定構造と比較して部材が多いために不静定である構造のこと。

9.1.2 静 定 基 本 系

静定基本系 ： 外的不静定構造の場合，不静定構造を構成している支点の拘束を外した静定構造のこと。内的不静定構造の場合，部材の接続を外したり，部材を切断して得られる静定構造のこと。

不静定力 ： 不静定構造の支点反力あるいは部材の断面力を静定基本系に作用させて，もとの不静定構造と同等の構造にする力。大きさがわからない荷重として静定基本系に作用させる。

9.1.3 カスティリアノの定理を用いた外的不静定構造の解き方

【例　題】 図**9.1**(a) のような等分布荷重を載荷した1次不静定ばりについて考える。曲げ剛性 EI ははりの全長にわたって一定とする。

4つの支点反力を生じる1次不静定構造である。これを解くためには，3つの力のつり合い条件以外に変位に関する条件1つが必要である。

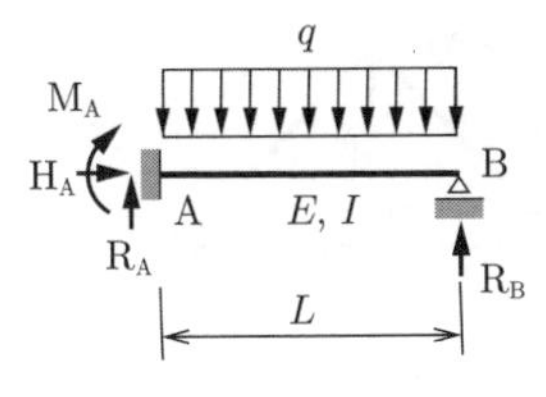

(a)　1 次不静定ばり

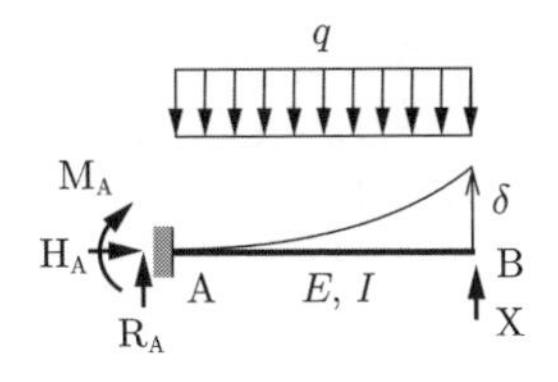

(b)　鉛直反力 R_B を不静定力 X とする静定基本系（片持ちばり）

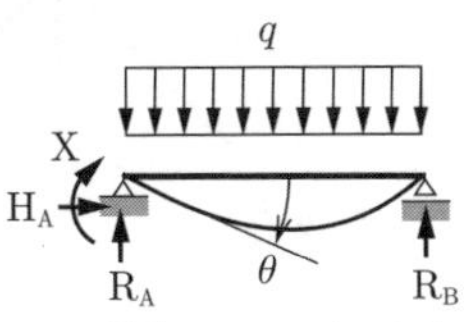

(c)　反力モーメント M_A を不静定力 X とする静定基本系（単純ばり）

図 **9.1**　不静定ばりと静定基本系

静定基本系と不静定力：支点 B を除去して静定の片持ちばりとする（図 9.1(b)）。支点反力 R_B に相当する不静定力 X を作用させる。

曲げモーメント分布：等分布荷重 q および不静定力 X による曲げモーメント分布を力のつり合い条件によって求める。

$$\mathrm{M} = -\frac{1}{2}q(x-L)^2 - \mathrm{X}(x-L)$$

点 B の鉛直変位 $\boldsymbol{\delta}$：カスティリアノの定理より，つぎのようになる。

$$\delta = \frac{\partial U}{\partial \mathrm{X}} = \int_0^L \frac{\mathrm{M}}{EI}\frac{\partial \mathrm{M}}{\partial \mathrm{X}} = \frac{1}{EI}\left[\frac{1}{3}\mathrm{X}L^3 - \frac{1}{8}qL^4\right]$$

不静定力の値：点 B は本来支点なので $\delta = 0 \Rightarrow \mathrm{X} = \dfrac{3}{8}qL = \mathrm{R_B}$

他の支点反力および曲げモーメント：

$$\mathrm{R_A} = qL - \mathrm{X} = \frac{5}{8}qL, \quad \mathrm{M_A} = \mathrm{X}L - \frac{1}{2}qL^2 = -\frac{1}{8}qL^2$$

$$\mathrm{M} = \frac{5}{8}qLx - \frac{1}{8}qL^2 - \frac{1}{2}qx^2$$

（注 1）　変位の条件 $\delta = 0$ によって 4 つの支点反力の 1 つ $\mathrm{R_B}(=\mathrm{X})$ が求まったので，ほかの 3 つの支点反力も力のつり合い条件から求めることができた。

（注 2）　静定基本系として単純ばりを用いることもできる（図 9.1(c)）。支点 A の反力モーメント $\mathrm{M_A}$ を不静定力 X とし，回転変位 $\theta = 0$ の条件により X の値が求まる。

（注 3）　変位の条件 $\delta = 0$ および $\theta = 0$ は「変位の適合条件」である。

9.1.4　カスティリアノの定理を用いた外的不静定トラスの解き方

【例　題】　図 **9.2**(a) のような節点 D に水平の集中荷重を載荷した 1 次不静

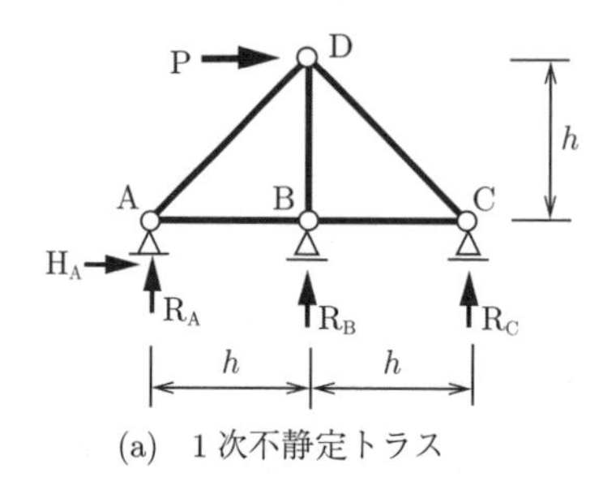

(a)　1次不静定トラス

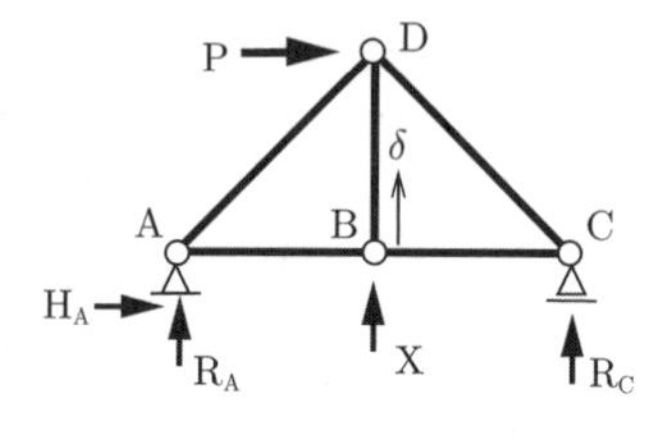

(b)　鉛直反力 R_B を不静定力 X とする静定基本系

図 9.2　不静定トラスと静定基本系

定トラスを考える。すべての部材は同じ断面積 A，同じヤング率 E である。

静定基本系と不静定力：支点 B を除去して静定のトラスとする（図 9.2(b)）。支点反力 R_B に相当する不静定力 X を作用させる。

（注）　他の支点反力を不静定力として解くこともできる。

静定基本系の部材力：節点法を用いて各部材の軸力を求める（**表 9.1**）。

表 9.1　カスティリアノの定理を用いた不静定トラスの解

部材	部材長 L_i	静定基本系の軸力 N_i	$\dfrac{\partial N_i}{\partial X}$	解の軸力 N_i
AB	h	$(P-X)/2$	$-1/2$	$(\sqrt{2}-1)P$
BC	h	$(P-X)/2$	$-1/2$	$(\sqrt{2}-1)P$
BD	h	$-X$	-1	$(2\sqrt{2}-3)P$
AD	$\sqrt{2}\,h$	$\sqrt{2}\,(X+P)/2$	$\sqrt{2}/2$	$2(\sqrt{2}-1)P$
CD	$\sqrt{2}\,h$	$\sqrt{2}\,(X-P)/2$	$\sqrt{2}/2$	$(\sqrt{2}-2)P$

点 B の鉛直変位 $\boldsymbol{\delta}$：カスティリアノの定理より，つぎのようになる。

$$\delta = \frac{\partial U}{\partial X} = \sum_i \frac{N_i L_i}{EA}\left(\frac{\partial N_i}{\partial X}\right) = \frac{1}{EA}\left[-\frac{1}{2}Ph + \left(\frac{3}{2}+\sqrt{2}\right)Xh\right]$$

不静定力の値：点 B は本来支点なので $\delta = 0 \Rightarrow X = (3-2\sqrt{2})P = R_B$

他の支点反力と軸力：軸力は表 9.1 に示す。

$$R_B = X = (3-2\sqrt{2})P,\quad H_A = -P,\quad R_A = (\sqrt{2}-2)P,$$
$$R_C = (\sqrt{2}-1)P$$

9.1.5 演　習　問　題

【問 9-1】 **問図 9.1** に示す 1 次不静定トラスの各部材の軸力を，カスティリアノの定理を用いて求めたい。空欄 ① ～ ⑤ を埋めよ。なお，部材はすべて断面積 A，ヤング率 E である。

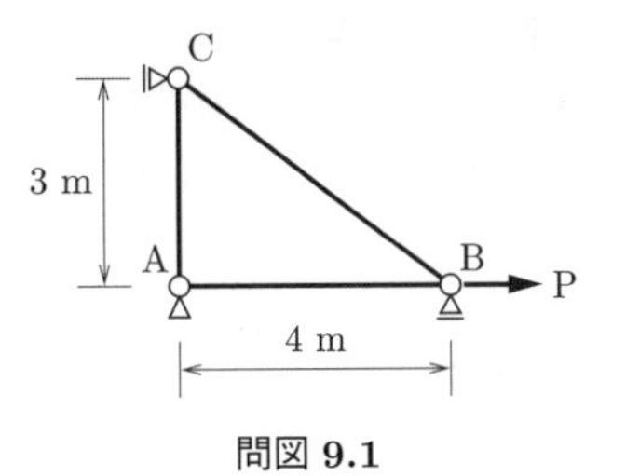

問図 9.1

(1)　静定基本系

1 次不静定トラスを解くために，**問図 9.2** のように支点 B を外し，鉛直反力 R_B のかわりに不静定力 X を作用させた静定基本系を考える(注)。そして，この静定基本系の節点 B の鉛直変位 δ_B をカスティリアノの定理により算出する。

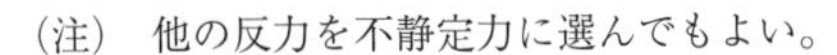
(注)　他の反力を不静定力に選んでもよい。

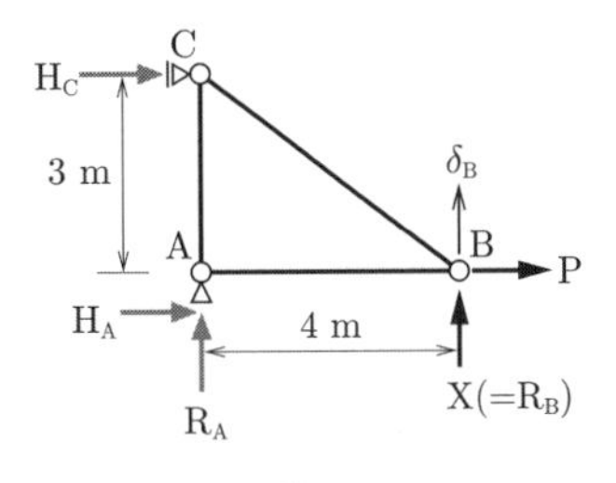

問図 9.2

(2)　支点反力

静定基本系のつり合い条件より支点反力を求めると，空欄 ① の値が得られる。

支点反力：　①

(3)　軸　力

節点法に基づき，静定基本系のすべての部材の軸力を求める。各部材の軸力は空欄 ② の値になる。

軸　力：　②

(4)　カスティリアノの定理

不静定力 X を作用させた節点 B の鉛直変位 δ_B をカスティリアノの定理により算出する。算出過程と結果は空欄 ③ のようになる。

③

(5)　変位の適合条件

節点 B は本来ローラー支点である。したがって，不静定力 X の大きさが支点反力 R_B と等しい場合，節点 B の鉛直変位は空欄 ④ の条件を満足する。これを変位の適合条件と呼ぶ。以下に変位の適合条件を記入せよ。

変位の適合条件：④

(6)　不静定力の算出と支点反力，軸力への代入

変位の適合条件により，不静定力 X の値が求まる。また，不静定力 X の値が定まったことで，支点反力と軸力の値も求められる。変位の適合条件を与えて得られる不静定力 X の値と，不静定力の値を代入して得られる支点反力，軸力を空欄 ⑤ に記入せよ。

【問 9-2】　問図 **9.3** に示す 1 次不静定ばりの点 B に鉛直下向きの集中荷重 P が作用している。この不静定ばりのせん断力，曲げモーメントの分布を求め，図示せよ。なお，はりの曲げ剛性は EI であり，せん断力が変形に及ぼす影響は無視してよい。

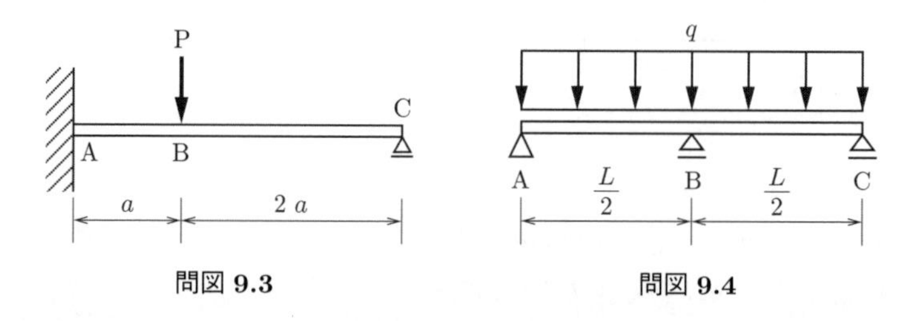

問図 **9.3**　　問図 **9.4**

【問 9-3】　問図 **9.4** に示す 2 径間連続ばり ABC に荷重強度 q の等分布荷重が作用している。このはりのせん断力および曲げモーメントの分布を求め，図示せよ。なお，はりの曲げ剛性は EI であり，せん断力が変形に及ぼす影響は無視してよい。

【問 9-4】 問図 **9.5** に示す 1 次不静定ラーメン ABC の点 B に水平方向の集中荷重 P が作用している。この 1 次不静定ラーメンの軸力，せん断力，および曲げモーメントの分布を求めよ。なお，2 本の部材の曲げ剛性はいずれも EI であり，軸力とせん断力が変形に及ぼす影響は無視してよい。

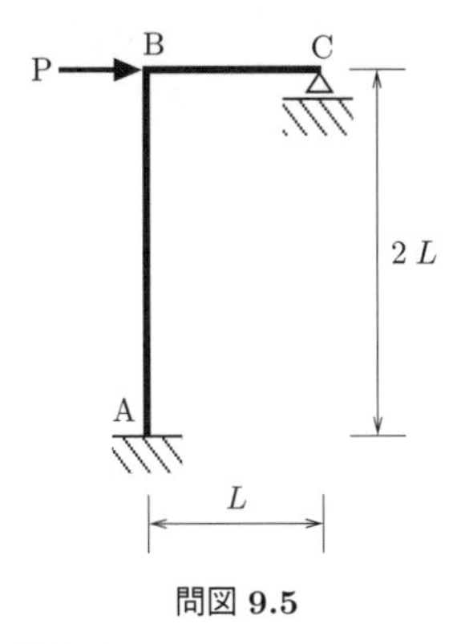

問図 **9.5**

9.1.6　仮想仕事の原理を用いた外的不静定構造の解き方

前述の図 9.1(b) の静定基本系に仮想仕事の原理を適用して点 B の鉛直変位 δ を表す式を求め，$\delta = 0$ の条件から不静定力 X を求めることができる。一方，以下に示すように図 9.1(b) を図 **9.3**(a), (b) に分解する扱いもできる。

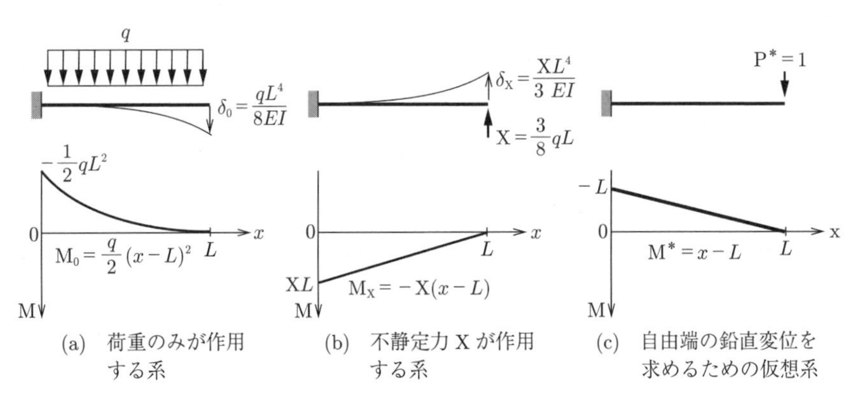

(a)　荷重のみが作用する系　(b)　不静定力 X が作用する系　(c)　自由端の鉛直変位を求めるための仮想系

図 **9.3**　静定基本系の分解

【別 法】 図 9.1(b) を図 9.3(a), (b) に分解する。

荷重のみの系の自由端の変位 ：

原　系 ： 図 9.3(a) の曲げモーメント分布：$\mathrm{M_0} = -\dfrac{q}{2}(x - L)^2$

仮想系 ： 図 9.3(c) の曲げモーメント分布：$\mathrm{M^*} = x - L$

$$\mathrm{P}^*\delta_0 = \int_0^L \frac{\mathrm{M_0 M^*}}{EI}\mathrm{d}x$$

$$= \frac{1}{EI}\int_0^L \left[-\frac{q}{2}(x-L)^2(x-L)\right] \mathrm{d}x = \frac{qL^4}{8\,EI}$$

$$= \delta_0$$

不静定力のみの系の自由端の変位：

原　系： 図 9.3(b) の曲げモーメント分布：$\mathrm{M_X} = -\mathrm{X}(x-L)$

仮想系： 図 9.3(c) の単位荷重 P^* を上向きに作用させる。この仮想系の曲げモーメント分布は $-\mathrm{M}^*$ である。

$$\mathrm{P}^*\delta_\mathrm{X} = \int_0^L \frac{\mathrm{M}_0(-\mathrm{M}^*)}{EI}\mathrm{d}x$$

$$= \frac{1}{EI}\int_0^L \{-\mathrm{X}(x-L)[-(x-L)]\}\,\mathrm{d}x = \frac{\mathrm{X}L^3}{3\,EI} = \delta_\mathrm{X}$$

不静定力の値： $\delta_\mathrm{X} = \delta_0 \Rightarrow \mathrm{X} = \dfrac{3}{8}qL$

メリット： 図 9.3(c) の曲げモーメント分布 M^* を求めれば，$\mathrm{M_X} = \mathrm{X}\times\mathrm{M}^*$ なので「不静定力のみの系」（図 9.3(b)）についてつり合い条件を立てる必要がない。δ_X を求めるための仮想系の曲げモーメントも上述のようにマイナスを付けるだけ（$-\mathrm{M}^*$）である。

9.1.7　仮想仕事の原理を用いた外的不静定トラスの解き方

図 9.2(b) の静定基本系に仮想仕事の原理を適用して点 B の鉛直変位 δ を表す式を求め，$\delta = 0$ の条件から不静定力 X を求めることができる。一方，以下に示すように図 9.2(b) を図 **9.4**(a), (b) に分解する扱いもできる。

【別 法】 図 9.2(b) を図 9.4(a), (b) に分解する。

荷重のみの系の節点 B の鉛直変位：

原　系： 図 9.4(a) の軸力（節点法で求める）：$\mathrm{N}_{0,i}$（表 **9.2**）

仮想系： 図 9.4(c) の軸力（節点法で求める）：$\mathrm{N}_i{}^*$（表 9.2）

$$\mathrm{P}^*\delta_0 = \sum_{i=1}^{5} \frac{\mathrm{N}_{0,i}\mathrm{N}_i{}^* L_i}{EA} = \frac{\mathrm{P}h}{2\,EA} = \delta_0$$

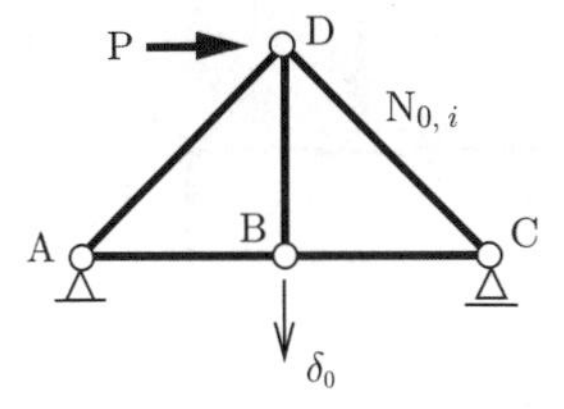

(a) 荷重のみが作用する系

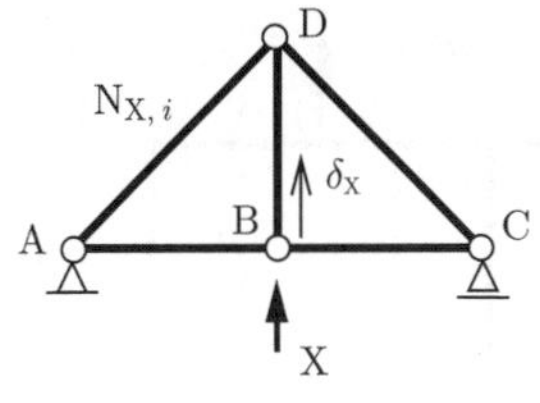

(b) 不静定力 X のみが作用する系

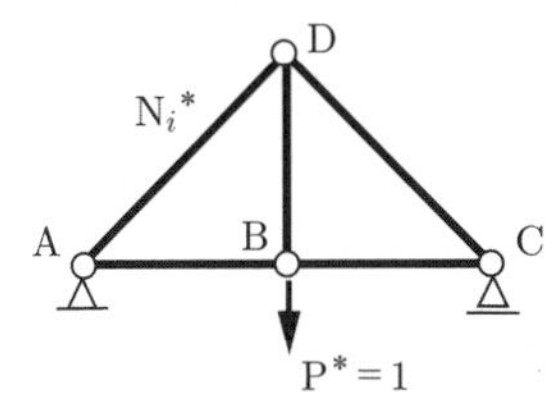

(c) δ_0 を求めるための仮想系

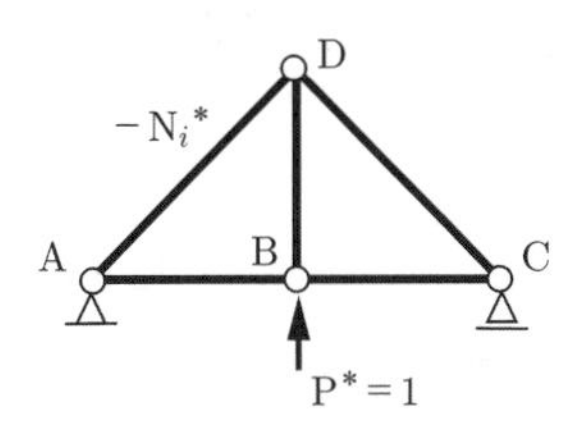

(d) δ_X を求めるための仮想系

図 9.4 静定基本系の分解

表 9.2 仮想仕事の原理を用いた不静定トラスの解き方

部材	部材長 L_i	$N_{0,i}$	$N_i{}^*$	$N_{X,i}$ $(= -X \times N_i{}^*)$
AB	h	$P/2$	$1/2$	$-X/2$
BC	h	$P/2$	$1/2$	$-X/2$
BD	h	0	1	$-X$
AD	$\sqrt{2}\,h$	$\sqrt{2}\,P/2$	$-\sqrt{2}/2$	$\sqrt{2}\,X/2$
CD	$\sqrt{2}\,h$	$-\sqrt{2}\,P/2$	$-\sqrt{2}/2$	$\sqrt{2}\,X/2$

不静定力のみの系の節点 **B** の鉛直変位 ：

原　系 ： 図 9.4(b) の軸力：$N_{X,i} = -X \times N_i{}^*$

仮想系 ： 図 9.4(d) の軸力：$-N_i{}^*$

$$P^*\delta_X = \sum_{i=1}^{5} \frac{N_{X,i}(-N_i{}^*)L_i}{EA} = \left(\frac{3}{2} + \sqrt{2}\right)\frac{Xh}{EA} = \delta_X$$

不静定力の値 ：

$$\delta_X = \delta_0 \Rightarrow X = \left(3 - 2\sqrt{2}\right)P$$

9.1.8 高次の不静定構造

【例　題】 図 **9.5**(a) のような 3 次の不静定ラーメンについて考える。

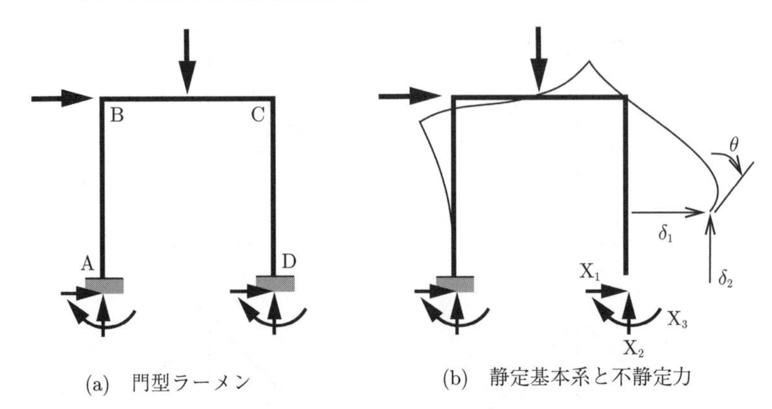

図 9.5　3 次の不静定構造

不静定次数：6 つの支点反力 ⇒ 3 次不静定構造 ⇒ 変位に関する 3 つの条件を立てる。

静定基本系の例：図 9.5(a) のように支点 D の拘束を外す。

⇒ 支点 D の 3 つの支点反力を不静定力とする。

X_1, X_2, X_3（X_3 は反力モーメント）

⇒ 不静定力に対応する 3 つの変位成分を生じる。

$\delta_1(X_1,\ X_2,\ X_3)$,　$\delta_2(X_1,\ X_2,\ X_3)$,　$\theta(X_1,\ X_2,\ X_3)$

（3 つの変位成分 δ_1, δ_2, θ は不静定力 X_1, X_2, X_3 を含んだ式で表される）

不静定力：点 D はもともと支点（固定端）なので，3 つの変位成分はいずれもゼロでなければならない（変位の適合条件）。⇒ 不静定力 X_1, X_2, X_3 に関するつぎのような 3 元連立 1 次方程式が得られる。

$$\delta_1(X_1,\ X_2,\ X_3) = 0$$

$$\delta_2(X_1,\ X_2,\ X_3) = 0$$

$$\theta(X_1,\ X_2,\ X_3) = 0$$

この 3 元連立 1 次方程式を解いて不静定力 X_1, X_2, X_3 が求まる。

（注 1）変位成分 δ_1, δ_2, θ はカスティリアノの定理，仮想仕事の原理のいずれによっても得られる。

（注 2）他の静定基本系も可能である（例えば，支点 A を単純支持とし，支点 D をローラー支点とする静定基本系）。

9.1.9 演 習 問 題

【問 9-5】 **問図 9.6** に示す 1 次不静定トラスの各部材の軸力を，仮想仕事の原理を用いて求めたい。空欄 ① ～ ⑧ を埋めよ。なお，部材はすべて断面積 A，ヤング率 E である。

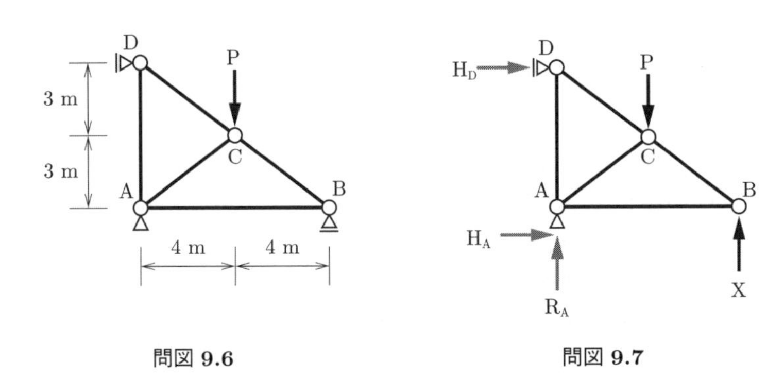

問図 9.6　　　**問図 9.7**

(1) 静定基本系と系の分解

1 次不静定トラスを解くために，**問図 9.7** のように支点 B を外し，鉛直反力 R_B のかわりに不静定力 X を作用させた静定基本系を考える（他の反力を不静定力に選んでもよい）。さらに，静定基本系を外力のみが作用する系（系 0），不静定力のみが作用する系（系 X）の 2 つの系に分離する。空欄 ① に（系 0）と（系 X）を図示せよ。

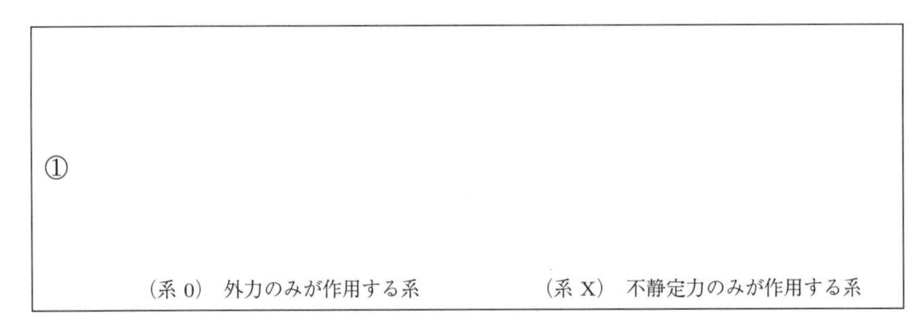

(2) 外力のみが作用する系（系 0）の軸力

（系 0）の軸力を求め，空欄 ② に記入せよ。

②

(3)　不静定力のみが作用する系（系 X）の軸力系 X の軸力を求め，空欄 ③ に記入せよ。

③

(4)　仮想系の軸力

（系 0）の節点 B の鉛直変位 δ_0 を求める。δ_0 を求めるための仮想系は，**問図 9.8** のように，系 X の不静定力を $X = -1$ としたものである。δ_0 を求めるための仮想系の軸力を，空欄 ④ に記入せよ。

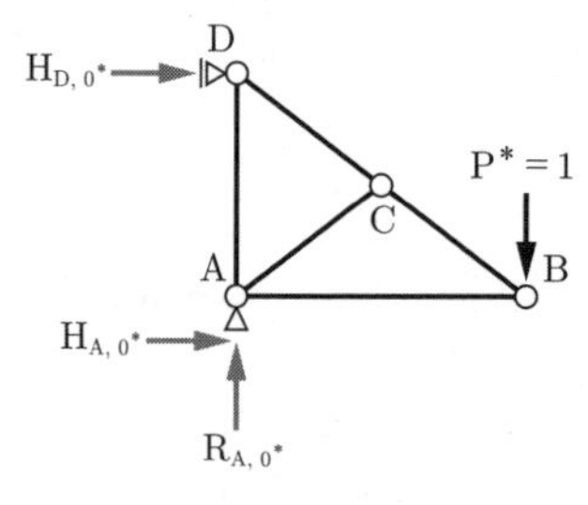

問図 **9.8**

④

(5)　外力のみが作用する系（系 0）の節点変位

仮想仕事の原理により（系 0）の節点 B の鉛直変位 δ_0 を求めよ。計算過程および結果を空欄 ⑤ に記入せよ。

⑤

(6)　不静定力のみが作用する系（系 X）の節点変位

（系 X）の節点 B の鉛直変位 δ_X を求める。δ_X を求めるための仮想系は，（系 0）の仮想系の荷重の向きを上下反転したものであり，その軸力は，(4) の結果の符号を変えたものである。δ_X を求めるための仮想系の軸力を用いて，仮想仕事の原理により（系X）の節点Bの鉛直変位 δ_X を求めよ。計算過程および結果を空欄⑥に記入せよ。

⑥

(7)　変位の適合条件

問いの1次不静定トラスの節点Bはローラー支点であることから，（系0）の節点変位 δ_0 と（系X）の節点変位 δ_X の間には，空欄⑦に示す関係が成立する。

⑦

この関係を用いて，不静定力Xの値（空欄⑧）を算出する。

⑧

(8)　軸力の算出

不静定力Xの値を(2)，(3)の結果に代入し，問いの1次不静定トラスの軸力を求める。なお，1次不静定トラスの軸力は，（系0）の軸力と（系X）の軸力の和として得られる。空欄⑨に，問いの1次不静定トラスの軸力を記入せよ。

⑨

【問 9-6】　**問図 9.9** に示す1次不静定ばりの点Bに鉛直下向きの集中荷重Pが作用している。この不静定ばりのせん断力，曲げモーメントの分布を求め，図示せよ。なお，変位の算出には「仮想仕事の原理」を用いること。また，はりの曲げ剛性は EI であり，せん断力が変形に及ぼす影響は無視してよい。

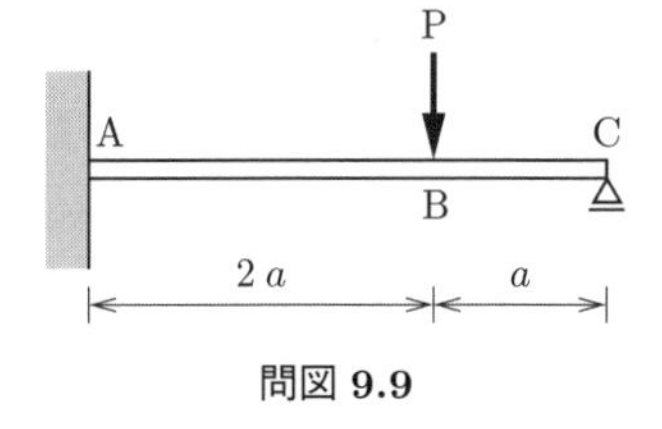

問図 9.9

【問 9-7】 **問図 9.10** に示す 1 次不静定ラーメン ABCD の水平部材 BC に鉛直方向の等分布荷重 q が作用している。この 1 次不静定ラーメンの軸力，せん断力，および曲げモーメントの分布を求めよ。なお，2 本の部材の曲げ剛性はいずれも EI であり，軸力およびせん断力が変形に及ぼす影響は無視してよい。

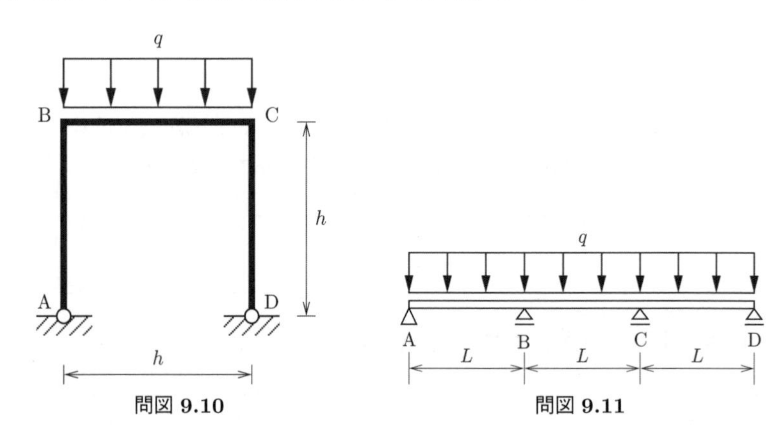

問図 9.10　　**問図 9.11**

【問 9-8】 **問図 9.11** に示す 3 径間連続ばり（2 次不静定ばり）に荷重強度 q の等分布荷重が満載されている。このはりのせん断力と曲げモーメントの分布を求め，図示せよ。なお，はりの曲げ剛性は EI であり，変形に及ぼすせん断力の影響は無視してよい。

9.2　内的不静定構造の解き方

9.2.1　最小仕事の原理

内的不静定構造を解くのに有用な原理で，式 (9.1) で表される。

$$\frac{\partial U}{\partial \mathrm{X}} = 0 \tag{9.1}$$

ここで，不静定力 X は内力（断面力）である。

9.2.2　最小仕事の原理を用いた内的不静定トラスの解き方

図 9.6 に典型的な内的不静定トラスの例を示す。2 つの例ともに支点反力の数は 3 つで構造全体のつり合い条件で反力の値が決まる（外的静定）。しかし，支えられている構造の部材数が多く，不静定構造である。

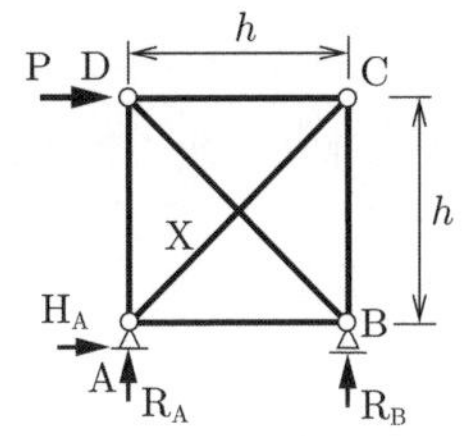

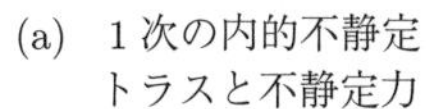

(a)　1 次の内的不静定トラスと不静定力

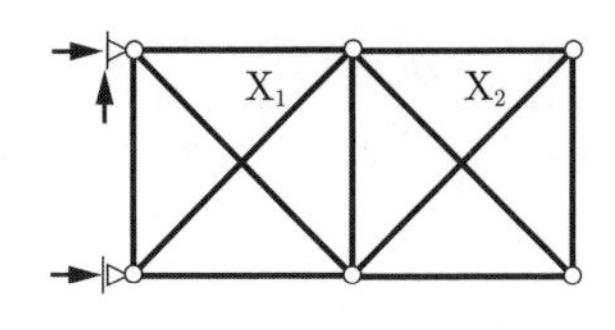

(b)　2 次の内的不静定トラスと不静定力

図 9.6　内的不静定トラス

(1)　1 次の内的不静定トラス

【例　題】　図 9.6(a) のような場合を考える。すべての部材の断面積を A, ヤング率を E とする。

不静定力：部材 AC の軸力 $\mathrm{N_{AC}}$ を不静定力 X とする。

(注)　他の軸力を不静定力に選んでもよい。

軸力の計算：節点法で軸力を求める。不静定力の関数 $\mathrm{N}_i(\mathrm{X})$ である(**表 9.3**)。

表 9.3　最小仕事の原理を用いた内的不静定トラスの解き方

部材	部材長 L_i	$\mathrm{N}_i(\mathrm{X})$	$\partial \mathrm{N}_i/\partial \mathrm{X}$	N_i
AB	h	$\mathrm{P}-\sqrt{2}\,\mathrm{X}/2$	$-\sqrt{2}/2$	$\mathrm{P}/2$
AD	h	$\mathrm{P}-\sqrt{2}\,\mathrm{X}/2$	$-\sqrt{2}/2$	$\mathrm{P}/2$
BC	h	$-\sqrt{2}\,\mathrm{X}/2$	$-\sqrt{2}/2$	$-\mathrm{P}/2$
CD	h	$-\sqrt{2}\,\mathrm{X}/2$	$-\sqrt{2}/2$	$-\mathrm{P}/2$
BD	$\sqrt{2}\,h$	$\mathrm{X}-\sqrt{2}\mathrm{P}$	1	$-\sqrt{2}\,\mathrm{P}/2$
AC	$\sqrt{2}\,h$	X	1	$\sqrt{2}\,\mathrm{P}/2$

最小仕事の原理の適用：

$$\frac{\partial U}{\partial \mathrm{X}}=0 \Rightarrow \sum_{i=1}^{6}\frac{\mathrm{N}_i L_i}{E_i A_i}\left(\frac{\partial \mathrm{N}_i}{\partial \mathrm{X}}\right)=0$$

$$\Rightarrow \frac{2\left(1+\sqrt{2}\right)h}{EA}\mathrm{X}-\frac{\left(2+\sqrt{2}\right)h}{EA}\mathrm{P}=0 \Rightarrow \mathrm{X}=\frac{\sqrt{2}}{2}\mathrm{P}\,(=\mathrm{N_{AC}})$$

他の部材の軸力は表 9.3 に示す。

(2)　2 次の内的不静定トラス：図 9.6(b)

不静定力：2 本の部材の軸力を不静定力に選ぶ (X_1, X_2)。

最小仕事の原理の適用：

$$\frac{\partial U}{\partial X_1} = 0, \quad \frac{\partial U}{\partial X_2} = 0 \quad (X_1,\ X_2 \text{ に関する連立 1 次方程式})$$

連立 1 次方程式を解いて不静定力 X_1, X_2 が求まる。

⇒ 他の部材の軸力も求まる。

9.2.3　内的不静定構造の例

図 9.7 にほかの内的不静定構造の例を示す。

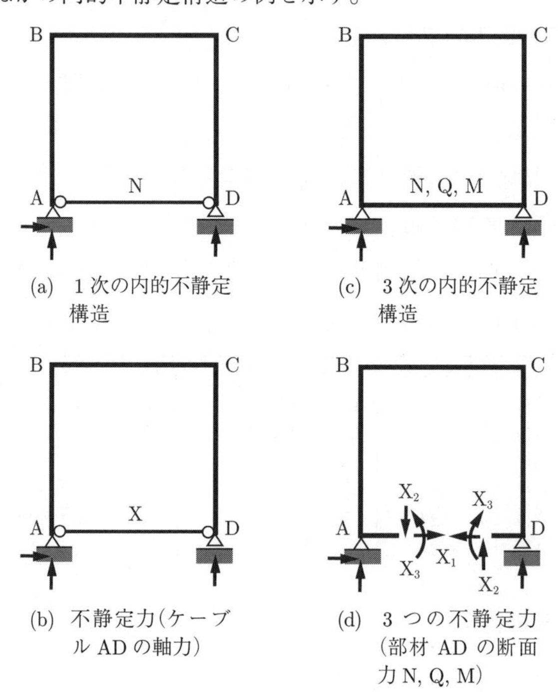

(a)　1 次の内的不静定構造

(c)　3 次の内的不静定構造

(b)　不静定力（ケーブル AD の軸力）

(d)　3 つの不静定力（部材 AD の断面力 N, Q, M）

図 9.7　内的不静定構造の例

図 9.7(a)：静定ラーメン ABCD にケーブル AD を配置した 1 次の内的不静定構造

⇒ ケーブル軸力 N を不静定力 X に選び「最小仕事の原理」を適用する（図 9.7(b)）

図 9.7(b)：静定ラーメン ABCD に曲げ部材 AD を配置した 3 次の内的不静

定構造

⇒ 部材 AD の断面力 N, Q, M を不静定力 X_1, X_2, X_3 に選び「最小仕事の原理」を適用する（3 元連立 1 次方程式を解く）（図 9.7(d)）

（注） 部材 AD のどの位置で切断してもよい。

9.2.4 演 習 問 題

【問 9-9】 **問図 9.12** に示す 1 次不静定トラスの各部材の軸力を，最小仕事の原理を用いて求めたい。空欄 ① ～ ⑤ を埋めよ。なお，部材はすべて断面積 A，ヤング率 E である。また，部材 AC の軸力を不静定力とする。

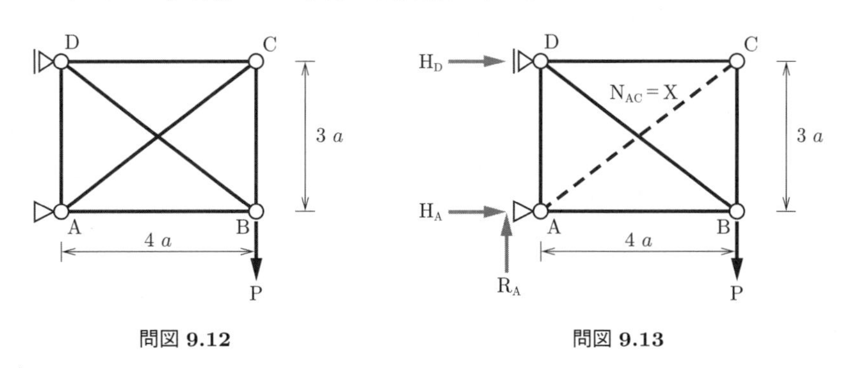

問図 9.12　　**問図 9.13**

(1) 支点反力

このトラスは外的に静定なので，力のつり合い条件で支点反力が求められる。**問図 9.13** の静定基本系を考える。図のように支点反力を仮定し，力のつり合い条件式を解く。力のつり合い条件式を解いて求めた支点反力の値を空欄 ① に記入せよ。

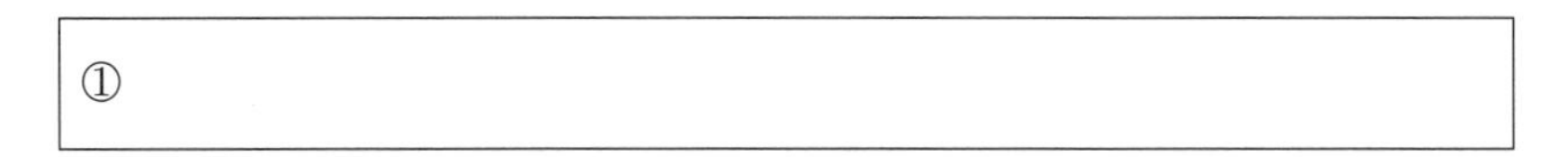

(2) 静定基本系の軸力

部材 AC の軸力を不静定力 X とおくと，他の部材の軸力を外力 P と不静定力 X で表すことができる。節点法で各部材の軸力を求める。**問図 9.14** を参考に節点 A の力のつり合い条件から軸力 N_{AB}, N_{AD} を求め，空欄 ② に記入せよ。

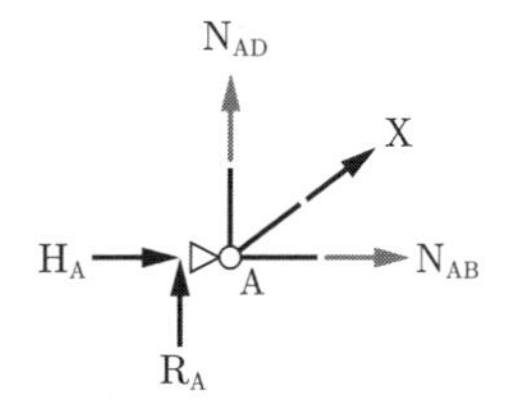

問図 9.14

②

節点法によりほかの部材の軸力も求め，欄③の**問表 9.1** を埋めよ。

③

問表 9.1

部材	N_i	$\dfrac{\partial \mathrm{N}_i}{\partial \mathrm{X}}$	L_i
AB			
AC			
AD			
BC			
BD			
CD			

(3)　最小仕事の原理

上記 (2) の問表 9.1 の諸量を用い，最小仕事の原理に基づいて不静定力 X を求める。算出過程と求めた値を空欄④に記入せよ。

④

(4)　不静定力の代入と軸力の算出

上記 (2) で求めた軸力に不静定力 X の値を代入し，問いの内的 1 次不静定トラスの軸力を求める。代入した結果を空欄⑤に記入せよ。

⑤

【問 9-10】　問図 9.15 に示す内的 1 次不静定構造のケーブル CD に生じる張力を，最小仕事の原理を用いて求めよ。なお，ケーブルの張力を不静定力 X に選べ。また，

はりの曲げ剛性は EI，ケーブルのヤング率は E，断面積は A であり，はりの変形に対してせん断力が及ぼす影響は無視してよい。

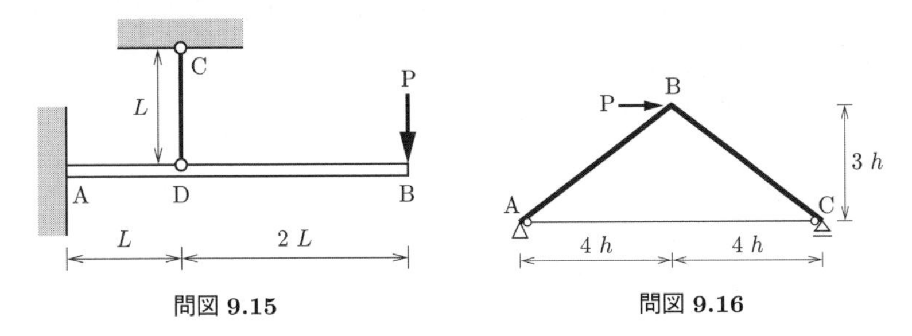

問図 9.15　　問図 9.16

【問 9–11】 **問図 9.16** に示す骨組み構造は曲げに耐えられる 2 本の部材 AB, BC および軸力だけを負担できるケーブル AC からできている。ケーブル AC が支点 C の水平変位を抑える役割をしており，1 次不静定構造である。

この骨組み構造の剛結点 B に水平荷重 P が作用したときの部材の軸力分布せん断力分布および曲げモーメント分布を最小仕事の原理を用いて求めよ。なお，ケーブル AC の軸力を不静定力 X とすること。また，部材 AB, BC の曲げ剛性は EI，ケーブル AC は断面積 A，ヤング率 E であり，$I = 27h^4/64$, $A = h^2/4$ の関係があるものとする。部材 AB, BC の変形は曲げによる影響のみを扱い，せん断力，軸力による影響は無視してよい。

【問 9–12】 **問図 9.17** に示す (a)～(c) の構造の不静定次数を，算出の根拠とともに答えよ。

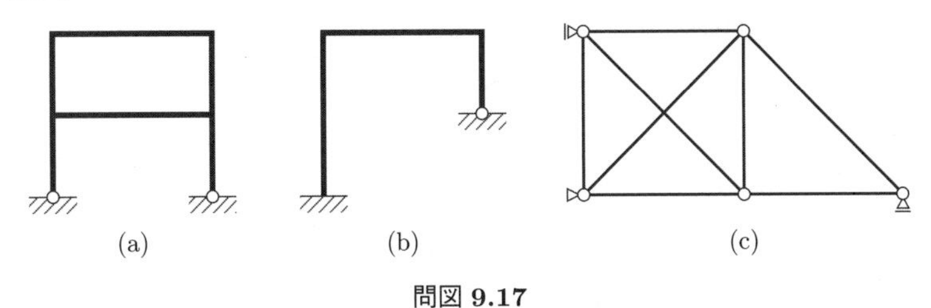

問図 9.17

【9 章の演習問題解答例】

［**解 9–1**］ ① $\mathrm{H_A} = -\mathrm{P} - \dfrac{4}{3}\mathrm{X}$,　$\mathrm{H_C} = \dfrac{4}{3}\mathrm{X}$,　$\mathrm{R_A} = -\mathrm{X}$,　② $\mathrm{N_{AB}} = \mathrm{P} + \dfrac{4}{3}\mathrm{X}$, $\mathrm{N_{AC}} = \mathrm{X}$,　$\mathrm{N_{BC}} = -\dfrac{5}{3}\mathrm{X}$,　③ $\delta_\mathrm{B} = \dfrac{\partial U}{\partial \mathrm{X}} = \displaystyle\sum_{i=1}^{3} \frac{\mathrm{N}_i L_i}{EA}\left(\frac{\partial \mathrm{N}_i}{\partial \mathrm{X}}\right) = \frac{1}{EA}\Bigg(\frac{216}{9}\mathrm{X} +$

$\frac{16}{3}\mathrm{P}\Big)$，④ $\delta_{\mathrm{B}}=0$，⑤ $\mathrm{X}=-\frac{2}{9}\mathrm{P}$，$\mathrm{H_A}=-\frac{19}{27}\mathrm{P}$，$\mathrm{R_A}=\frac{2}{9}\mathrm{P}$，$\mathrm{R_B}=-\frac{2}{9}\mathrm{P}$，$\mathrm{H_C}=-\frac{8}{27}\mathrm{P}$，$\mathrm{N_{AB}}=\frac{19}{27}\mathrm{P}$，$\mathrm{N_{AC}}=-\frac{2}{9}\mathrm{P}$，$\mathrm{N_{BC}}=\frac{10}{27}\mathrm{P}$

［**解 9-2**］ 1次不静定ばりを解くために，**解図 9.1** のように支点Cを外し，鉛直反力 $\mathrm{R_C}$ のかわりに不静定力Xを作用させた静定基本系を考える（他の反力を不静定力に選んでもよい）。

この静定基本形の点Cの鉛直変位 δ_{C} をカスティリアノの定理により算出する。

まずはじめに，静定基本系の支点反力を求める。

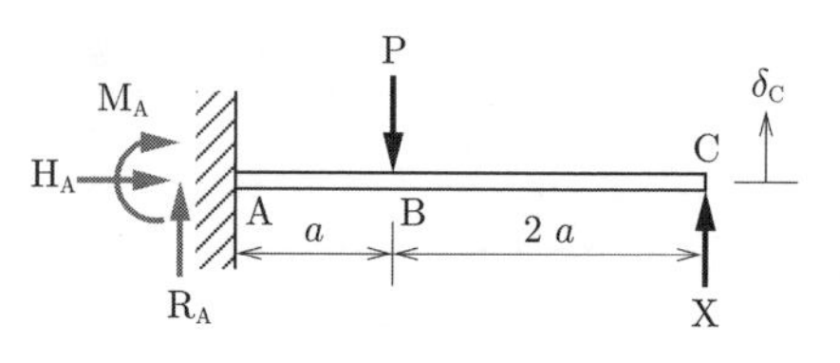

解図 9.1

支点反力：$\mathrm{H_A}=0$，$\mathrm{R_A}=\mathrm{P}-\mathrm{X}$，$\mathrm{M_A}=-\mathrm{P}a+3\,\mathrm{X}a$

続いて，**解図 9.2** のようにはりを切断し，静定基本系のせん断力と曲げモーメントを求める。

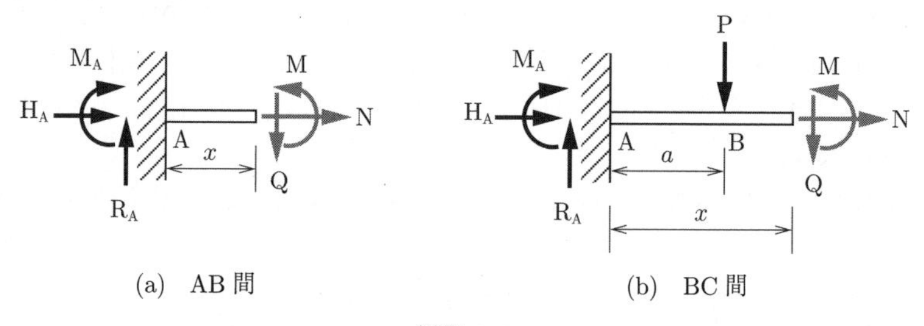

解図 9.2

AB 間：$\mathrm{Q}=\mathrm{P}-\mathrm{X}$，$\mathrm{M}=(\mathrm{P}-\mathrm{X})\,x+(-\mathrm{P}a+3\,\mathrm{X}a)$，$\dfrac{\partial \mathrm{M}}{\partial \mathrm{X}}=-x+3\,a$

BC 間：$\mathrm{Q}=-\mathrm{X}$，$\mathrm{M}=-\mathrm{X}x+3\,\mathrm{X}a$，$\dfrac{\partial \mathrm{M}}{\partial \mathrm{X}}=-x+3\,a$

カスティリアノの定理により点Cの鉛直変位 δ_{C} を求める。

$$\delta_{\mathrm{C}}=\frac{\partial U}{\partial \mathrm{X}}=\int_0^L \frac{\mathrm{M}}{EI}\frac{\partial \mathrm{M}}{\partial \mathrm{X}}\mathrm{d}x+\int_L^{3L} \frac{\mathrm{M}}{EI}\frac{\partial \mathrm{M}}{\partial \mathrm{X}}\mathrm{d}x=\frac{1}{EI}\left(-\frac{4}{3}\mathrm{P}L^3+9\,\mathrm{X}L^3\right)$$

点Cは本来ローラー支点である。したがって，不静定力Xの大きさが支点反力 $\mathrm{R_C}$ と等しい場合，点Cの鉛直変位は $\delta_{\mathrm{C}}=0$ となる。この変位の適合条件を用いて，不静定力Xの値を求める。

$$\delta_C = \frac{1}{EI}\left(-\frac{4}{3}PL^3 + 9XL^3\right) = 0 \text{ より } X = \frac{4}{27}P$$

求めた不静定力Xの値を代入し，1次不静定ばりの支点反力，せん断力，曲げモーメントを得る。以下にそれらの値を記すとともに，**解図 9.3** にせん断力と曲げモーメントの分布図を示す。

支点反力：$H_A = 0,\quad R_A = \dfrac{23}{27}P,\quad R_C = \dfrac{4}{27}P,\quad M_A = -\dfrac{5}{9}Pa,$

AB 間：$Q = \dfrac{23}{27}P,\quad M = \dfrac{23}{27}P - \dfrac{5}{9}Pa$

BC 間：$Q = -\dfrac{4}{27}P,\quad M = -\dfrac{4}{27}Px + \dfrac{4}{9}Pa$

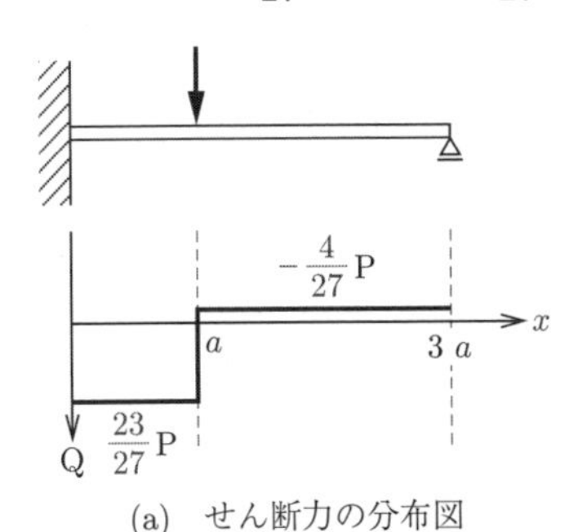

(a)　せん断力の分布図

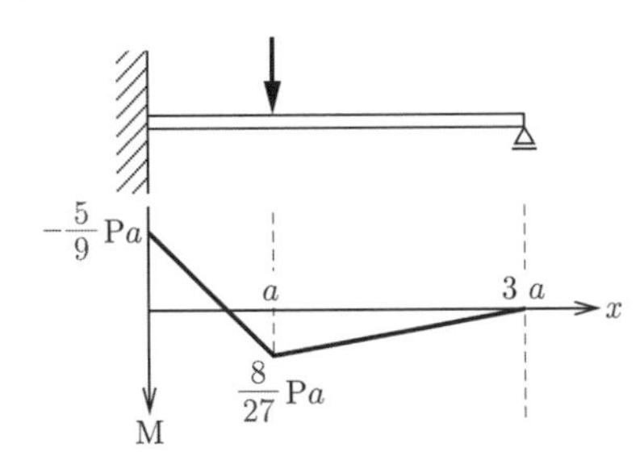

(b)　曲げモーメントの分布図

解図 9.3

［解 **9-3**］　**解図 9.4** となる。

［解 **9-4**］　**解図 9.5** となる。

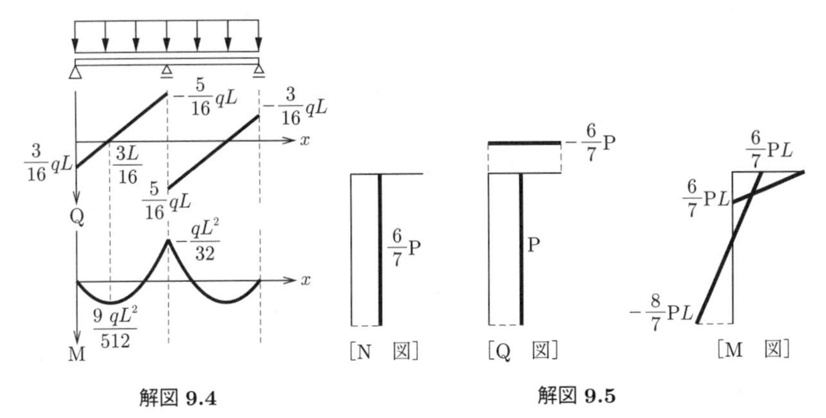

解図 9.4　　　**解図 9.5**

［解 **9-5**］　①　**解図 9.6** となる。

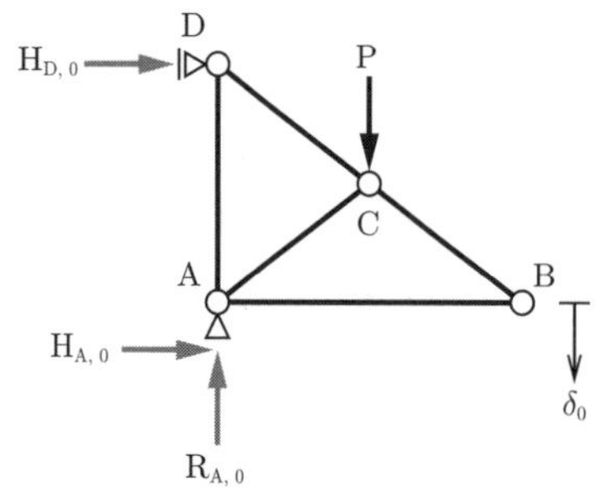

(系 0)　外力のみが作用する系

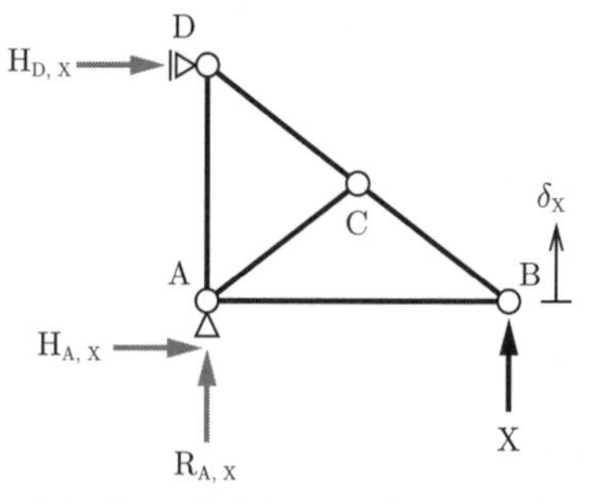

(系 X)　不静定力のみが作用する系

解図 9.6

② $\mathrm{N_{AB,0}}=0$, $\mathrm{N_{AC,0}}=-\dfrac{5}{6}\mathrm{P}$, $\mathrm{N_{AD,0}}=-\dfrac{1}{2}\mathrm{P}$, $\mathrm{N_{BC,0}}=0$, $\mathrm{N_{CD,0}}=\dfrac{5}{6}\mathrm{P}$, ③ $\mathrm{N_{AB,X}}=\dfrac{4}{3}\mathrm{X}$, $\mathrm{N_{AC,X}}=0$, $\mathrm{N_{AD,X}}=\mathrm{X}$, $\mathrm{N_{BC,X}}=-\dfrac{5}{3}\mathrm{X}$, $\mathrm{N_{CD,X}}=-\dfrac{5}{3}\mathrm{X}$, ④ $\mathrm{N_{AB,0}}^*=\dfrac{4}{3}$, $\mathrm{N_{AC,0}}^*=0$, $\mathrm{N_{AD,0}}^*=1$, $\mathrm{N_{BC,0}}^*=-\dfrac{5}{3}$, $\mathrm{N_{CD,0}}^*=-\dfrac{5}{3}$, ⑤ $\delta_0=\displaystyle\sum_{i=1}^{5}\frac{\mathrm{N}_{i,0}{}^*\,\mathrm{N}_{i,0}\,L_i}{EA}=\frac{179\mathrm{P}}{18EA}$,
⑥ $\delta_\mathrm{X}=\displaystyle\sum_{i=1}^{5}\frac{(-\mathrm{N}_{i,0}{}^*)\,\mathrm{N}_{i,\mathrm{X}}L_i}{EA}=\frac{48\mathrm{P}}{EA}$, ⑦ $\delta_0=\delta_\mathrm{X}$, ⑧ $\mathrm{X}=\dfrac{179}{864}\mathrm{P}$,
⑨ $\mathrm{N_{AB}}=\dfrac{179}{648}\mathrm{P}$, $\mathrm{N_{AC}}=-\dfrac{5}{6}\mathrm{P}$, $\mathrm{N_{AD}}=-\dfrac{253}{864}\mathrm{P}$, $\mathrm{N_{BC}}=-\dfrac{895}{2592}\mathrm{P}$, $\mathrm{N_{CD}}=\dfrac{1265}{2592}\mathrm{P}$

［**解 9-6**］ **解図 9.7** のように支点 C を外し，鉛直反力 $\mathrm{R_C}$ のかわりに不静定力 X を作用させた静定基本系を考える（他の反力を不静定力に選んでもよい）。

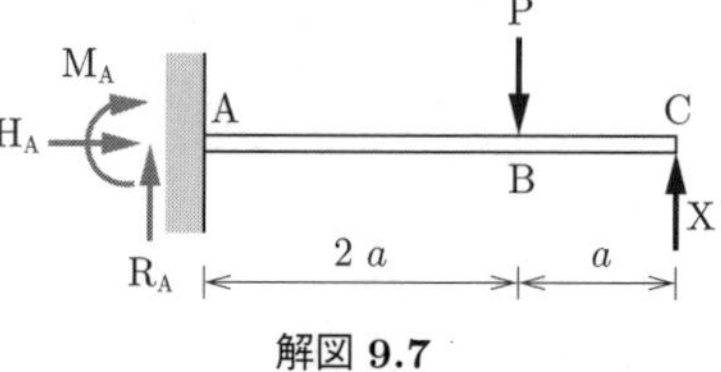

解図 9.7

この静定基本系を，もとの荷重 P のみが作用する系（系 0）と，不静定力 X のみが作用する系（系 X）の重ね合わせとして考える。（系 0）と（系 X）は**解図 9.8** のようになる。

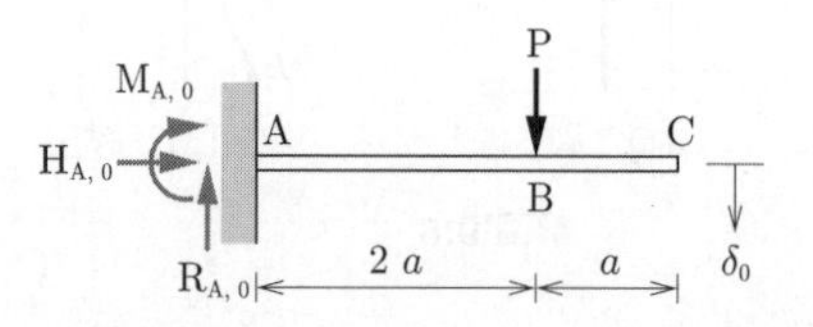

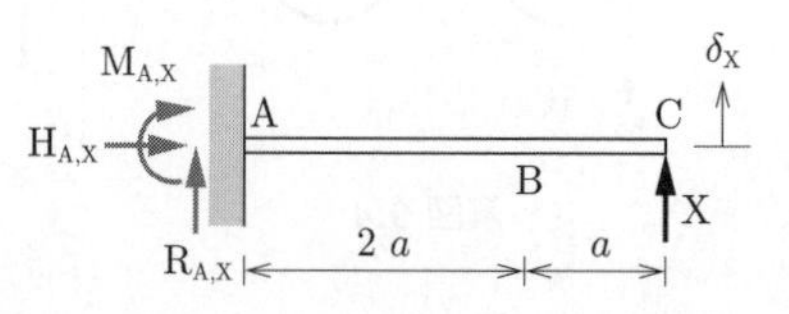

解図 9.8

つぎに，（系 0）の自由端 C の鉛直変位 δ_0 を仮想仕事の原理により求める。（系 0）の原系の反力および曲げモーメントを求めると，以下の結果になる（**解図 9.9**）。

$$\mathrm{H_{A,0}} = 0, \quad \mathrm{R_{A,0}} = \mathrm{P}, \quad \mathrm{M_{A,0}} = -2\,\mathrm{P}a,$$

$$\mathrm{M_0} = \mathrm{P}x - 2\,\mathrm{P}a \quad (0 \leqq x \leqq 2\,a), \quad \mathrm{M_0} = 0 \quad (2\,a \leqq x \leqq 3\,a)$$

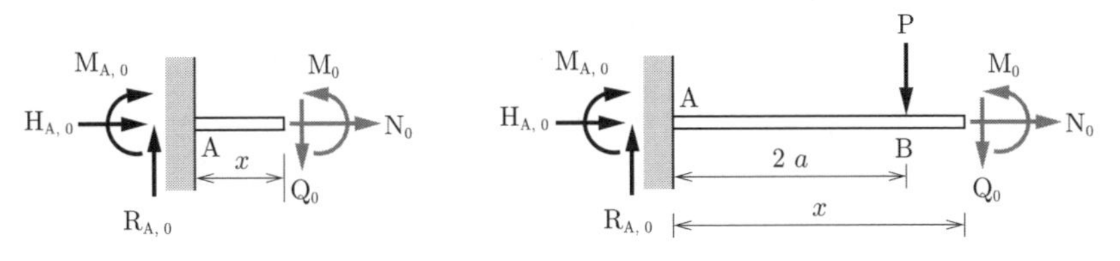

解図 9.9

（系 0）の鉛直変位 δ_0 を求めるための仮想系を考える。仮想系は**解図 9.10** のようになり，支点反力と曲げモーメントは以下のように求められる。

$$\mathrm{H_{A,0}}^* = 0, \quad \mathrm{R_{A,0}}^* = 1,$$

$$\mathrm{M_{A,0}}^* = -3\,a, \quad \mathrm{M_0}^* = x - 3\,a$$

$$(0 \leqq x \leqq 3\,a)$$

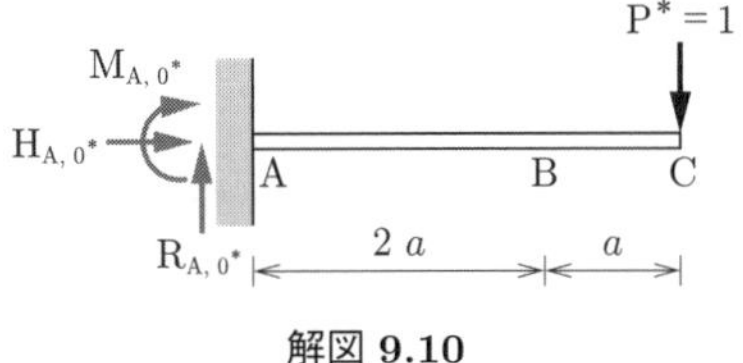

解図 9.10

ここで，仮想仕事の原理により（系 0）の鉛直変位 δ_0 を求めると，以下の結果になる。

$$\mathrm{P}^*\delta_0 = \int_0^{2a} \frac{\mathrm{M_0}^*\mathrm{M_0}}{EI}\mathrm{d}x + \int_{2a}^{3a} \frac{\mathrm{M_0}^*\mathrm{M_0}}{EI}\mathrm{d}x = \frac{14\mathrm{P}a^3}{3\,EI}$$

続いて，（系 X）の鉛直変位 δ_X を仮想仕事の原理により求める。（系 X）の原系の反力および曲げモーメントを求める必要があるが，（系 0）の仮想系の結果を利用する。（系 0）の仮想系の結果を $-\mathrm{X}$ 倍すればよい。その結果，（系 X）の原系の支点反力および曲げモーメントは以下の値になる。

$$\mathrm{H_{A,X}} = 0, \quad \mathrm{R_{A,X}} = -\mathrm{X}, \quad \mathrm{M_{A,X}} = 3\,\mathrm{X}a, \quad \mathrm{M_X} = -\mathrm{X}\,(x - 3\,a)$$

（系 X）の鉛直変位 δ_X を求めるための仮想系を考える。δ_X を求めるための仮想系は，δ_0 を求めるための仮想系の結果に -1 を乗じたものに一致する。よって，以下の値になる。

$$\mathrm{H_{A,X}}^* = 0, \quad \mathrm{R_{A,X}}^* = -1, \quad \mathrm{M_{A,X}}^* = 3\,a,$$

$$\mathrm{M_X}^* = -\mathrm{X}\,(x - 3\,a) \quad (0 \leqq x \leqq 3\,a)$$

仮想仕事の原理により，(系 X) の鉛直変位 δ_X を求める。計算結果は以下のとおりである。

$$\mathrm{P}^*\delta_\mathrm{X} = \int_0^{3a} \frac{\mathrm{M_X}^*\mathrm{M_X}}{EI}\mathrm{d}x = \frac{9\mathrm{X}a^3}{EI}$$

本問の 1 次不静定ばりの点 C はローラー支点であることから，(系 0) の自由端の鉛直変位 δ_0 と，系 X の自由端の鉛直変位 δ_X は等しくなければならない ($\delta_0 = \delta_\mathrm{X}$)。この関係から不静定力 X が以下のように求められる。

$$\mathrm{X} = \frac{14}{27}\mathrm{P}$$

これを代入し，断面力分布図を描くと**解図 9.11** となる。

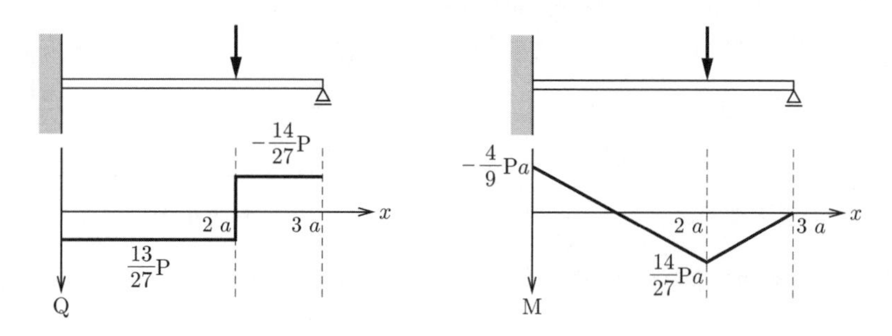

解図 9.11

［解 **9-7**］ **解図 9.12** となる。

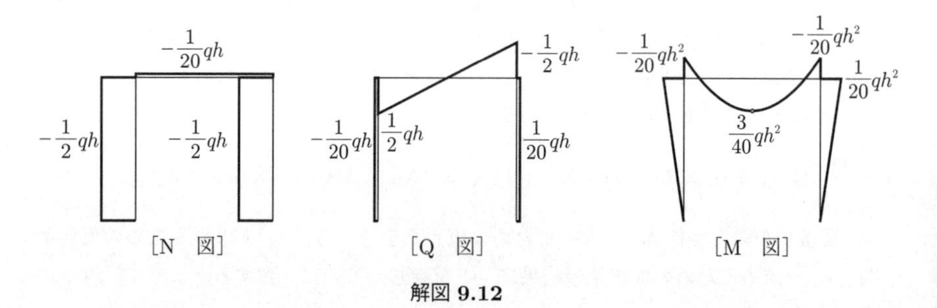

解図 9.12

［解 **9-8**］ 解図 **9.13** となる。

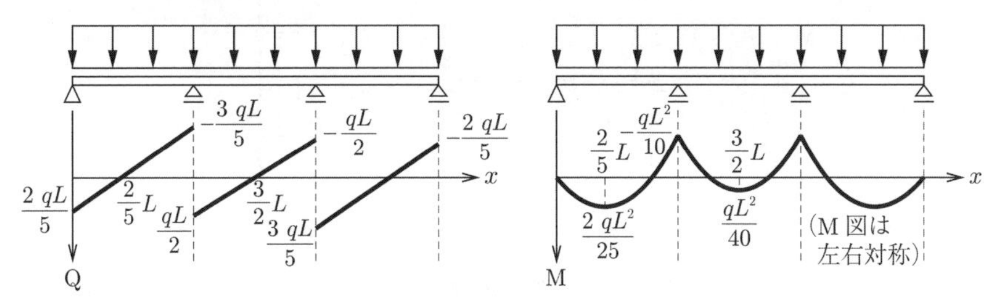

解図 **9.13**

［解 **9-9**］ ① $\mathrm{H_A} = \frac{4}{3}\mathrm{P}$, $\mathrm{H_D} = -\frac{4}{3}\mathrm{P}$, $\mathrm{R_A} = \mathrm{P}$, ② $\mathrm{N_{AB}} = -\frac{4}{3}\mathrm{P} - \frac{4}{5}\mathrm{X}$, $\mathrm{N_{AD}} = -\mathrm{P} - \frac{3}{5}\mathrm{X}$, ③ 解表 **9.1** となる。

解表 **9.1**

部材	$\mathrm{N_i}$	$\frac{\partial \mathrm{N}_i}{\partial \mathrm{X}}$	L_i
AB	$-\frac{4}{3}\mathrm{P} - \frac{4}{5}\mathrm{X}$	$-\frac{4}{5}$	$4a$
AC	X	1	$5a$
AD	$-\mathrm{P} - \frac{3}{5}\mathrm{X}$	$-\frac{3}{5}$	$3a$
BC	$-\frac{3}{5}\mathrm{X}$	$-\frac{3}{5}$	$3a$
BD	$\frac{5}{3}\mathrm{P} + \mathrm{X}$	1	$5a$
CD	$-\frac{4}{5}\mathrm{X}$	$-\frac{4}{5}$	$4a$

④ $\frac{\partial U}{\partial \mathrm{X}} = \frac{216\mathrm{P}a}{15EA} + \frac{432\mathrm{X}a}{25EA} = 0 \Rightarrow \mathrm{X} = -\frac{5}{6}\mathrm{P}$, ⑤ $\mathrm{N_{AB}} = -\frac{2}{3}\mathrm{P}$, $\mathrm{N_{AC}} = -\frac{5}{6}\mathrm{P}$, $\mathrm{N_{AD}} = -\frac{1}{2}\mathrm{P}$, $\mathrm{N_{BC}} = \frac{1}{2}\mathrm{P}$, $\mathrm{N_{BD}} = \frac{5}{6}\mathrm{P}$, $\mathrm{N_{CD}} = \frac{2}{3}\mathrm{P}$

［解 **9-10**］ 内的不静定構造を点 D で切り離し，静定構造の片持ちばりとケーブルに分離する。それぞれの静定系を解図 **9.14** に示す。

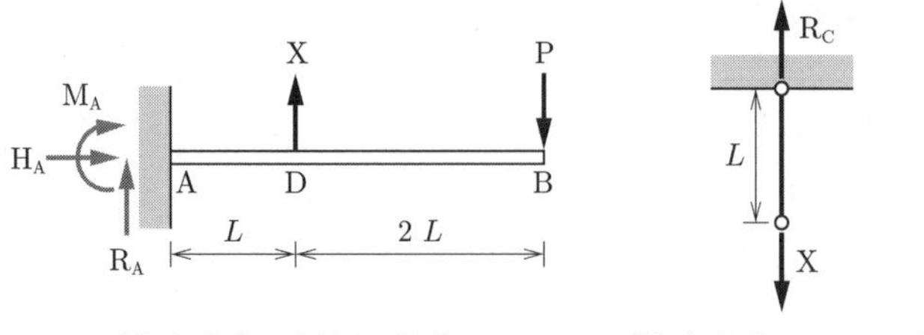

解図 9.14

つぎに静定系①（片持ちばり）の支点反力および曲げモーメントを求める。曲げモーメントは**解図 9.15** のように AD 間，DB 間の両方で求める必要がある。以上の結果を解図 9.15 の下に記す。

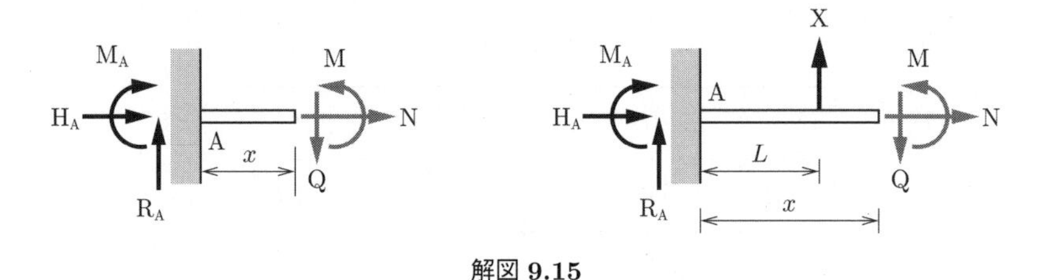

解図 9.15

$$\mathrm{H_A} = 0,\quad \mathrm{R_A} = \mathrm{P} - \mathrm{X},\quad \mathrm{M_A} = -3\,\mathrm{P}L + \mathrm{X}L$$

$$\mathrm{M} = \begin{cases} \mathrm{P}x - 3\,\mathrm{P}L - \mathrm{X}x + \mathrm{X}L & (0 \leqq x \leqq L) \\ \mathrm{P}x - 3\,\mathrm{P}L & (L \leqq x \leqq 3\,L) \end{cases}$$

続いて静定系②（ケーブル）を考える。ケーブルの断面力（張力）は N = X である。

最小仕事の原理を用いて不静定力 X を求めるためには，はりの場合は曲げモーメントを，ケーブルの場合は張力を不静定力 X で偏微分した値を求める必要がある。それぞれを偏微分した結果は以下のとおりである。

$$\frac{\partial \mathrm{M}}{\partial \mathrm{X}} = \begin{cases} -x + L & (0 \leqq x \leqq L) \\ 0 & (L \leqq x \leqq 3\,L) \end{cases},\quad \frac{\partial \mathrm{N}}{\partial \mathrm{X}} = 1$$

最小仕事の原理を用いて不静定力 X を求める。ここで，はりのひずみエネルギーを U_1，ケーブルのひずみエネルギーを U_2，構造全体のひずみエネルギーを U とする。最小仕事の原理を用いた結果はつぎのようになる。

$$\frac{\partial U}{\partial \mathrm{X}} = \frac{\partial U_1}{\partial \mathrm{X}} + \frac{\partial U_2}{\partial \mathrm{X}}$$
$$= \int_0^L \frac{1}{EI}\left[(\mathrm{P}x - 3\,\mathrm{P}L - \mathrm{X}x + \mathrm{X}L)\,(-x + L)\right]\mathrm{d}x + \frac{\mathrm{X}L}{EA} \times 1$$
$$= -\frac{4\mathrm{P}L^3}{3\,EI} + \frac{\mathrm{X}L^3}{3\,EI} + \frac{\mathrm{X}L}{EA} = 0$$
$$\therefore \quad \mathrm{X} = \frac{4}{1 + \dfrac{3\,I}{AL^2}}\mathrm{P}$$

［解 **9-11**］ 解図 **9.16** となる。

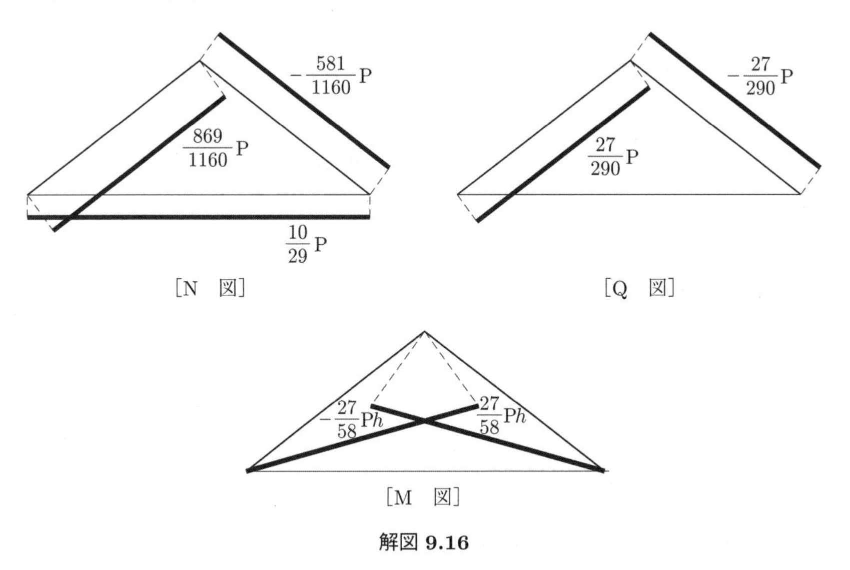

解図 9.16

［解 **9-12**］ (a)　4 次不静定（外的 1 次，内的 3 次不静定），(b)　2 次不静定（外的 2 次不静定），(c)　2 次不静定（外的 1 次，内的 1 次不静定）

10 ミューラー－ブレスロウの定理による影響線の求め方

10.1 ミューラー－ブレスロウの定理

10.1.1 ミューラー－ブレスロウの定理の要点

ミューラー－ブレスロウの定理は，仮想仕事の原理に基づいて成立する定理である。作図的に影響線を求めることができる便利な手法である。

ミューラー－ブレスロウの定理： 影響線を求めたい支点反力や断面力について，つぎの仮想系を考える。

1) 対象とする構造から荷重（移動する単位荷重）を取り除く。

2) 影響線を求めたい力に対応する変位の拘束を外す。

3) 他の拘束は外さない。

4) 影響線を求めたい力と逆向きに，単位の変位もしくは変位差を与える。

上記 1)～4) に示す仮想系の変位が，求めたい影響線に一致している。

定理における「影響線を求めたい力に対応する変位」と，その「拘束を外す」操作を**表 10.1** にまとめる。

表 10.1 影響線を求める力と仮想系で拘束をはずす変位との関係

影響線を求める力	仮想系で拘束を外す変位	拘束の外し方	操　作
鉛直反力 反力モーメント	鉛直変位（たわみ） 回転変位（たわみ角）	支点の拘束を除去する	変位 1 を 与える
せん断力 曲げモーメント	鉛直変位（たわみ） 回転変位（たわみ角）	もともと連続していた 変位を不連続にする	変位差 1 を 与える

10.1.2　単純ばりの影響線への適用

(1)　鉛直の支点反力の影響線　6章の図6.1(a)に示した単純ばりの左右の支点反力の影響線（図6.1(b), (c)）を，ミューラー－ブレスロウの定理によって求める。

支点Aの鉛直反力の影響線 $\mathbf{R_A}(\boldsymbol{x})$：表10.1により，影響線を求める手順はつぎのようになる。

1) 対象とする構造から荷重（移動する単位荷重）を取り除く［荷重が何も載荷されていない単純ばりを考える］。
2) 影響線を求めたい力に対応する変位の拘束を外す［支点Aを除去する］（図**10.1**(a)）。
3) 他の拘束は外さない［支点Bは残す］。
4) 影響線を求めたい力と逆向きに，単位の変位もしくは変位差を与える［$\mathrm{R_A}$が上向きの力として定義されているので，大きさ1の変位を点Aに下向きに与える］。

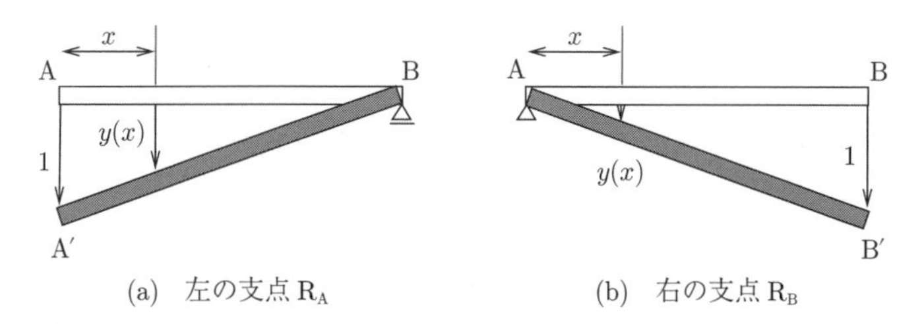

(a)　左の支点 $\mathrm{R_A}$　　(b)　右の支点 $\mathrm{R_B}$

図10.1　単純ばりの鉛直反力の影響線（図6.1）を求めるための仮想系

以上により，仮想系として図10.1(a)のように傾いた状態のはりを得る。はりに荷重が作用していないので，はりは曲がらずにまっすぐなまま傾く。この仮想系の変位 $y(x)$ が鉛直反力の影響線 $\mathrm{R_A}(x)$（図6.1(b)）に一致する。この定理が仮想仕事に基づいていることを巻末の付録B.1.1に示す。

支点Bの鉛直反力の影響線 $\mathbf{R_B}(\boldsymbol{x})$：同様に図6.1(b)の仮想系を得る。力のつり合い条件によって求めた影響線（図6.1(c)）に一致する。

(2) 断面力の影響線

点 C のせん断力の影響線 $\mathbf{Q_C}(\boldsymbol{x})$：表 10.1 により，影響線を求める手順はつぎのようになる。

1) ［荷重が何も載荷されていない単純ばりを考える］
2) 影響線を求めたい力に対応する変位の拘束を外す［鉛直変位（たわみ）を不連続にする（図 **10.2**(a))］。
3) 他の拘束は外さない［たわみ角は連続のまま（図 10.2(b), (c))］。

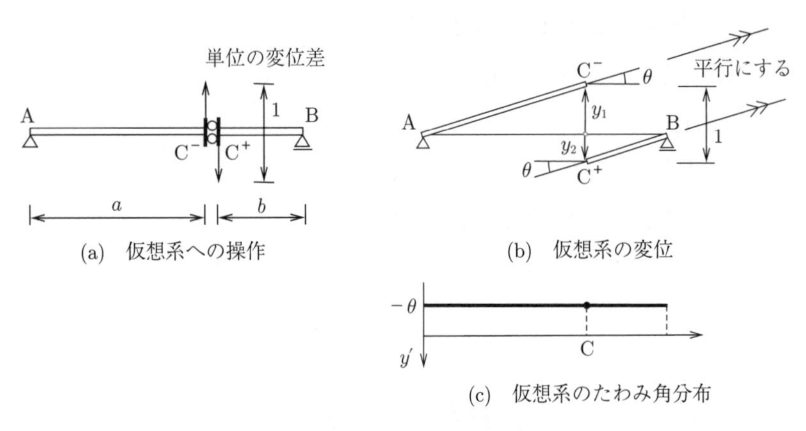

図 10.2　単純ばりのせん断力の影響線（図 6.2(c)）への定理の適用

4) 影響線を求めたい力と逆向きに, 単位の変位もしくは変位差を与える［Q_C の力の矢印の向き（図 6.2(a)）と逆向きに「切断された断面の左側 C^- を上向きに y_1, 右側 C^+ を下向きに y_2」変位させ, 切断面に大きさ $1(= y_1 + y_2)$ の変位差を与える（図 10.2(b))］。

（注 1）「たわみ，たわみ角が連続」していることを変位・変形に関する「拘束」と見なしている。
（注 2） AC^- と C^+B が平行のとき，$y_1 = a/L$,　$y_2 = b/L$ になる。

点 C の曲げモーメントの影響線 $\mathbf{M_C}(\boldsymbol{x})$：

1) ［荷重が何も載荷されていない単純ばりを考える］
2) ［回転変位（たわみ角）を不連続にする（図 **10.3**(a))］
3) ［たわみは連続のまま（図 10.3(a), (b))］

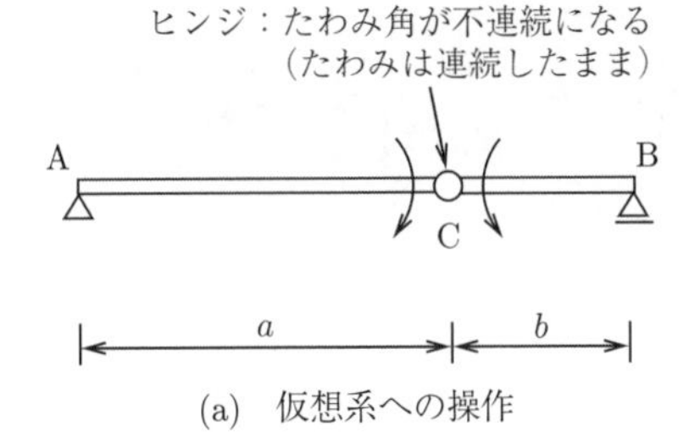

(a)　仮想系への操作

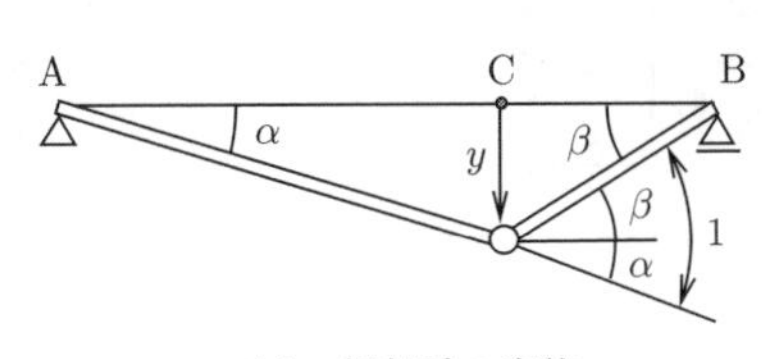

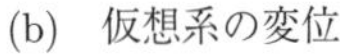

(b)　仮想系の変位

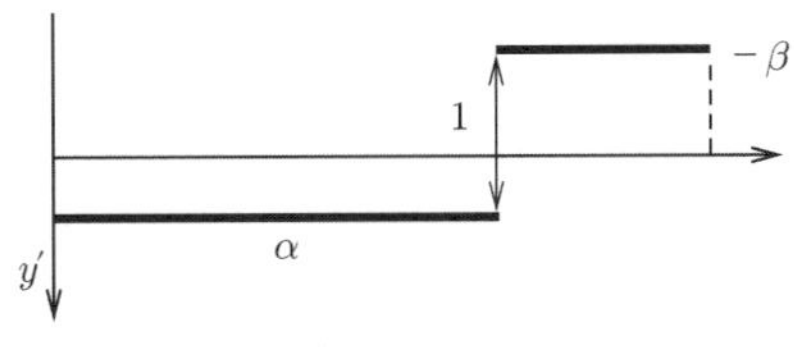

(c)　仮想系のたわみ角分布

図 10.3　単純ばりの曲げモーメントの影響線（図 6.2(d)）への定理の適用

4) ［$\mathrm{M_C}$ の力の矢印の向き（図 6.2(a)）と逆向きに「切断された断面の左側 AC を時計回りに α，右側 CB を反時計回りに β」回転変位させ，切断面に大きさ $1(=\alpha+\beta)$ の回転変位差を与える（図 10.3(b), (c)）］

（注）回転変位 α，β が微小なので，$\tan\alpha = y/a \approx \alpha$，$\tan\beta = y/b \approx \beta$ である。これより $y = ab/L$ が得られる。

10.1.3　片持ちばりの影響線への適用

図 6.3 の片持ちばりの影響線に，ミューラー－ブレスロウの定理を適用した結果を**図 10.4** に示す。力のつり合い条件によって求めたもの (図 6.3) と同じである。

（注 1）図 10.4(c) の A 点まわりの回転変位 θ の回転の向きは反力モーメント $\mathrm{M_A}$ の向き（図 10.4(a)）と逆向きである。

（注 2）図 10.4(e) の切断面の左側断面 $\mathrm{C^-}$ は固定端 A につながっていて変位できない。そのため右側断面 $\mathrm{C^+}$ が 1 だけ変位し，$\mathrm{C^-}$ と $\mathrm{C^+}$ の「変位差が 1」になっている。

（注 3）同様に図 10.4(f) のヒンジ C の左側部分が固定端 A につながっていて変位できない。そのため右側部分だけヒンジ C まわりに回転変位 $\theta = 1$ だけ変位し「変位差が 1」になっている。θ の回転の向き（反時計回り）は図 10.4(d) の切断された右側断面の曲げモーメント $\mathrm{M_C}$ の向き（時計回り）と逆向きである。

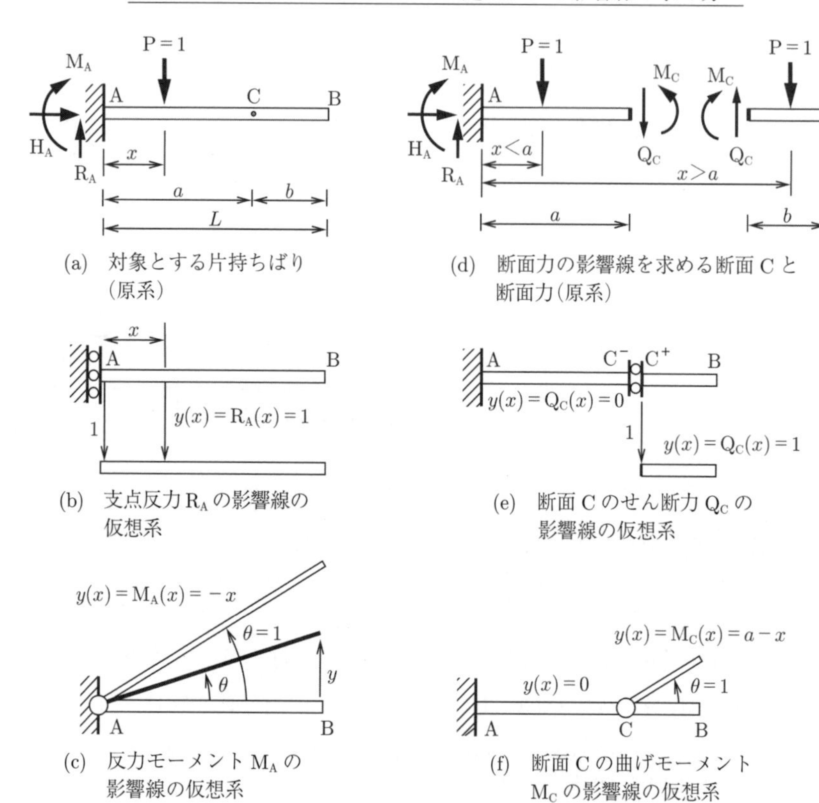

図 10.4　片持ちばりの影響線（図 6.3）への定理の適用

10.1.4　ゲルバーばりの影響線への適用

ミューラー－ブレスロウの定理に基づいて影響線を求める方法は，ゲルバーばりに対して特に威力を発揮する。例として**図 10.5** のゲルバーばりの支点反力や断面力の影響線を考える。影響線の定義に従って単位荷重を作用させ，その作用位置を移動させて力のつり合い条件から影響線を求めることはもちろん可能だが，支点やヒンジで場合分けをしてつり合い条件を立てるので計算量が多くなる。これをミューラー－ブレスロウの定理で求めると，以下のように簡単な手順で作図的に影響線を求めることができる。

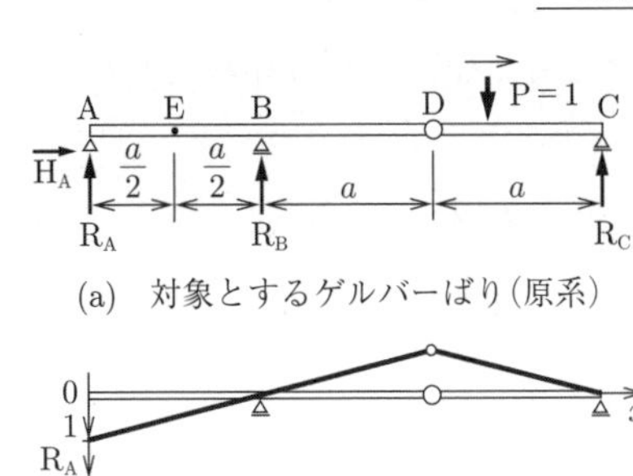

(a)　対象とするゲルバーばり（原系）

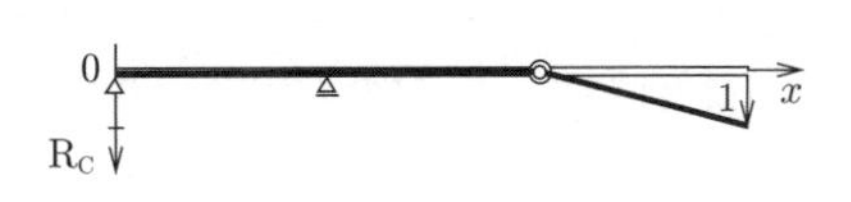

(d)　支点反力 R_C の影響線の仮想系

(b)　支点反力 R_A の影響線の仮想系

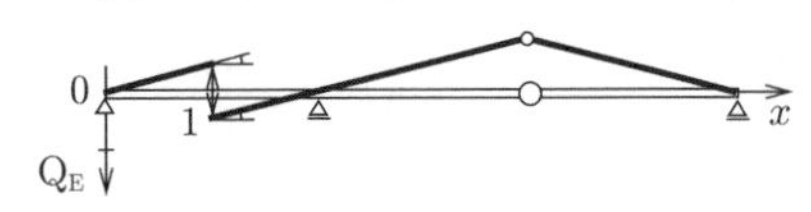

(e)　断面 E のせん断力 Q_E の影響線の仮想系

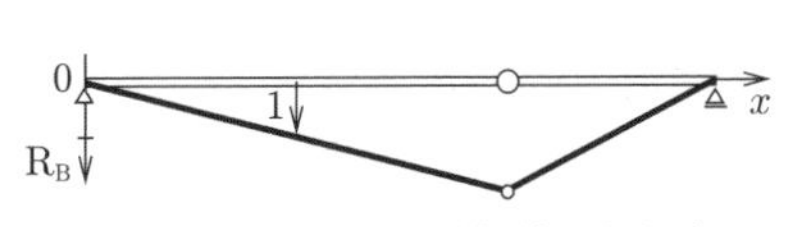

(c)　支点反力 R_B の影響線の仮想系

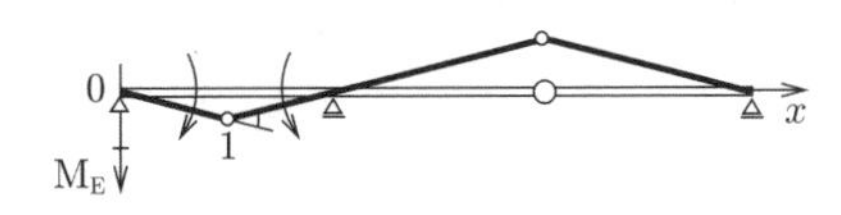

(f)　断面 E の曲げモーメント M_E の影響線の仮想系

図 10.5　ゲルバーばりの影響線への定理の適用

支点反力 R_A の影響線：支点 A を取り除き，点 A を 1 だけ下げる。

支点反力 R_B の影響線：支点 B を取り除き，点 B を 1 だけ下げる。

支点反力 R_C の影響線：支点 C を取り除き，点 C を 1 だけ下げる。

点 E のせん断力 Q_E の影響線：点 E ではりを切断し，切断面の左側を上げ，右側を下げて，変位差を 1 とする。このとき，切断された左側 AE と右側 ED が平行になるようにする。

点 E の曲げモーメント M_E の影響線：点 E にヒンジを設け，切断面の左側を時計回り，右側を反時計回りに回転させる（ヒンジ E が下に下がる）。ヒンジの左側 AE と右側 ED の角度差を 1 とする。

イメージすべきこと：

(1)　図 10.5 のゲルバーばりは 2 本のはり AD と DC をヒンジ D でつないだ構造で，ヒンジ D で角折れできる。

(2)　3 つの支点 A, B, C とも回転自由な支点である。

したがって，例えば支点反力 R_A の影響線を求めるとき，点 A を下に下げると，はり AD が点 B を支点とするシーソーのように傾いて点 D が持ち上がり，それに伴ってヒンジの右側のはり DC が傾く。

支点反力 R_C の影響線では，ヒンジの左側のはり AD は 2 つの支点 A と B の 2 点で拘束されているので傾くことができず，水平のままであり，ヒンジの右側だけがヒンジで折れて傾く。

10.1.5 演　習　問　題

【問 10–1】 **問図 10.1** に示す張り出しばりの支点 A の鉛直反力の影響線を，ミューラー－ブレスロウの定理に基づいて求めたい。空欄①, ②を埋めよ。

(1)　作図に基づく影響線の図示

支点 A の鉛直反力の影響線を求めるため，支点 A の鉛直方向の変位の拘束を外す。つぎに，その力と逆向きに単位の変位を与える仮想系を考える。そのときの仮想系の変位が求めたい影響線に一致している。空欄 ① に，単位の変位を与えた仮想系（支点反力 R_A の影響線）を図示せよ。

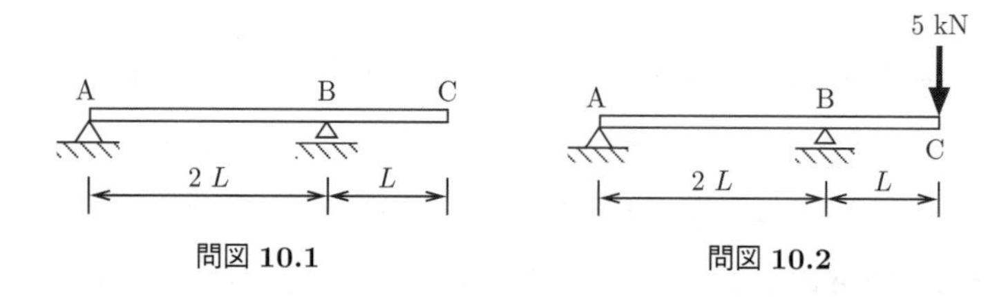

問図 10.1　　**問図 10.2**

(2)　影響線を用いた支点反力の算出

問図 10.2 に示すように，この張り出しばりの点 C に 5 kN の鉛直方向の集中荷重が作用している。このときの支点 A の鉛直反力を影響線により求める。空欄 ② に計算過程と結果を記入せよ。

②

【問 10-2】 **問図 10.3** に示す張り出しばりの点 B のせん断力の影響線を，ミューラー－ブレスロウの定理に基づいて求めよ。

また，点 D に鉛直下向きの集中荷重 5 kN が作用した際の，点 B のせん断力の大きさを，影響線を用いて求めよ。

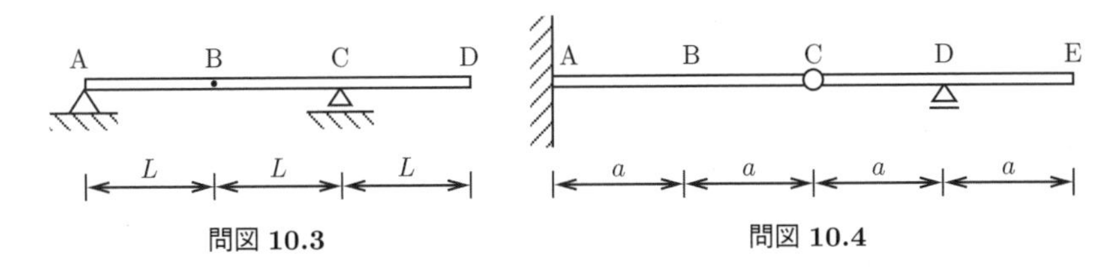

問図 10.3　　問図 10.4

【問 10-3】 **問図 10.4** に示すゲルバーばりについて，つぎの 1)〜4) の諸量の影響線をミューラー－ブレスロウの定理に基づいて求めよ。

1)　支点 A の鉛直反力，　2) 支点 A の反力モーメント，　3) 点 B のせん断力，

4)　点 B の曲げモーメント

【問 10-4】 **問図 10.5** に示すゲルバーばりについて，つぎの 1)〜4) の諸量の影響線をミューラー－ブレスロウの定理に基づいて求めよ。

1)　支点 A の鉛直反力，　2) 支点 B の鉛直反力，　3) 点 C のせん断力，

4)　点 C の曲げモーメント

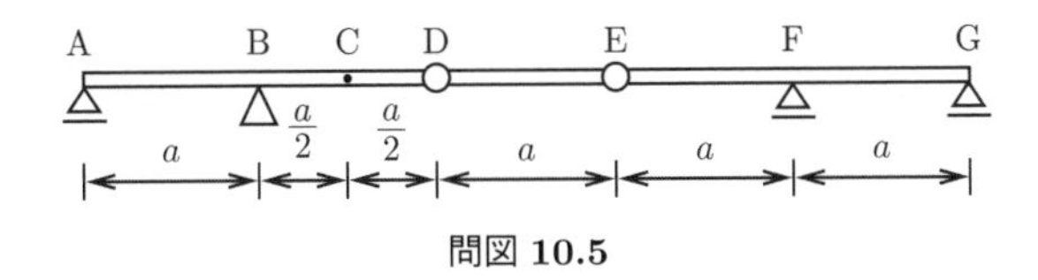

問図 10.5

【10 章の演習問題解答例】

［解 10-1］

①　**解図 10.1** となる。

②　$R_A = 5\,\mathrm{kN} \times (-0.5) = -2.5\,\mathrm{kN}$

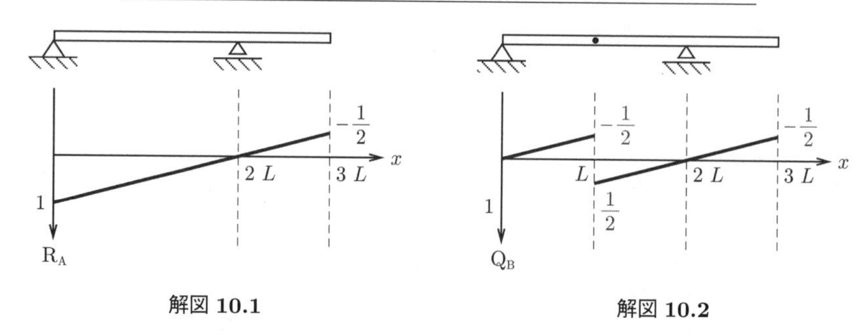

解図 10.1　　**解図 10.2**

［**解 10-2**］ **解図 10.2** となる。

点 B のせん断力の影響線を求めることから，点 B のせん断力に対応する変位の拘束を外し，せん断力と反対向きに単位の変位差を与える仮想系を考える。仮想系は解図 10.2 のように変位する。ミューラー－ブレスロウの定理によれば，これがせん断力 Q_B の影響線である。

また，荷重作用位置の影響線の値と荷重の大きさの積で，求めたい諸量（せん断力 Q_B）がつぎのように求められる。

$$Q_B = 5\,\mathrm{kN} \times (-0.5) = -2.5\,\mathrm{kN}$$

［**解 10-3**］ **解図 10.3** となる。

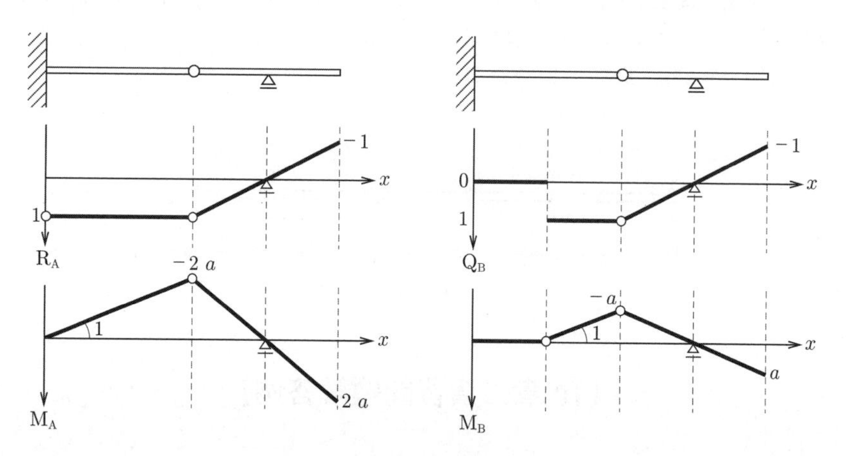

解図 10.3

［解 10-4］　解図 10.4 となる。

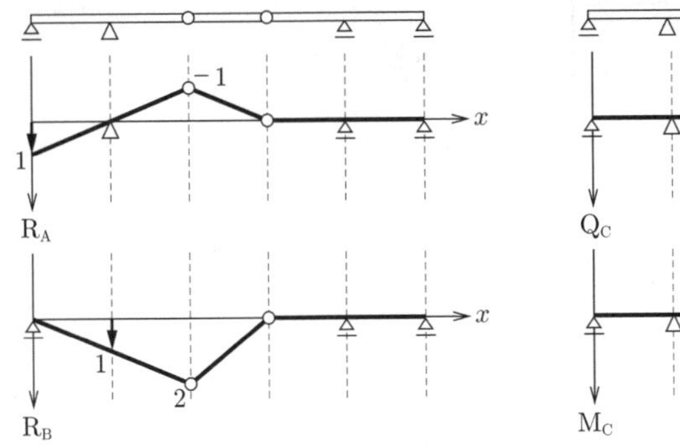

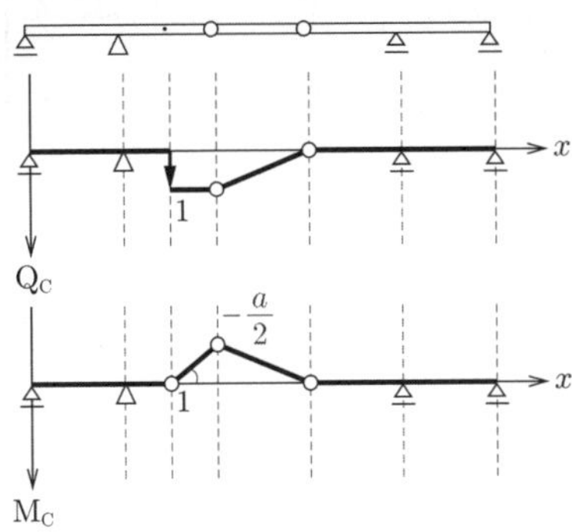

解図 10.4

11 柱

11.1 長柱の座屈

柱は軸圧縮力を受ける部材である。基本的に鉛直に配置される。ただし，本節の「長柱の座屈」はトラスの圧縮部材の安全照査にも用いられる。細長い柱については，急激に大きな変形を生じる「座屈」が問題となる。一方，短くて太い柱については，荷重の偏心作用により「引っ張り応力が生じること」が問題となる。

11.1.1 軸圧縮力を受ける両端回転支持の柱

(1) 座　屈　**図 11.1**(a) の柱は軸圧縮力の作用によって縮む。しかし，

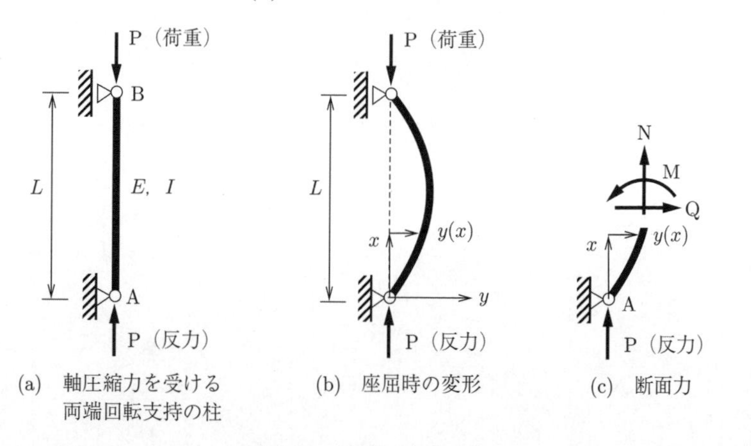

(a) 軸圧縮力を受ける両端回転支持の柱　(b) 座屈時の変形　(c) 断面力

図 11.1 長柱の座屈

細長い柱では荷重がある値を超えると，図 11.1(b) のように力の作用方向ではない横方向に変位 y を生じる。この現象が「座屈」である。座屈を生じる荷重を「座屈荷重」という。座屈は急激に変形する現象で，構造物は荷重を支える機能を失う。

（**2**） **座屈時のたわみの微分方程式**　図 11.1(c) におけるモーメントのつり合い条件（切断面まわり）は，式 (11.1) のように表される。

$$\mathrm{M} = \mathrm{P}y \tag{11.1}$$

曲率と曲げモーメントの関係（5 章の式 (5.2)）は，式 (11.2) のように表される。

$$\frac{\mathrm{d}^2 y}{\mathrm{d}x^2} = -\frac{\mathrm{M}}{EI} \tag{11.2}$$

座屈時のたわみの微分方程式は，式 (11.1)，(11.2) より，式 (11.3) のようになる。

$$\frac{\mathrm{d}^2 y}{\mathrm{d}x^2} = -k^2 y, \quad k^2 = \frac{\mathrm{P}}{EI} \tag{11.3}$$

式 (11.3) を解いて，式 (11.4) のように座屈荷重を得る（付録 C を参照）。

$$\mathrm{P}_n = \frac{n^2 \pi^2 EI}{L^2} \tag{11.4}$$

オイラーの座屈荷重 ： 式 (11.4) の最小値（$n = 1$ のとき）を「オイラーの座屈荷重」という。

$$\mathrm{P}_{cr} = \mathrm{P}_1 = \frac{\pi^2 EI}{L^2} \tag{11.5}$$

（**3**） **細長比**　座屈時の平均圧縮応力は，式 (11.6) のように表される。

$$\sigma_{cr} = \frac{\mathrm{P}_{cr}}{A} = \frac{\pi^2 EI}{AL^2} = \pi^2 \frac{E}{L^2}\left(\frac{I}{A}\right) = \pi^2 E \left(\frac{r}{L}\right)^2 = \frac{\pi^2 E}{\lambda^2} \tag{11.6}$$

ここで，$r = \sqrt{I/A}$（断面 2 次半径），$\lambda = L/r$（細長比）である。

限界細長比 ： $\lambda_{cr} = \pi\sqrt{E/\sigma_Y}$　（σ_Y ：材料の降伏応力）

$\sigma_{cr} > \sigma_Y$ のとき，座屈を生じるより前に柱が降伏する。⇒ 柱の細長比が，$\lambda > \lambda_{cr}$ のとき座屈が生じ，$\lambda < \lambda_{cr}$ のときは座屈が起きる前に材料が降伏する。

11.1.2　支持条件による座屈荷重の違い

同じ長さの他の支持条件の柱（**図 11.2**）の座屈荷重を，両端回転支持の柱の座屈荷重 P_A と比較するとつぎのような比率になる。

下端固定，上端自由の柱（図 11.2(a)）：$P_B = \dfrac{P_A}{4}$

両端固定の柱（図 11.2(c)）：$P_B = 4P_A$

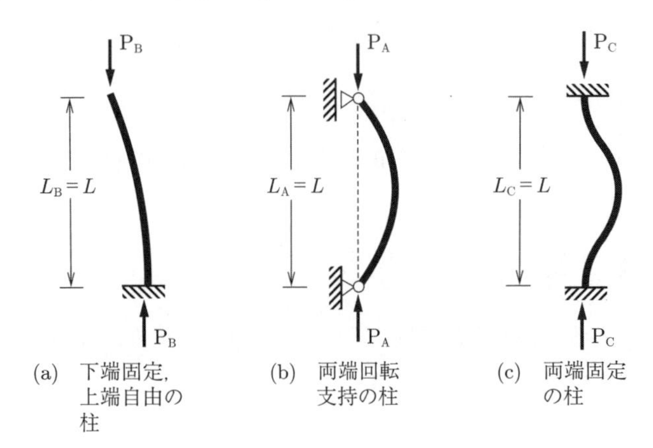

図 11.2　支持条件が異なる柱の座屈

上端自由の柱は，荷重作用点が水平に変位できるので座屈荷重が低い。逆に両端固定の柱は，固定端で水平変位を拘束するだけでなく回転も許されず柱をまっすぐに保とうとするので，より高い荷重まで座屈しない。

11.1.3　強 軸 と 弱 軸

式 (11.5) より，断面 2 次モーメント I が小さいほど座屈しやすい。**図 11.3**(c) の長方形断面では，$I_X < I_Y$ である。したがって，図 11.3(b) のように断面 2 次モーメントが小さい X 軸まわりに曲がるように座屈を生じる。断面 2 次モーメントが大きい Y 軸を**強軸**，断面 2 次モーメントが小さい X 軸を**弱軸**という。

座屈は弱軸まわりに生じやすい。

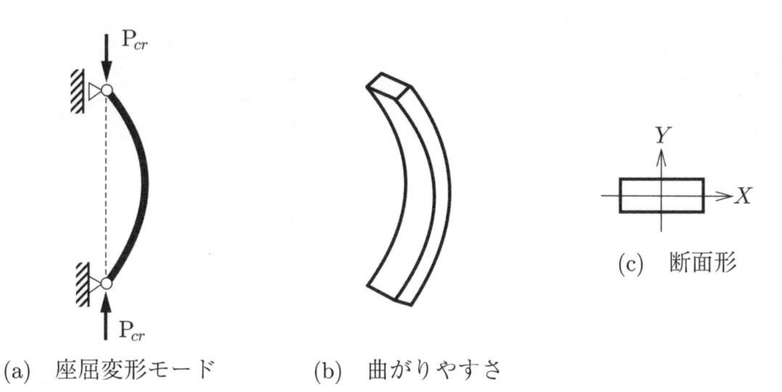

図 11.3　強軸と弱軸

11.1.4 演　習　問　題

【問 11-1】 **問図 11.1** に示す直径 10 cm の円形断面を有する長さ 4 m の長柱の上下端が回転支持されている。この柱に圧縮方向の荷重を加え，荷重の大きさを増加させたところ座屈した。座屈した際の荷重の大きさを，以下の手順に従って求めよ。なお，柱のヤング率は $E = 2.0 \times 10^{11}\ \mathrm{N/m^2}$ である。

柱の断面 2 次モーメントは

①

である（空欄 ① を埋めよ）。

両端を回転支持された長柱の座屈荷重は，オイラーの座屈荷重として知られている。オイラーの座屈荷重 P_{cr} は，ヤング率を E，断面 2 次モーメントを I，柱の長さを L とすると，以下の式で表される（空欄 ② を埋めよ）。

②

ここに諸量を代入すると，座屈荷重の大きさが以下のように得られる（空欄 ③ を埋めよ）。

③

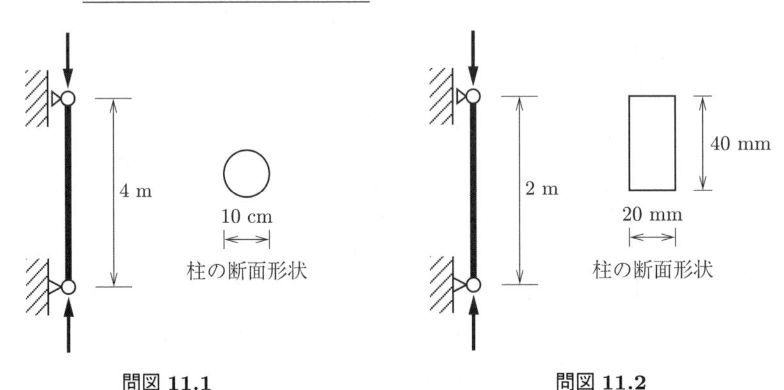

問図 11.1　　　問図 11.2

【問 11-2】 **問図 11.2** に示す短辺 20 mm，長辺 40 mm の長方形断面を有する長さ 2 m の長柱の上下端が回転支持されている。この柱に圧縮方向の荷重を加え，荷重の大きさを増加させたところ座屈した。座屈した際の荷重の大きさを求めよ。なお，柱のヤング率は $E = 2.0 \times 10^{11}\,\mathrm{N/m^2}$ である。

【問 11-3】 **問図 11.3** に示す支持条件と長さの異なる 3 本の長柱がある。それぞれの柱のヤング率および断面形状は等しいものとする。3 本の柱に圧縮荷重を加え，等しい荷重の大きさで座屈させるための柱の長さの比 $L_\mathrm{A} : L_\mathrm{B} : L_\mathrm{C}$ を求めよ。

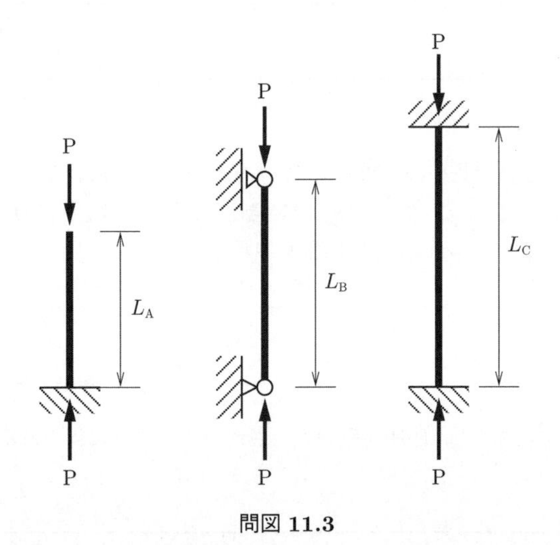

問図 11.3

【問 11-4】 **問図 11.4** に示す一辺 a の正方形断面を有する長さ 1 m の柱が両端回転支持されている。この柱に圧縮荷重を加え，荷重の大きさを増加させるとき，降伏せずに座屈が生じる最大の断面辺長 a の大きさを求めよ。なお，柱のヤング率は $E = 200\,\mathrm{GPa}$，降伏応力は $\sigma_Y = 245\,\mathrm{MPa}$ である。

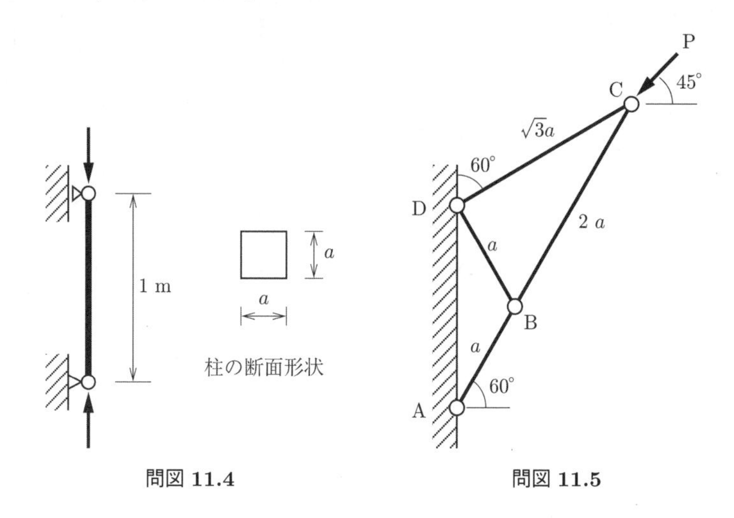

問図 11.4

問図 11.5

【問 11-5】 **問図 11.5** に示すトラスの節点 C に斜め 45° の荷重 P が作用している。荷重 P の大きさを増加させるとき，はじめに座屈する部材と，そのときの荷重 P の値を求めよ。なお，トラスの部材長は図に記入したとおりであり，4 本の部材は，いずれも断面積 A，断面 2 次モーメント I，ヤング率 E である。

11.2 短柱と断面の核

柱は圧縮の作用を受ける構造要素なので，コンクリートや石など，圧縮に強い材料が用いられることが多い。これらの材料は，逆に言えば引っ張りに弱いので，引っ張り応力を生じないように注意する必要がある。荷重の作用線が断面の図心を通るときは問題がないが,「偏心」して作用するときは検討を要する。**断面の核**は，引っ張り応力を生じない偏心位置の範囲である。

11.2.1 偏心圧縮荷重による応力

【例　題】 図 **11.4** のような場合を考える。

断面積および 2 つの軸まわりの断面 2 次モーメント：

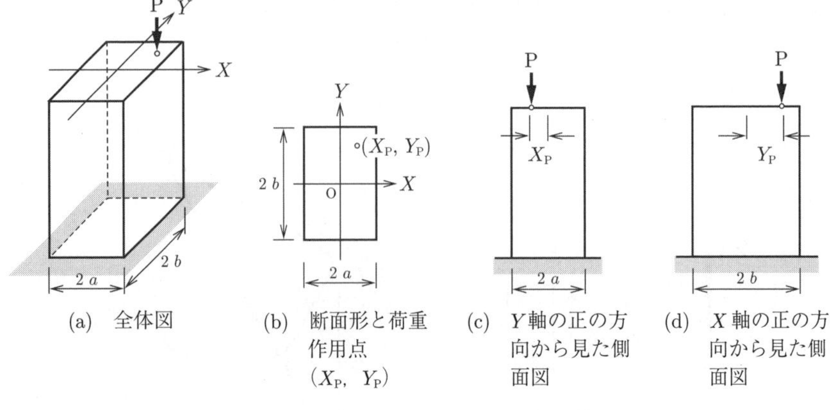

図 11.4　偏心圧縮荷重を載荷された長方形断面柱

$$A = 4\,ab, \quad I_X = \frac{4}{3}ab^3, \quad I_Y = \frac{4}{3}a^3b \tag{11.7}$$

偏心圧縮荷重によるモーメント：

Y 軸まわりのモーメント（図 11.4(c)）：$\mathrm{M}_Y = \mathrm{P} \times X_\mathrm{P}$

X 軸まわりのモーメント（図 11.4(d)）：$\mathrm{M}_X = -\mathrm{P} \times Y_\mathrm{P}$

直応力：

$$\sigma = -\frac{\mathrm{P}}{A} - \frac{\mathrm{M}_Y}{I_Y}X + \frac{\mathrm{M}_X}{I_X}Y \tag{11.8}$$

$$= -\frac{\mathrm{P}}{4\,ab} - \frac{\mathrm{P}X_\mathrm{P}}{(4/3)a^3b}X - \frac{\mathrm{P}Y_\mathrm{P}}{(4/3)ab^3}Y$$

$$= -\frac{\mathrm{P}}{4\,ab}\left(1 + \frac{3\,X_\mathrm{P}}{a^2}X + \frac{3\,Y_\mathrm{P}}{b^2}Y\right) \tag{11.9}$$

11.2.2　断　面　の　核

引っ張り応力を生じない条件： すべての $(-a \leqq X \leqq a,\ -b \leqq Y \leqq b)$ に対して $\sigma < 0$，すなわち式 (11.10) のようになる。

$$1 + \frac{X_\mathrm{P}}{a^2/3}X + \frac{Y_\mathrm{P}}{b^2/3}Y > 0 \tag{11.10}$$

曲げモーメントによる直応力は図心から最も遠い位置（断面の縁）で最大値と最小値をとる。そこで，長方形断面の 4 隅で式 (11.10) が成立する荷重作用位

置 $(X_{\mathrm{P}}, Y_{\mathrm{P}})$ の範囲を調べる。例えば，図 11.4(b) の左下隅 $(X, Y) = (-a, -b)$ で直応力 $\sigma < 0$ の条件は，式 (11.11) のとおりである。

$$1 + \frac{X_{\mathrm{P}}}{a^2/3}(-a) + \frac{Y_{\mathrm{P}}}{b^2/3}(-b) > 0$$

$$\Rightarrow\ 1 - \frac{X_{\mathrm{P}}}{a/3} - \frac{Y_{\mathrm{P}}}{b/3} > 0 \qquad (11.11)$$

式 (11.11) を満たす $(X_{\mathrm{P}}, Y_{\mathrm{P}})$ の範囲は**図 11.5** の右上象限の灰色の領域である。同様に他の 3 隅についても調べると，図のひし形の領域内に偏心圧縮荷重が作用すればこの断面に引っ張り応力は生じない。

この領域が**断面の核**である。

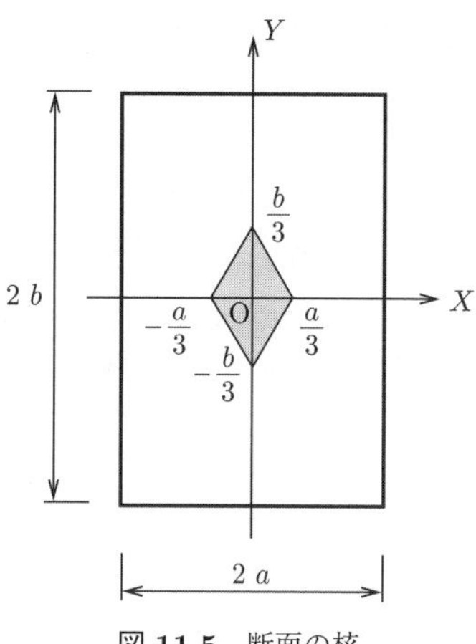

図 11.5 断面の核

11.2.3 演 習 問 題

【問 11-6】 **問図 11.6** に示す長方形断面を有する短柱の点 E に，偏心荷重 P = 100 kN が作用している。この柱の断面に生じる直応力の分布を，以下の手順に従って求めよ。

偏心荷重が作用する状態は，**問図 11.7** のように，中心に作用する集中荷重 P と集

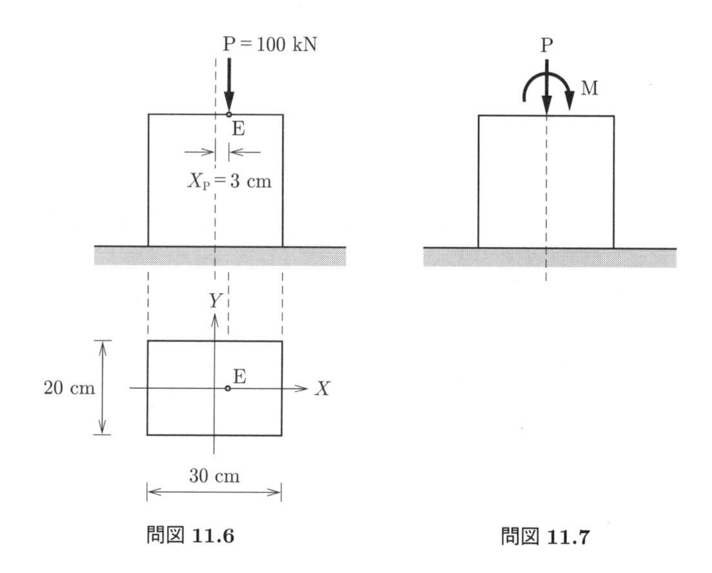

問図 11.6　　**問図 11.7**

中モーメント M が同時に作用する状態と等価である。ここで，集中モーメント M の大きさを偏心荷重の大きさ P と偏心距離 X_P で表し，空欄①を埋めよ。

①

集中荷重と集中モーメントが同時に作用する柱に生じる応力は，断面積を A，Y 軸まわりの断面 2 次モーメントを I_Y，中心からの X 軸方向の距離を X とすると，軸力による応力 σ_N 曲げモーメントによる応力 σ_M の和である。それぞれの応力は以下のように算出される（空欄②，③を埋めよ）。

σ_N：	②
σ_M：	③

以上より，柱の断面に生じる応力の分布が求められる（欄④の**問図 11.8** のように軸を定義し，図示せよ）。

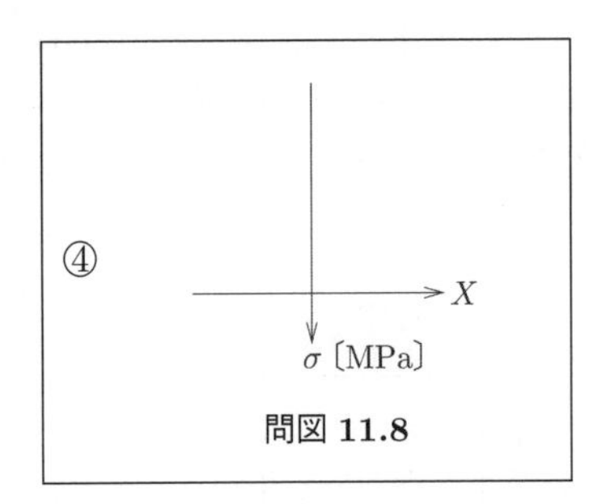

問図 11.8

【問 11-7】　【問 11-6】の短柱の偏心荷重作用点（点 E）を X 軸正の方向に動かす。このとき，断面に引張り応力が生じない最大の偏心距離 X_P を求めよ。

【問 11-8】　**問図 11.9**(a) に示す長方形断面を有する短柱の断面の核を求め，図示せよ。

【問 11-9】　問図 11.9(b) に示す円形断面を有する短柱の断面の核を求め，図示せよ。

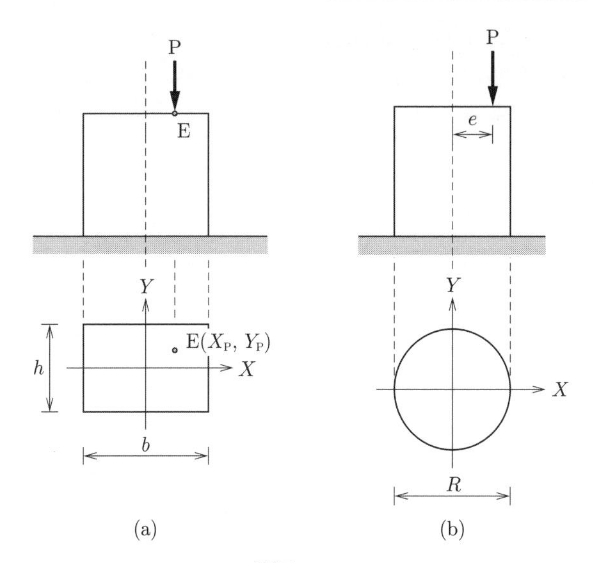

問図 **11.9**

【11 章の演習問題解答例】

［解 **11-1**］ ① $I = \dfrac{\pi r^4}{4} = \dfrac{\pi\,(0.05)^4}{4} = 4.91 \times 10^{-6}\,\mathrm{m}^4$, ② $\mathrm{P}_{cr} = \dfrac{\pi^2 EI}{L^2}$, ③ $\mathrm{P}_{cr} = \pi^2 \times \left(2.0 \times 10^{11}\right) \times \left(4.91 \times 10^{-6}\right) \times \dfrac{1}{4^2} = 606\,\mathrm{kN}$

［解 **11-2**］ 柱の断面形状が長方形であることから，**解図 11.1** の X 軸まわりと Y 軸まわりの断面 2 次モーメントが異なる。それぞれの軸まわりの断面 2 次モーメントを I_X, I_Y とすると，以下のように求められる。

$$I_X = \frac{bh^3}{12} = \frac{0.02 \times (0.04)^3}{12} = 1.07 \times 10^{-7}\,\mathrm{m}^4$$

$$I_Y = \frac{hb^3}{12} = \frac{0.04 \times (0.02)^3}{12} = 2.67 \times 10^{-8}\,\mathrm{m}^4$$

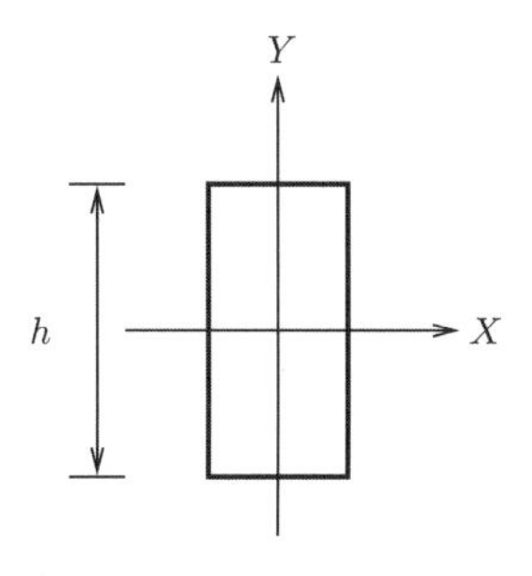

解図 **11.1**

座屈は断面 2 次モーメントが小さい弱軸まわりに生じるので，この柱は Y 軸まわりに座屈する。座屈荷重の大きさは Y 軸まわりの断面 2 次モーメントを用いて，以下のように算出される。

$$\mathrm{P}_{cr} = \frac{\pi^2 EI_Y}{L^2} = \pi^2 \times \left(2.0 \times 10^{11}\right) \times \left(2.67 \times 10^{-8}\right) \times \frac{1}{2^2} = 13.2\,\mathrm{kN}$$

［**解 11-3**］　$L_{\rm A} : L_{\rm B} : L_{\rm C} = 1 : 2 : 4$

［**解 11-4**］　$a = 3.86\,{\rm cm}$

［**解 11-5**］　座屈する部材：BC，部材が座屈するときの荷重 P の大きさ：$4.77\dfrac{EI}{a^2}$

［**解 11-6**］　①　$\rm M = P \times X_P = 3\,kNm$,

②　$\sigma_{\rm N} = \dfrac{\rm N}{A} = -\dfrac{1.0 \times 10^5}{6.0 \times 10^{-2}} = -1.67\,{\rm MPa}$,

③　$\sigma_{\rm M} = -\dfrac{\rm M}{I}X = -\dfrac{3.0 \times 10^3}{4.5 \times 10^{-4}}X$
$= -6.67X$〔MPa〕,

④　**解図 11.2** となる。

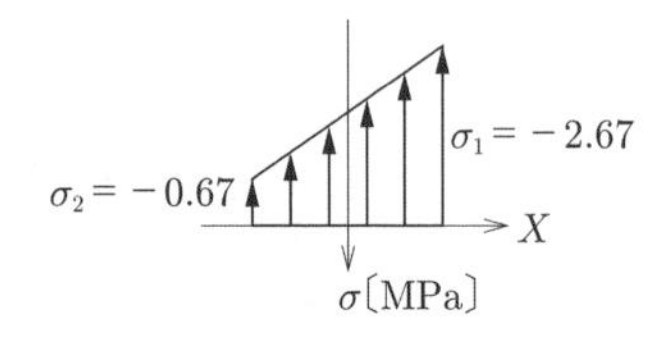

解図 11.2

［**解 11-7**］　柱の断面の幅を b，高さを h とすると，断面積は $A = bh$，Y 軸まわりの断面 2 次モーメントは $I_Y = hb^3/12$ である。また，曲げモーメント M による引っ張り応力が最大となる位置は $X = -\dfrac{b}{2}$ である。$X = -\dfrac{b}{2}$ の位置の応力の値は以下のように表される。

$$\begin{aligned}\sigma &= \sigma_{\rm N} + \sigma_{\rm M} \\ &= -\frac{\rm P}{A} - \frac{{\rm P}X_{\rm P}}{I_Y} \times \left(-\frac{b}{2}\right) = -\frac{\rm P}{bh} + \frac{{\rm P}X_{\rm P}}{hb^3/12} \times \frac{b}{2} \\ &= \frac{\rm P}{bh}\left(-1 + \frac{6}{b}X_{\rm P}\right)\end{aligned}$$

ここで，断面内に引張り応力が生じない条件は $\sigma \leqq 0$ である。ここから，偏心距離 $X_{\rm P}$ に関する不等式が得られる。

$$\sigma \leqq 0 \Rightarrow -1 + \frac{6}{b}X_{\rm P} \leqq 0 \Rightarrow X_{\rm P} \leqq \frac{b}{6}$$

ここに $b = 30\,{\rm cm}$ を代入すると，偏心距離の最大値は 5 cm となる。

［**解 11-8**］　**解図 11.3** となる。

［**解 11-9**］　**解図 11.4** となる。

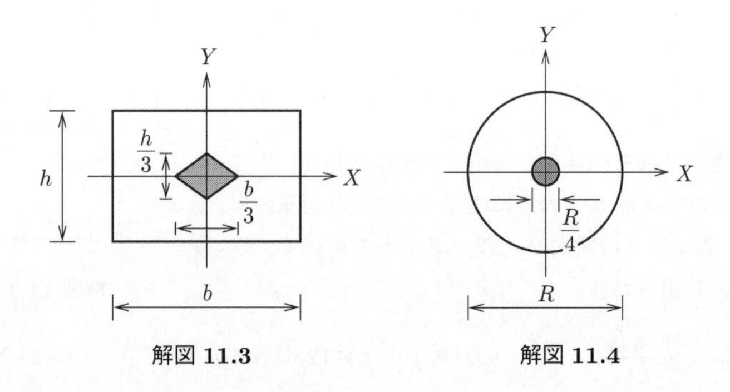

解図 11.3　　**解図 11.4**

付　　録

A　連行荷重による最大曲げモーメントの求め方の根拠

A.1　影響線による最大曲げモーメントの検討

A.1.1　連行荷重に関する設定

間隔 s を保つ 2 つの荷重で構成された連行荷重（図 **A.1**）を下記のように記述する。

- 連行荷重の位置：「先頭の荷重 P_1 の位置 x」を連行荷重の位置とする。
- 2 番目の荷重 P_2 の位置：$x - s$（s：P_1 と P_2 の距離）
- はりに曲げモーメントが生じる x の範囲：$0 \leqq x \leqq L + s$（L：はりの長さ）。先頭の荷重が支点 A に達するとき $(x = 0)$ から最後の荷重が支点 B に達するとき $(x = L + s)$ まで。

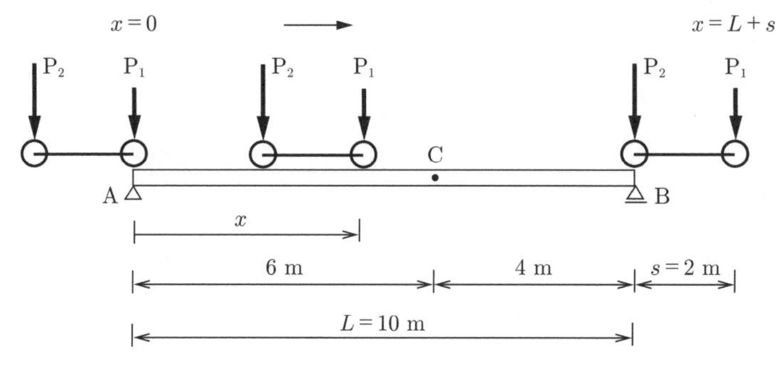

図 **A.1**　2 つの荷重からなる連行荷重が移動する単純ばり（先頭の荷重 P_1 の位置を x とする）

A.1.2　連行荷重の移動による断面 C の曲げモーメントの変化

2 つの荷重がそれぞれ単独で移動する場合の曲げモーメントの変化を考え，そ
ののち両方の結果を合成する（図 **A.2**）。

- 断面 C の曲げモーメントの影響線：$\mathrm{M_C}(x)$（図 (a)）
- 荷重 $\mathrm{P_1}$ のみが移動するときの断面 C の曲げモーメントの変化：$\mathrm{M_{C1}}(x) = \mathrm{M_C}(x) \times \mathrm{P_1}$（図 (b)）。

  （注） $\mathrm{P_1}$ が断面 C に位置するとき $(x = 6)$ 最大になる。

- 荷重 $\mathrm{P_2}$ のみが移動するときの断面 C の曲げモーメントの変化：$\mathrm{M_{C2}}(x) = \mathrm{M_C}(x - s) \times \mathrm{P_2}$（図 (c)）

  （注） 連行荷重の位置 x で表す（グラフが s だけ右に移動する）。$\mathrm{P_2}$ が断面 C に位置するとき $(x - s = x - 2 = 6 \ \Rightarrow \ x = 8)$ 最大になる。

- 連行荷重の移動による断面 C の曲げモーメントの変化：$\mathrm{M_{C1}}(x) + \mathrm{M_{C2}}(x)$（図 (d)）

  （注） 最大となる $x = 8$ は $\mathrm{P_2}$ が断面 C に位置するとき。

A.1.3　最大曲げモーメント

以上より，6.2.2 項に示した「連行荷重による最大曲げモーメントの求め方」の根拠が以下のようにまとめられる。

- 図 A.2(d) のグラフのパターンから，最大曲げモーメントは連行荷重を構成する荷重のどれかが対象断面に位置するときに生じることがわかる（この例では $x = 6$ あるいは $x = 8$）。
- グラフは折れ線になるので，対象断面が荷重と荷重の中間に位置するときの曲げモーメントは最大値にならない。
- どの荷重のときに最大になるかは，連行荷重を構成する荷重の大きさや配置に依存する。

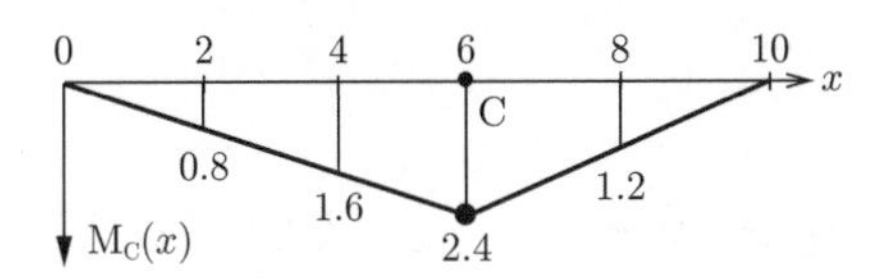

(a) 断面 C の曲げモーメントの影響線 $M_C(x)$

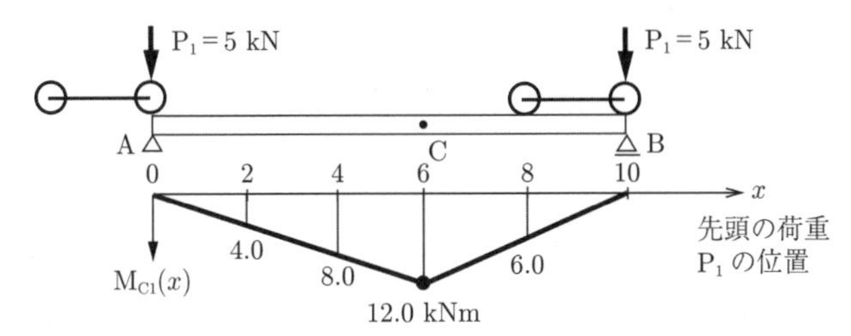

(b) 先頭の荷重 P_1 のみが移動するときの断面 C の曲げモーメントの変化 $M_{C1}(x)$

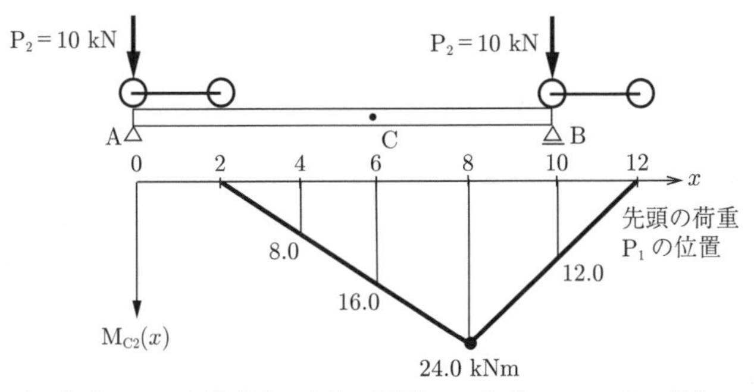

(c) 先頭の荷重 P_2 のみが移動するときの断面 C の曲げモーメントの変化 $M_{C2}(x)$

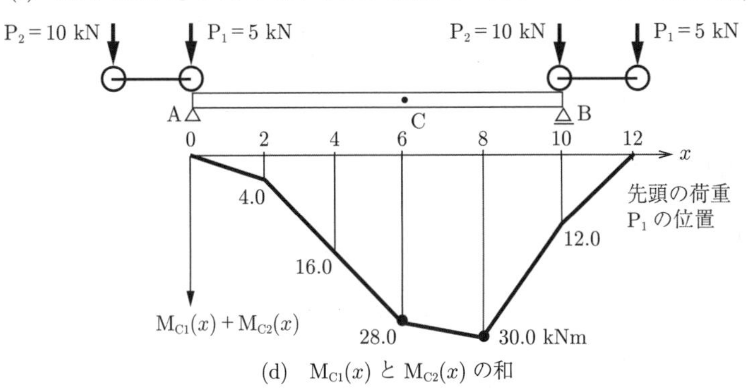

(d) $M_{C1}(x)$ と $M_{C2}(x)$ の和

図 A.2 連行荷重の移動による断面 C の曲げモーメントの変化の求め方（$P_1 = 5\,\text{kN}$, $P_2 = 10\,\text{kN}$, $s = 2\,\text{m}$ とする）

B ミューラー－ブレスロウの定理の証明

B.1　仮想仕事の原理とミューラー－ブレスロウの定理

単純ばりの影響線を題材に，ミューラー－ブレスロウの定理が仮想仕事の原理に基づいて成立していることを示す。

B.1.1　定理の証明：支点反力 $\mathbf{R_A}$ の影響線

原系（図 6.1(a)）と仮想系（図 10.1(a)）との間に，仮想仕事の原理を適用する。

外部仮想仕事：

$$\begin{aligned} {W_E}^* &= -\mathrm{R_A}(x) \times y(0) + \mathrm{P} \times y(x) - \mathrm{R_B} \times y(L) \\ &= -\mathrm{R_A}(x) + y(x) \end{aligned} \tag{B.1}$$

内部仮想仕事：

$${W_I}^* = \int_V \sigma\varepsilon^* \mathrm{d}V = 0 \tag{B.2}$$

ここで，σ は原系の応力，ε^* は仮想系のひずみである。

（注）　仮想系には何の外力も働いていないので，仮想系のはりには一切の応力 σ^* が生じない。したがって，仮想系のはりのひずみ ε^* もゼロであり，まったく変形していない。よって式 (B.2) の内部仮想仕事 ${W_I}^*$ はゼロとなる。

仮想仕事の原理：外部仮想仕事と内部仮想仕事が等しい (${W_E}^* = {W_I}^*$)。

したがって，式 (B.1) と式 (B.2) から式 (B.3) が得られる。

$$y(x) = \mathrm{R_A}(x) \tag{B.3}$$

仮想系の変位 $y(x)$ が支点 A の鉛直反力 $\mathrm{R_A}$ の影響線 $\mathrm{R_A}(x)$ に一致することが証明された。

（注）　定理の手順（10.1.1 項）の記述 4) で「影響線を求める力と『逆向きに』単位の変位を与える」としているのは，式 (B.1) の右辺第 1 項，第 3 項が負の仕事となって負号を付けるためである。これにより式 (B.3) のように，仮想系の変位 $y(x)$ が求めたい力の影響線と正負を含めて完全に一致する。

B.1.2　仮想仕事の原理に関する補足

8 章の 8.3 節の仮想仕事の原理（単位荷重の定理）では

外部仮想仕事＝仮想系の単位荷重

$\times$ 原系の求めたい変位 $({W_E}^* = \mathrm{P}^*\delta)$

内部仮想仕事＝仮想系の応力

$\times$ 原系のひずみの積分 $\left({W_I}^* = \displaystyle\int_V \sigma^* \varepsilon \mathrm{d}V\right)$

であった。原系と仮想系との間で組み合わせる力，および変位・変形が式 (B.1), (B.2) の組合せとは逆である。

逆になる理由であるが，単位荷重の定理では構造物の変位を求めることが目的である。そのため求めたい変位に対応する単位荷重を与える仮想系を設定する。これに対して，ミューラー－ブレスロウの定理では，移動荷重による支点反力や断面力の変化を求めることが目的である。そのため求めたい力に対応する単位の変位・変位差を与える仮想系を設定する。

B.1.3　定理の証明：断面力の影響線

せん断力の影響線と曲げモーメントの影響線の証明を一緒に進める。定理の証明のために，改めて原系を図 **B.1**(a) に示す。切断面の左右の断面力を区別するために，切断面の左側の断面力に右肩に添え字 $(^-)$ を付け，右側の断面力に右肩に添え字 $(^+)$ を付けた。作用・反作用の法則より

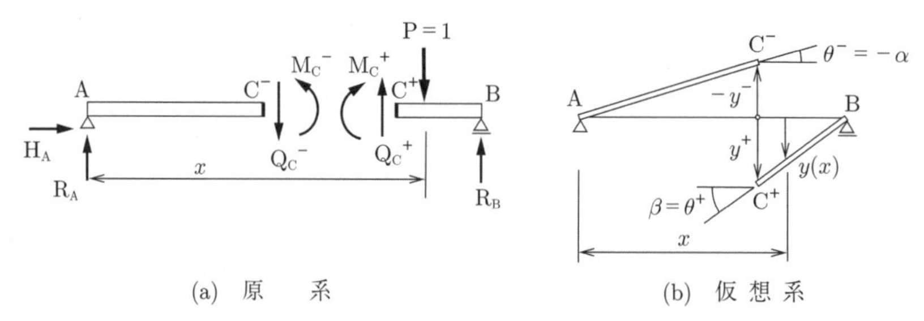

(a)　原　　系　　　　(b)　仮 想 系

図 B.1　断面力の影響線に適用するミューラー－ブレスロウの定理の証明

$$\mathrm{Q_C}^- = \mathrm{Q_C}^+ = \mathrm{Q_C}, \quad \mathrm{M_C}^- = \mathrm{M_C}^+ = \mathrm{M_C} \tag{B.4}$$

となる。なお，単位荷重による仮想仕事が正になるように，単位荷重の作用位置を切断面の右側に配置した。

変位差に関する条件（定理の手順 4)「単位の変位差」(10.1.1 項)）をまだ与えていない状態の仮想系を図 B.1(b) に示す。切断面の右側では仮想系の鉛直変位 $y(x)$ が正なので単位荷重による仮想仕事が正になる。

仮想系については，切断面の左の点 C^- の鉛直変位を $-y^-$（鉛直変位は下方に変位するときを正と定義しているので負号を付けている），回転変位を θ^- とし，切断面の右の点 C^+ の鉛直変位を y^+，回転変位を θ^+ とする。回転変位は反時計回りを正と定義している。

外部仮想仕事：

$$\begin{aligned} W_E{}^* = \mathrm{P} \times y(x) - \mathrm{Q_C}^- \times (-y^-) - \mathrm{Q_C}^+ \times y^+ \\ + \mathrm{M_C}^- \times \theta^- - \mathrm{M_C}^+ \times \theta^+ \end{aligned} \tag{B.5}$$

ここで，対応する原系の力と仮想系の変位が同じ向きの場合の仕事を正とし，逆向きの場合の仕事を負として負号を付けている。

式 (B.4) および $\mathrm{P} = 1$ より，式 (B.5) は式 (B.6) のようになる。

$$W_E{}^* = y(x) - \mathrm{Q_C} \times (y^+ - y^-) - \mathrm{M_C} \times (\theta^+ - \theta^-) \tag{B.6}$$

内部仮想仕事： はりがまったく変形していないので $W_I{}^* = 0$ となる（式 (B.2) を参照）。

仮想仕事の原理：$W_E{}^* = W_I{}^*$

したがって

$$y(x) - \mathrm{Q_C} \times (y^+ - y^-) - \mathrm{M_C} \times (\theta^+ - \theta^-) = 0 \tag{B.7}$$

が成立する。

せん断力の影響線：仮想系に与える条件：$y^+ - y^- = 1$（鉛直変位の差が1）および $\theta^- = \theta^+$（回転変位が連続）⇒ 式 (B.7) より $\mathrm{Q_C} = y(x)$

曲げモーメントの影響線：仮想系に与える条件：$y^- = y^+$（鉛直変位が連続）および $\theta^+ - \theta^- = \beta - (-\alpha) = \alpha + \beta = 1$（回転変位の差が1）⇒ 式 (B.7) より $\mathrm{M_C} = y(x)$

以上，断面力の影響線に対するミューラー－ブレスロウの定理も仮想仕事の原理に基づいて成立することが確認された。

C 長柱の座屈理論（長柱の座屈荷重）

C.1　微分方程式の解

微分方程式 (11.3) の一般解：

$$y = A\sin kx + B\cos kx \quad (A, B \text{ は任意の定数}) \tag{C.1}$$

境界条件（両端回転支持の条件）：

下端 $x = 0$ で $y(0) = 0$,　上端 $x = L$ で $y(L) = 0$

境界条件の適用：

［下端］ $y(0) = A\sin(k \cdot 0) + B\cos(k \cdot 0) = 0$ より $B = 0$ である。

［上端］ $y(L) = A\sin(kL) = 0$ より，$A = 0$ とすると $y(x) = 0$ となって不適当であるため，$\sin kL = 0$ である。

したがって，式 (C.2) のように k は円周率 π の倍数になる。

$$kL = n\pi \quad (n = 1, 2, 3, \cdots),\ \text{あるいは}\ k = \frac{n\pi}{L} \tag{C.2}$$

座屈荷重と座屈変形モード： $k^2 = \mathrm{P}/EI$ なので，式 (C.2) より，式 (C.3) を得る。

$$\mathrm{P}_n = \frac{n^2\pi^2 EI}{L^2} \quad (n = 1, 2, 3, \cdots) \tag{C.3}$$

以上より，この問題の解はすべての軸圧縮力 P に対して存在するのではなく，P が式 (C.3) を満たすときだけ存在する。そのときのたわみ $y(x)$ は式 (C.4) で表される。

$$y(x) = A \sin \frac{n\pi}{L} x \quad (n = 1, 2, 3, \cdots) \tag{C.4}$$

定数 A の値は不定である。A がどんな値でも式 (C.4) はこの問題の解である。いったん座屈を生じると変形がどんどん進行する（A がどんどん大きくなる）ことに対応している。

式 (C.4) は座屈時の柱の変形のパターンを表している。これを**座屈変形モード**という。

C.2　他の支持条件の座屈荷重

他の支持条件（図 11.2(a), (c)）の解も，C.1 節の微分方程式の境界条件を支持条件に合わせて与え，微分方程式を解いて求められる。

しかし，ここでは**図 C.1** を用いて簡便に求める。

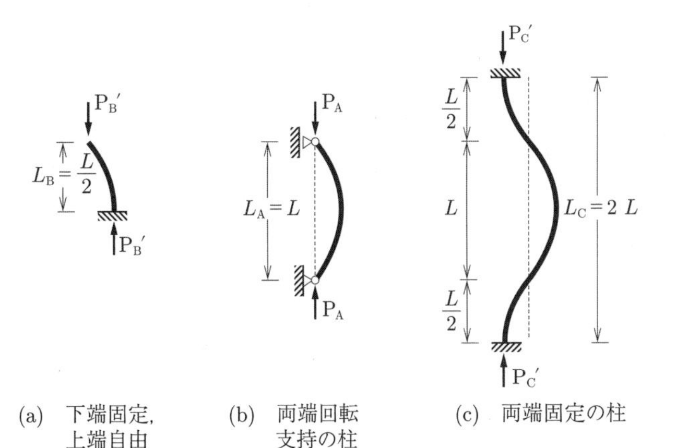

図 C.1　支持条件が異なる柱の座屈

両端回転支持の柱（図 C.1(b)）のオイラーの座屈荷重は $\mathrm{P}_{cr} = \pi^2 EI/L^2$ である。これを比較の基準とするために $\mathrm{P_A} = \pi^2 EI/L_\mathrm{A}{}^2$ と記述する。

下端固定，上端自由の柱（図 C.1(a)）：柱の長さ $L_{\mathrm{B}} = L_{\mathrm{A}}/2$ のとき，図 C.1(a) の L_{B} の範囲と図 C.1(b) の L_{A} の上半分の範囲が力学的に同等になる。したがって，座屈荷重 $\mathrm{P_B}' = \mathrm{P_A}$ である。$L_{\mathrm{A}} = 2\,L_{\mathrm{B}}$ より，式 (C.5) のようになる。

$$\mathrm{P_B}' = \mathrm{P_A} = \frac{\pi^2 EI}{{L_{\mathrm{A}}}^2} = \frac{\pi^2 EI}{(2\,L_{\mathrm{B}})^2} = \frac{\pi^2 EI}{4\,{L_{\mathrm{B}}}^2} \tag{C.5}$$

柱の長さが同じとき ($L_{\mathrm{B}} = L_{\mathrm{A}}$) は，式 (C.6) となる。

$$\mathrm{P_B} = \frac{\pi^2 EI}{4\,{L_{\mathrm{A}}}^2} = \frac{\mathrm{P_A}}{4} \tag{C.6}$$

両端固定の柱（図 C.1(c)）：柱の長さ $L_{\mathrm{C}} = 2\,L_{\mathrm{A}}$ のとき，図 C.1(b) の L_{A} の範囲と図 C.1(c) の中央 L の範囲が力学的に同等になる。したがって，座屈荷重 $\mathrm{P_C}' = \mathrm{P_A}$ である。$L_{\mathrm{A}} = L_{\mathrm{C}}/2$ より，式 (C.7) のようになる。

$$\mathrm{P_C}' = \mathrm{P_A} = \frac{\pi^2 EI}{{L_{\mathrm{A}}}^2} = \frac{\pi^2 EI}{(L_{\mathrm{C}}/2)^2} = \frac{4\pi^2 EI}{{L_{\mathrm{C}}}^2} \tag{C.7}$$

柱の長さが同じとき ($L_{\mathrm{C}} = L_{\mathrm{A}}$) は，式 (C.8) となる。

$$\mathrm{P_C} = \frac{4\,\pi^2 EI}{{L_{\mathrm{A}}}^2} = 4\,\mathrm{P_A} \tag{C.8}$$

—— 著者略歴 ——

野村　卓史（のむら　たかし）

1977年　東京大学工学部土木工学科卒業
1979年　東京大学大学院工学系研究科博士前期課程修了（土木工学専攻）
1979年　東京工業大学助手
1984年　工学博士（東京工業大学）
1985年　東京工業大学助教授
1989〜
1991年　米国スタンフォード大学客員研究員
1991年　東京大学助教授
1994年　日本大学助教授
1998年　日本大学教授
2019年　日本大学特任教授
現在に至る

長谷部　寛（はせべ　ひろし）

2001年　日本大学理工学部土木工学科卒業
2003年　日本大学大学院理工学研究科博士前期課程修了（土木工学専攻）
2003年　日本大学助手
2010年　博士（工学）（日本大学）
2011年　日本大学専任講師
2017年　日本大学准教授
現在に至る

構造力学演習

Structural Mechanics Exercises

2020 年 5 月 7 日　初版第 1 刷発行　★

検印省略

著　者　野 村 卓 史
　　　　長 谷 部 寛
発 行 者　株式会社 コ ロ ナ 社
　　　　代 表 者 牛 来 真 也
印 刷 所　三 美 印 刷 株 式 会 社
製 本 所　有限会社 愛 千 製 本 所

112–0011 東京都文京区千石 4–46–10
発 行 所　株式会社 コ ロ ナ 社
CORONA PUBLISHING CO., LTD.
Tokyo Japan
振替 00140–8–14844・電話(03)3941–3131(代)
ホームページ　https://www.coronasha.co.jp

ISBN 978–4–339–05271–8　C3051　Printed in Japan　（中原）